浙江省普通本科高校"十四五"重点立项建设教材

嵌入式系统原理与实践
——基于 STM32F4 和 GD32F4

郭方洪　吴　祥　张文安　编著

北京航空航天大学出版社

内 容 简 介

本书主要以 STM32F4 和 GD32F4 为基础,介绍嵌入式系统的一般概念、ARM Cortex-M4 微处理器的组成、结构及特点。重点介绍该类微处理器的通用输入输出(GPIO)原理及功能,定时器系统、中断控制器的结构与基本功能,常用单片机通信接口(如通用同步异步收发器、I^2C、SPI)等原理与应用及模数转换和数模转换等基本原理。

本书可作为高等院校自动化、电气工程及自动化、通信工程、电子信息工程、智能科学等专业本科生基础必修课的教材。

图书在版编目(CIP)数据

嵌入式系统原理与实践 :基于 STM32F4 和 GD32F4 /
郭方洪,吴祥,张文安编著. -- 北京 :北京航空航天大学出版社,2024. 8. -- ISBN 978 - 7 - 5124 - 4430 - 0

Ⅰ. TP360. 21

中国国家版本馆 CIP 数据核字第 2024V025U6 号

嵌入式系统原理与实践——基于 STM32F4 和 GD32F4

郭方洪 吴祥 张文安 编著

策划编辑 胡晓柏 责任编辑 胡晓柏 张 楠

*

北京航空航天大学出版社出版发行

北京市海淀区学院路 37 号(邮编 100191) http://www.buaapress.com.cn
发行部电话:(010)82317024 传真:(010)82328026
读者信箱:emsbook@buaacm.com.cn 邮购电话:(010)82316936
北京富资园科技发展有限公司印装 各地书店经销

*

开本:710×1 000 1/16 印张:23.25 字数:496 千字
2024 年 9 月第 1 版 2024 年 9 月第 1 次印刷
ISBN 978 - 7 - 5124 - 4430 - 0 定价:89.00 元

前　　言

嵌入式系统不仅能够应用于日常消费类电子产品和网络通信设备,还被广泛应用于复杂的航空航天控制系统、国防武器设备,以及大量工业生产中的自动控制系统。嵌入式系统已经成为人们生活和国民经济发展中必不可少的组成部分。嵌入式系统通常是面向特定的应用场景而专门设计的,需要根据应用场景的特定需求对性能、体积、功耗等进行优化。在"后 PC"时代,ARM 处理器占据了低功耗、低成本和高性能的嵌入式系统应用的大部分领域,特别是在移动市场,ARM 处理器基本处于垄断地位。STM32 是意法半导体公司基于 ARM 处理器生产的一款系列微控制器,以其较高的性能和优越的性价比,成为嵌入式系统市场微控制器的主流。因此,STM32 也成为高校嵌入式系统、单片机原理等课程和教材的主要学习和介绍对象。

随着社会和科技环境的快速变化,作者编写本教材的目的,主要基于以下 3 个方面考虑:

(1) 面向我国高等教育新工科建设要求,以嵌入式系统工程项目为主导,同步理论知识教学,推动传统工科教育的转型和创新,培养具备跨学科能力、创新思维和实践能力的工程人才。

(2) 引入对国产 ARM 微处理器 GD32F 系列产品介绍,通过对比 STM32 和GD32 资源和应用差异,让学生对国产单片机芯片有更全面的认识,培养学生对复杂工程问题的分析解决能力。

(3) 结合自研的 STM32/GD32 通用型嵌入式系统硬件平台,设计基于层次化项目任务、阶梯式指导与评估、团队任务合作的教学策略,结合可拓展硬件功能模块,推动工程项目实验与理论知识的深度融合。最终,作者希望通过本教材与硬件平台结合,以实践导向更好地激发学生的学习兴趣和动力,使他们能够在真实的工程环境中掌握嵌入式技术,并为将来从事相关工程项目做好准备。

教材编写特色之处在于巧妙地设计了基础实验和拓展训练内容,在课堂教学中详细给出了基础实验介绍和源码,学生需要根据基础实验内容完成拓展训练的自主开发,从而鼓励学生进行自主学习和探索,培养学生精益求精的工匠精神。此外,本课程是信息及自动化类本科生的专业基础必修课程。它是嵌入式系统的入门课程,主要阐述单片机系统的工作原理与应用的基本知识,使学生掌握单片机系统开发软件的使用方法、基于库函数的单片机程序设计方法、单片机的基本功能和常用的外设总线,以及在相关领域单片机应用的能力,加强学生理论和实际相结合的能力培养。本课程将为后续的嵌入式系统等专业课、专业实践课和毕业设计奠定基础。全书共13 章,各章节内容安排如下:

第 1 章为嵌入式系统的基础知识，讲述嵌入式系统概念、嵌入式系统应用、常见的嵌入式系统处理器。

第 2 章介绍 ARM 处理器，讲述 ARM 概念、ARM 体系结构、ARM Cortex-M4 微处理器。

第 3 章介绍 Cortex-M4 常用微控制器，概述了 Cortex-M4 常用微控制器、STM32F407xx 微控制器、GD32F407xx 微控制器。

第 4 章介绍与本书教学配合的开发板硬件原理，详述了硬件资源和电路原理图。

第 5 章介绍 MDK5 开发环境，介绍了 MDK5 按照过程、J-LINK 仿真器以及软件使用方法。

第 6 章介绍通用输入输出端口（GPIO），首先详述了 GPIO 工作原理，随后分别介绍了采用寄存器方式和采用库函数方式的 GPIO 实验。

第 7 章介绍定时器，讲述了定时器概念、基本定时功能、捕获/比较功能、定时器和 PWM 实验。

第 8 章介绍中断，包括中断的基本概念、外部中断（EXTI）、内部中断、嵌套中断向量控制器（NVIC）、中断实验五部分内容。

第 9 章是通用同步异步收发器（USART），首先介绍了各类通信方式，其次讲述了 USART 结构原理，最后设计了 USART 实验。

第 10 章介绍 I^2C 控制器，讲述 I^2C 协议、I^2C 控制器、软件模拟 I^2C 协议程序配置、I^2C 实验。

第 11 章给出了 SPI 协议、SPI 控制器的介绍以及 SPI 实验设计方法。

第 12 章是模数转换（ADC）和数模转换（DAC），分别介绍了 ADC 和 DAC 的原理、结构和功能，并设计了 ADC 和 DAC 实验。

第 13 章详细介绍了 LCD 控制器，讲述 LCD 控制原理、触摸屏、GT9147 芯片、字符显示等内容，给出了 LCD 实验设计方法。

本书是由浙江工业大学信息工程学院郭方洪副教授、吴祥副研究员、张文安教授等共同编写完成。课程组任课老师穆建彬、欧县华、陈德富、郑欢、禹鑫燚、欧林林等老师对本书提出大量宝贵意见，课题组研究生杨淏、张林、曾宇昊、高浪浪等同学也为本书的编写付出了大量的精力，在此对他们的贡献表示衷心感谢。本书编写过程中，必然参考了一些国内外相关资料，在此对本书参考资料的作者们表示诚挚感谢。此外，与本书配套的硬件得到了亿创宏达（北京）科技有限公司的大力支持，希望此书能有效助力我国新工科建设，普及新一代大学生对国产单片机芯片的认知。由于作者水平有限，书中难免有疏漏之处，敬请广大读者批评指正。

作　者

2024 年 8 月

目　　录

第1章 嵌入式系统概述

本章将介绍嵌入式系统的基本概念、特点、组成和应用领域,以及常见的嵌入式处理器。通过本章内容的学习,读者将掌握嵌入式系统的基本概念,了解嵌入式系统的特点,认识嵌入式系统常用的处理器。

1.1 嵌入式系统的基本概念

随着计算机技术的不断发展,计算机的物理形态和人们使用计算机系统的方式都在不断地发生变化。大众所接触到的计算机系统已经从台式计算机和笔记本电脑逐步过渡到平板电脑、智能手机、智能电视、智能家居等以嵌入式系统为核心的电子产品。嵌入式系统不仅能够应用于日常消费类电子产品,还被广泛应用于复杂的航天航空控制系统、国防武器设备和网络通信设备,以及大量工业生产中的自动控制系统。嵌入式系统已经成为人们生产和生活中必不可少的组成部分。

国际电气和电子工程师协会(Institute of Electrical and Electronics Engineers,IEEE)对嵌入式系统的定义是:集成在某个系统中的计算机系统,用于执行该系统所需的功能。

嵌入式系统通常是面向特定的应用场景而专门设计的,需要根据应用场景的特定需求对性能、体积、功耗等进行优化。通用计算机具有一般计算机的基本标准形态,通过安装不同的应用软件,以基本雷同的形式出现并应用于社会的各个方面,其典型产品为个人计算机(Personal Computer,PC)。嵌入式系统则是非通用计算机形态的计算机系统,以嵌入式微处理器为核心部件,集成在各种装置、设备、产品和系统中。

1.2 嵌入式系统的特点

嵌入式系统被应用于特定环境,是针对具体应用设计的专用系统,它的硬件和软件都必须进行高效率的设计,力争在较少的资源上实现更高的性能。嵌入式系统具有以下显著特点。

1. 用于特定任务

嵌入式系统通常面向特定任务并根据应用的需求进行软、硬件的个性化定制，硬件需要按照任务需求进行针对性设计，软件则根据硬件环境进行移植和优化。针对不同的任务，嵌入式系统的硬件形态和软件功能不同，很难使用通用的软、硬件平台来适应不同需求。

2. 有限运行资源

受成本、体积和功耗等多种因素的限制，嵌入式系统的软、硬件资源通常相对有限。例如，嵌入式微控制器 STM32F101T4 内部集成的随机访问存储器（Random Access Memory，RAM）为 4 KB，Flash 存储器为 16 KB，CPU 主频只有 36 MHz。嵌入式系统上运行的操作系统内核对资源的需求较传统的操作系统也要小得多。比如 Micrium 公司的 μC/OS-Ⅱ 的最低存储器需求只有 6 KB，家用无线宽带路由器上运行的 OpenWrt 只需要 16 MB 的 RAM 和 8 MB 的闪存即可运行。

3. 关注成本控制

对于大多数嵌入式系统而言，控制成本是设计嵌入式系统时需要考虑的重要因素。因为以嵌入式系统为核心的消费类电子产品往往有很大的出货量，对成本极其敏感。因此，嵌入式系统在设计的时候对于硬件资源通常做到够用即可，尽量节约硬件成本，避免资源浪费。

4. 低功耗限制

嵌入式系统往往采用电池供电，有的产品甚至将低功耗作为核心竞争指标。随着移动互联设备的普及和嵌入式处理器性能的不断提升，许多以前只能在 PC 上完成的复杂任务都被迁移到了采用电池供电的手持智能设备上，如智能手机和 iPad 等。在物联网设备中，通常要求设备在电池的驱动下连续工作数月甚至数年，这类嵌入式系统在设计时往往会根据功耗限制对硬件和软件进行特别的优化。

5. 对实时性要求高

许多嵌入式系统需要在规定的时间内对外部事件做出反应。例如汽车上的行车电脑控制着汽车的发动机、刹车系统、安全气囊等部件，一旦发生紧急状况，就必须在规定的时间内做出响应，否则会产生严重的后果。

嵌入式系统采用中断机制来响应紧急事件，中断处理是设计嵌入式系统时需要重点考虑的内容，包括中断响应的硬件机制和对应的中断处理程序。嵌入式系统中使用的操作系统一般是实时操作系统（Real Time Operating System，RTOS），RTOS除了实现操作系统的基本功能（如进程管理、内存管理）之外，还需要满足实时任务的调度需求,能够在规定的时间内对高优先级任务进行处理。

6. 运行环境差异较大

嵌入式系统是面向应用需求而设计的,不同嵌入式系统的运行环境差异很大。这就要求嵌入式系统在设计硬件时要能够满足其运行环境提出的各种苛刻条件。用于嵌入式系统的芯片通常是工业级芯片,能够适应较大温度范围和压力范围。

7. 对可靠性要求高

嵌入式系统要长期在无人值守的情况下运行,对于一些特殊的应用场合与领域,如核电站、航空航天、工业控制、汽车电脑等,系统死机或者运行错误会导致严重的后果。这要求嵌入式系统在进行软、硬件设计时进行严格的可靠性测试,并具备出错后的恢复机制。

8. 具有较长的生命周期

嵌入式系统是针对特定应用进行设计的,其升级和换代通常与应用的需求同步。在此过程中,相关的硬件和软件的升级也需要具备稳定性和连续性,以确保整个产业链中的各种嵌入式产品能在其使用寿命内得到稳定的硬件和软件支持。

9. 目标代码通常固化在非易失性存储器芯片中

嵌入式系统的功能相对固定,其目标代码通常固化在非易失性存储器芯片中,通常不允许用户随意更改内部核心软件。这极大地提高了嵌入式系统的可靠性。

10. 需要专用工具和方法来进行设计

嵌入式系统开发需要专门的开发工具,程序的编译和调试方法也不同于PC。在硬件开发阶段,需要借助示波器、逻辑分析仪等设备进行硬件调试。在软件开发阶段,由于大多数嵌入式系统本身不具备软件开发能力,因此需要在PC上建立一套开发环境进行代码的编辑和编译。编译好的目标代码需要借助仿真器、调试器这类硬件工具下载到嵌入式系统中进行测试和烧录。

1.3　嵌入式系统的组成

一个嵌入式系统一般都由嵌入式计算机系统和执行装置组成,嵌入式计算机系统是整个嵌入式系统的核心,由硬件层、中间层、系统软件层和应用软件层组成。

1．硬件层

嵌入式硬件平台以嵌入式处理器为核心,通常包括处理器、存储器、输入/输出接口、网络通信接口和其他外围设备接口,如图 1-1 所示。在一片嵌入式处理器基础上添加电源电路、时钟电路和存储器电路,就构成了一个嵌入式核心控制模块,即最小系统。其中操作系统和应用程序都可以固化在存储器中。

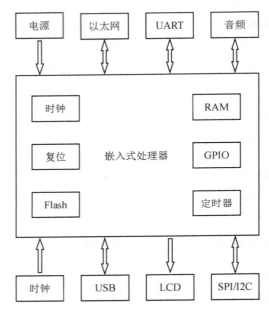

图 1-1　嵌入式硬件平台

2．中间层

硬件层与软件层之间为中间层,也称为硬件抽象层(Hardware Abstract Layer, HAL),它将系统上层软件与底层硬件分离开来,使系统的底层驱动程序与硬件无关。该层一般包含相关底层硬件的初始化、数据的输入/输出操作和硬件设备的配置功能。HAL 具有以下两个特点。

(1)硬件相关性

HAL 中包含了直接操作硬件的代码,通常称为板级支持包(Board Support Package,BSP)。BSP 负责初始化硬件(如配置处理器总线时钟频率和引脚功能),并向嵌入式应用软件提供设备驱动接口。

不同的嵌入式操作系统对 BSP 的编写有不同的规范。例如,运行在同嵌入式硬件平台上的 VxWorks 操作系统和 Linux 操作系统中的 BSP 尽管实现的功能相同,但它们各自代码的实现方法和 API 却完全不同。

（2）操作系统相关性

不同的嵌入式操作系统具有各自的软件层次结构，其中 HAL 的实现方法和功能各不相同。例如，Windows 操作系统下的 HAL 位于操作系统最底层，直接操作硬件设备；而 Linux 操作系统下的 HAL 位于操作系统核心层和驱动程序之上，是运行在用户空间中的服务程序，HAL 不直接操作硬件，系统对硬件的控制仍然由对应的驱动程序完成；Android 操作系统中的 HAL 将控制硬件的代码都放到了用户空间中，因而只需要操作系统的内核设备驱动提供最简单的寄存器读/写操作。

3. 系统软件层

嵌入式系统软件包含运行在嵌入式系统上的软件和运行在 PC 上进行嵌入式系统开发的工具软件。通常所说的嵌入式软件是指前者，包括嵌入式操作系统、嵌入式文件系统、嵌入式系统中间件、嵌入式图形系统、嵌入式应用软件等。

（1）嵌入式操作系统

嵌入式操作系统负责嵌入式系统的全部软、硬件资源的分配和调度工作，并控制和协调并发活动，其主要特点包括：具备一定的实时性、系统内核较为精简、占用资源少、有较强的可靠性和可移植性。

（2）嵌入式文件系统

嵌入式文件系统负责管理存储在嵌入式系统中的各种数据、程序和运行支撑库等。嵌入式文件系统通常是特定嵌入式操作系统的一个子模块，也可以独立出来作为一个模块运行在不同的嵌入式系统之上。

（3）嵌入式系统中间件

随着移动互联网、物联网等技术的不断进步，人们往往需要在不同软、硬件配置的终端运行相同的应用程序。嵌入式系统中引入了中间件（Middleware Component）来满足上层软件对运行环境的需求。嵌入式系统中间件能够增加软件的复用程度，减少软件二次开发和移植的工作量。嵌入式系统中间件一般包括嵌入式数据库、嵌入式 Java 虚拟机和轻量级的通信协议栈等，其目的是向上层软件提供必要的运行支撑环境。

（4）嵌入式图形系统

嵌入式图形系统要求简单、直观、可靠、占用资源小且反应快速，以适应嵌入式系统有限的硬件资源环境。另外，由于嵌入式系统硬件本身的特殊性，嵌入式图形系统应具备高度可移植性与可裁剪性，以适应不同的硬件平台和使用需求。

（5）嵌入式应用软件

嵌入式应用软件是一种针对特定应用领域、基于特定硬件平台的计算机软件，旨在实现用户的预期目标。由于用户任务可能需要实时性和高执行精度，因此嵌入式应用软件通常需要嵌入式实时操作系统的支持。这些软件必须在准确性、安全性和稳定性等方面满足实际应用的需求，并且必须进行优化，以尽可能减少对系统资源的消耗。

1.4 嵌入式系统的应用领域

嵌入式系统在过去相当长的一段时间里主要运用在军事和工业控制领域,随着时代的发展,现代生活中嵌入式系统的应用越来越多,嵌入式系统已经渗透到人们生产、生活的各个方面,无时无刻不在我们身边并且深深地影响着我们的生活方式。例如,打电话使用的智能手机,玩游戏使用的平板电脑,看电视使用的数字机顶盒和智能电视,出门时驾驶或乘坐的交通工具,烹饪时使用的电磁炉和微波炉,生活中使用的洗衣机、空调、冰箱,还有工厂里实现了自动化生产的机器设备以及医院里的医疗仪等都离不开嵌入式系统。嵌入式系统具有非常广阔的应用前景,其典型应用领域如下。

1. 工业控制领域

在工业控制系统中,嵌入式系统处于核心地位,它通过各个传感器收集设备工作信息,并且在将这些信息处理和加工后发出控制指令,控制工业设备的正常运转。目前有大量的基于 8 位、16 位和 32 位嵌入式微控制器的嵌入式系统应用在工业控制中,提高了生产效率和产品质量、降低了人力成本。嵌入式系统的典型工业应用包括工业过程控制、数控机床(图 1-2)、电力系统、电网设备监测、石油化工系统等。

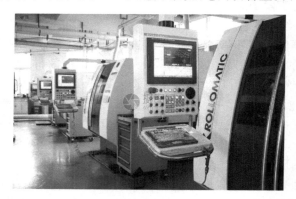

图 1-2 数控机床和光刻机

2. 网络通信设备领域

随着高速宽带网络的普及,无线路由器、交换机等网络通信设备已经进入千家万户,这类网络通信设备是搭载了网络通信协议栈的嵌入式系统。随着移动通信技术的不断发展,市场需要大量的网络基础设施、接入设备和移动终端设备。

3. 消费类电子产品领域

消费类电子产品包括移动智能终端(图 1-3)、信息家电、汽车电子等人们日常生活中使用的电子产品。国际数据公司(International Data Corporation, IDC)公布的智能手机出货量报告显示,到 2023 年全世界智能手机出货量比 2019 年增长7.7%,达到 14 亿 8900 万部,这是目前嵌入式系统较大的应用领域。随着 5G 逐步商业化,物联网应用将迎来爆发式增长,越来越多的智能设备将引领人们的生活进入物联网时代。另外,在汽车电子产品领域,随着车联网与自动驾驶技术的逐步成熟,无人汽车技术也飞速发展(图 1-4),车载嵌入式计算机系统将和射频识别、全球卫星定位、移动通信、无线网络等技术相结合,实现人、车、路、环境之间的智能协同,实现汽车自动驾驶。

图 1-3　移动智能终端

图 1-4　无人汽车

4. 航空航天领域

嵌入式系统在航空航天领域也有着广泛的应用,如飞机、火箭和卫星中的飞行控制系统等。航空航天中使用的嵌入式系统还要适应恶劣环境,对安全性、可靠性以及容错方面有苛刻的要求。有些飞行器上的嵌入式系统需要稳定工作几十年,例如,旅行者 1 号无人空间探测器于 1977 年 9 月 5 日发射,截至 2020 年 6 月仍在正常运作。在近年来飞速发展的无人机技术(图 1-5)中,嵌入式飞控系统发挥了核心作用。

5. 军事国防领域

军事国防历来是嵌入式系统的一个重要应用领域,早在 20 世纪 60 年代,武器控制系统中就已开始采用嵌入式系统,后来扩展到军事指挥和通信系统。在各种武器控制系统,如火炮控制、导弹控制(图 1-6)、智能炸弹控制,以及坦克、舰艇、轰炸机等武器平台的电子装备、通信装备、指挥装备中,我们都可以看到嵌入式系统的身影。

图 1-5　无人机

图 1-6　智能导弹

1.5　常见的嵌入式系统处理器

目前,世界上具有嵌入式功能特征的处理器已经有上千种,流行的体系结构也有几十个系列。常用的有数字信号处理器(Digital Signal Processor,DSP)、现场可编程逻辑门阵列(Field Programmable Gate Array,FPGA)、ARM(Advanced RISC Machine)处理器等。根据不同的微处理器结构和应用领域,嵌入式处理器可以分为如下几类。

1. 嵌入式微处理器

嵌入式微处理器(Micro Processor Unit,MPU)通常是 32 位或者 64 位的处理器,具有较高的性能,提供了支持多任务调度和虚拟存储地址映射的硬件机制,能够运行 Linux、VxWorks 或者 Android 这类相对复杂的嵌入式操作系统。与桌面计算机处理器不同的是,MPU 一般基于 RISC 架构,通常只保留了和嵌入式应用紧密相关的功能模块,能以较低的功耗和成本满足嵌入式应用的特殊要求,同时又具备和 PC 类似的多任务能力。与 PC 中常用的 x86 处理器相比,MPU 具有体积小、重量轻、成本低、可靠性高的优点。嵌入式微处理器的代表性产品包括 ARM 处理器、MIPS 处理器和 PowerPC 处理器等。

(1) ARM 处理器

ARM 处理器的应用遍及工业控制、消费类电子产品、通信系统等各类市场,目前已经超过 90% 的智能手机使用 ARM 处理器。ARM 处理器在移动 PC 市场上大展拳脚,甚至已经开始渗透到高性能服务器领域。

从 1983 年开始,ARM 处理器内核由 ARM1、ARM2、ARM6、ARM7、ARM9、ARM10、ARM11、Cortex 及对应的修改版或增强版组成。ARM 处理器具有体积小、低功耗、低成本、高性能等多方面优点,是一个 RISC 处理器架构,具备完整的产品线和发展规划。ARM 公司通过近 20 年的培育、发展,得到了第三方合作伙伴广泛支持。目前,除通用编译器 GCC 外,ARM 公司还有自己的高效编译、调试环境 (Keil MDK),全球有 50 家以上的实时操作系统(RTOS)软件厂商和 30 家以上的 EDA 工具制造商,还有很多高效率的实时跟踪调试工具的厂商,对 ARM 公司提供 了很好的支持。用户采用 ARM 处理器开发产品,既可以获得广泛的支持,也便于和 同行交流,加快开发进度,缩短产品的上市时间。ARM 处理器被广泛应用于各个领 域的嵌入式系统设计,如消费类多媒体、教育类 多媒体、嵌入控制、移动式应用、物联网及人工 智能等。

图 1-7　ARM 处理器芯片

在"后 PC"时代,ARM 处理器(图 1-7)占 据了低功耗、低成本和高性能的嵌入式系统应 用的大部分领域,特别是在移动市场,ARM 处 理器基本处于垄断地位,当前的智能手机的处 理器基本都是各公司购买的 ARM 处理器内核 开发出来的。例如,华为的麒麟 980 处理器、 SAMSUNG 的 Exynos 9 Series(9820)处理器。

（2）MIPS 处理器

MIPS 的意思是"无内部互锁流水级的微处理器",它是一种尽量避免流水线中 数据相关问题的微处理器。MIPS 最早在 20 世纪 80 年代初期由斯坦福大学 Hennessy 教授领导的研究小组研制出来,后来成立了 MIPS 计算机公司。1992 年,SGI 公司收购了 MIPS 计算机公司,1998 年 MIPS 计算机公司脱离 SGI 公司成为 MIPS 技术公司。MIPS 是最早出现的商业 RISC 架构芯片之一,新的架构集成了所有 MIPS 指令集,并增加了许多更强大的功能。MIPS 技术公司只进行 CPU 的设计,并 把设计方案授权给客户,使客户能够制造出高性能的 CPU。

MIPS 的体系结构和设计理念都比较先进,其嵌入式指令体系从 MIPS16、 MIPS32 发展到 MIPS64,现在已经非常成熟。在嵌入式领域,MIPS 系列 MCU 是使 用最多的嵌入式处理器之一,其应用领域覆盖游戏机、路由器、激光打印机和掌上电 脑等。2009 年,国产龙芯处理器所属的中科院计算技术研究所获得 MIPS32 和 MIPS64 的架构授权,国产龙芯处理器借鉴了 MIPS 指令集的特点,在 MIPS64 架构 的 500 多条指令的基础上增加了近 1400 条新指令,研制出龙芯指令系统 LoongISA。

（3）PowerPC 处理器

PowerPC 处理器是一种 RISC 架构的 CPU,其基本的设计源自国际商业机器公 司(International Business Machines Corporation,IBM)的 IBM PowerPC 601 微处理 器 POWER(Performance Optimized with Enhance RISC)架构。PowerPC 处理器架 构的特点是可伸缩性好、方便灵活。PowerPC 处理器的架构开源了指令集,允许任 何厂商设计 PowerPC 处理器的兼容处理器,同时可下载 PowerPC 处理器的一些软 件的源代码。PowerPC 处理器内核非常小,可以在同一芯片上安置许多其他辅助电路,如缓存、协处理器,大大增加了芯片的灵活性。PowerPC 处理器有广泛的实现范围,包括从如 Power4 那样的高端服务器 CPU 到嵌入式 CPU 市场(任天堂公司推出的 GameCube 使用了 PowerPC 处理器)。PowerPC 处理器有非常强的嵌入式表现,因为它具有优异的性能、较低的能量损耗及较低的散热量。PowerPC 处理器有嵌入式的 PowerPC 400 系列处理器、PowerPC 600 系列处理器、PowerPC 700 系列处理器和 PowerPC 900 系列处理器。

2．嵌入式微控制器

嵌入式微控制器(Micro Controller Unit,MCU)通常是 4 位、8 位、16 位或者 32 位处理器,其设计目标是追求低成本、低功耗和高可靠性。MCU 通常不需要运行复杂的嵌入式多任务操作系统,对多任务和存储映射的支持有限,适合于完成控制任务。与 MPU 相比,MCU 的最大特点是所需要的外围电路较少,从而使得功耗和成本下降、可靠性提高。MCU 的典型代表是单片机,单片机从 20 世纪 70 年代末出现到今天已经有数十年的历史,尽管如此,单片机在嵌入设备中仍然具有极其广泛的应用。

MCU 由于价格低廉、稳定性好,且拥有的品种和数量众多,因此在嵌入式控制系统中的应用十分广泛。比较有代表性的 MCU 包括 8051 系列、MCS 系列、68K 系列以及 ARM 公司推出的采用 Cortex-M0/M3/M4 架构的 32 位微控制器。

目前,4 位 MCU 大部分应用在计算器、车表、车用防盗装置、呼叫器、无线电话、CD Player、LCD 驱动控制器、LCD Game、儿童玩具、磅秤、充电器、胎压计、温湿度计、遥控器及傻瓜相机等;8 位 MCU 大部分应用在电表、马达控制器、电动玩具机、变频式冷气机、呼叫器、传真机、来电辨识器(Caller ID)、电话录音机、CRT Display、键盘及 USB 等;16 位 MCU 大部分应用在行动电话、数字相机及摄录放影机等;32 位 MCU 大部分应用在 Modem、GPS、PDA、HPC、STB、Hub、Bridge、Router、工作站、ISDN 电话、激光打印机与彩色传真机;64 位 MCU 大部分应用在高阶工作站、多媒体互动系统、高级电视游乐器(如 SEGA 的 Dreamcast 及 Nintendo 的 Game Boy)及高级终端机等。

3．数字信号处理器

数字信号处理器(DSP)是由大规模或超大规模集成电路芯片组成的用来完成某种信号处理任务的处理器(图 1-8)。它是为适应高速实时信号处理任务的需要而逐渐发展起来的。随着集成电路技术和数字信号处理算法的发展,数字信号处理器的实现方法也在不断变化,处理功能不断提高和扩大。其体系

图 1-8　DSP 处理器芯片

结构和指令针对数字信号处理算法进行了特殊设计,具有很高的编译效率和指令执行速度。在数字滤波、FFT、谱分析等各种仪器上,DSP 获得了大规模应用。

DSP 的理论和算法在 20 世纪 60 年代和 70 年代就已经出现,由于当时还没有专门的 DSP 处理器,因此这些算法只能通过 MPU 来实现,但 MPU 的处理速度无法满足 DSP 对性能的要求。随着大规模集成电路技术的发展,1982 年诞生了首枚 DSP 芯片。DSP 在特定算法处理方面的运算速度比 MPU 快了几十倍,在语音合成、图像编解码、图像识别等领域得到了广泛应用。德州仪器(Texas Instruments,TI)是业内著名的 DSP 处理器设计和制造商,该公司的 TMS320c2000、TMS320c5000、TMS320c6000 系列 DSP 在市场上占有较大份额。随着应用需求的不断扩展,DSP 也向多核 DSP 方向发展。

4. 嵌入式片上系统

(1) CPLD

CPLD(Complex Programmable Logic Device)是 Complex PLD 的简称,一种较 PLD 更为复杂的逻辑元件。CPLD 是一种用户根据各自需要而自行构造逻辑功能的数字集成电路。其基本设计方法是借助集成开发软件平台,用原理图、硬件描述语言等方法,生成相应的目标文件,通过下载电缆将代码传送到目标芯片中,实现设计的数字系统。

20 世纪 70 年代,最早的可编程逻辑器件 PLD 诞生了。其输出结构是可编程的逻辑宏单元,因为 PLD 的硬件结构设计可由软件完成,因而它的设计比纯硬件的数字电路具有很强的灵活性,但其过于简单的结构也使它们只能实现规模较小的电路。为弥补 PLD 只能设计小规模电路这一缺陷,20 世纪 80 年代中期,推出了复杂可编程逻辑器件 CPLD。目前应用已深入网络、仪器仪表、汽车电子、数控机床、航天测控设备等方面。

CPLD 具有编程灵活、集成度高、设计开发周期短、适用范围宽、开发工具先进、设计制造成本低、对设计者的硬件经验要求低、标准产品无需测试、保密性强、价格大众化等特点,可实现较大规模的电路设计,因此被广泛应用于产品的原型设计和产品生产(一般在 10 000 件以下)之中。几乎所有应用中小规模通用数字集成电路的场合均可应用 CPLD 器件。

(2) FPGA

FPGA 是作为专用集成电路(Application Specific Integrated Circuit,ASIC)领域中的一种半定制电路而出现的,它既解决了定制电路的不足,又克服了原有可编程器件门电路数量有限的缺点。开发人员不需要再像传统的系统设计那样绘制复杂的电路板,也不需焊接芯片,只需要使用硬件描述语言、综合时序设计工具等来设计 FPGA 器件的功能。上至高性能 CPU,下至简单的 74 电路,都可以用 FPGA 来实现。Xilinx 和 Altera 公司均推出了多种型号的 FPGA 芯片(图 1-9)。

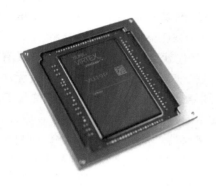

图 1-9 FPGA 处理器芯片

SOPC 是 Altera 公司在 2000 年提出的一种 SoC 解决方案,可将处理器、存储器、I/O 接口、LVDS 等系统设计需要的功能模块集成到一个 PLD 器件上,构建成一个 SOPC。SOPC 技术分为两个技术路线:基于 FPGA 嵌入 IP 硬核的 SOPC 系统和基于 FPGA 嵌入 IP 软核的 SOPC 系统。

基于 FPGA 嵌入 IP 硬核的 SOPC 系统是指在 FPGA 中预先植入处理器。目前最常用的嵌入式处理器大多是采用含有 ARM 32 位 IP 处理器内核的器件。这样就使得 FPGA 灵活的硬件设计与处理器的强大软件功能有机地结合在一起,高效地实现 SOPC 系统。例如,Altera 公司的 Stratix10 SoC 系列 FPGA 集成了 ARM Cortex-A53 内核,Cyclone V 系列 FPGA 集成了 ARM Cortex-A9 内核,Xilinx 公司的 Zynq-7000 AP 系列 FPGA 集成了 ARM Cortex-A 内核。

基于 FPGA 嵌入 IP 软核的 SOPC 系统是将处理器以 IP 软核的形式集成到系统,相对于 IP 硬核的集成方式,具备 IP 费用可控、总线接口等集成灵活、可裁剪、可集成多个处理器等优点。目前最有代表性的软核处理器分别是 Altera 公司的 Nios Ⅱ 内核处理器、Xilinx 公司的 PicroBlaze 内核处理器和 32 位的 MicroBlaze 内核处理器。Altera 公司和 Xilinx 公司的大多数处理器都可以集成相应的处理器软核。

1.6 思考与练习

1. 嵌入式系统的定义是什么,有什么特点?

2. 嵌入式系统主要由哪几部分组成?嵌入式系统的软件和硬件分别包括哪些内容?

3. 嵌入式系统的应用领域有哪些?列举自己身边几个嵌入式应用案例。

第 2 章　ARM 处理器

上一章介绍了嵌入式系统的常用处理器,本章将重点对本课程涉及的 ARM 处理器进行介绍,包括 ARM 体系结构的发展过程以及 ARM 体系结构的特点。本章还将列举一些常见的 Cortex 处理器。通过本章学习,读者能够掌握主要的 ARM 体系结构,了解各种 ARM 体系结构的特点和应用场景。

2.1　ARM 概述

ARM 公司成立于 1990 年,总部位于英国剑桥,是全球领先的半导体知识产权提供商之一,在全球设立了多个办事处,其中包括比利时、法国、印度、瑞典和美国的设计中心。

ARM 公司专门从事芯片 IP(Intellectual Property)设计与授权业务,其产品有 ARM 内核以及各类外围接口。ARM 处理器是一种 RISC 处理器,具有功耗低、性价比高、代码密度高等特点。ARM 处理器不仅具有极高的性价比和代码密度,还拥有出色的实时中断响应和极低的功耗,并且占用的硅片面积极少,因而成为嵌入式系统的理想选择。ARM 公司自己并不生产或销售芯片,而是采用技术授权模式,即通过出售芯片技术授权收取授权费和技术转让费。全球各大半导体生产商从 ARM 公司购买 ARM 处理器 IP 核,再根据不同的应用领域和产品定位加入适当的外围电路,形成各半导体生产商自己的 ARM 处理器芯片(图 2-1),从而进入市场。许多一流的芯片厂商都是

图 2-1　ARM 处理器

ARM 的授权用户,如 Intel、SAMSUNG、TI、Motorola、ST、小米、华为等公司。

2.1.1 ARM 体系结构

为了满足实际应用中不断增长的功能和性能需求,ARM 体系结构的版本一直在不断升级,从最初的 ARM 发展到现在的 ARMv9,并且仍在持续完善和发展。ARM 公司还对处理器体系结构进行了扩展,为 Java 加速(Jazelle)、安全区(Trust-Zone)、单指令多数据流(Single Instruction Multiple Datastre ARM,SIMD)指令和高级 SIMD(NEON)技术提供了支持。

1. ARM v4

ARM v4 于 1996 年发布,ARM7TDMI、ARM920T 和 Strong ARM 等处理器都基于 ARM v4 体系结构。ARM v4 不再强制要求与 26 位地址空间兼容,指令可以在 32 位地址空间中执行 32 位 ARM 指令,而且明确了哪些指令会引起定义指令异常。ARMv4 增加了 T 变种,即增加了 16 位的 Thumb 指令集,处理器可以工作在 Thumb 状态。Thumb 指令与 32 位 ARM 指令相比,节约了 35% 的存储空间,同时依旧保持了 32 位 ARM 指令的执行效率。

2. ARM v5

ARM v5 于 1999 年发布,与 ARM v4 相比,ARM v5 提升了 ARM 和 Thumb 两种指令的交互工作能力。ARM v5TE 增加了 DSP 指令集,ARM v5TEJ 除了具备 ARM v5TE 的功能之外,还可以执行 Java 字节代码,使得 ARM 处理器执行 Java 指令的效率提高了 5~10 倍,并且减少约 80% 的功耗。ARM926、ARM946 和 XScale 处理器均采用了 ARMv5 体系结构。

3. ARM v6

ARM v6 于 2001 年发布,其目标是在有限的芯片面积上为嵌入式系统提供更高的性能。ARM11 系列处理器采用了 ARM v6 体系结构。ARM v6 在降低功耗的同时,还强化了图形处理性能。通过追加执行多媒体处理的 SIMD 指令,ARM v6 将语音和图像处理能力提高了约 4 倍。ARM v6 中引入的 Thumb-2 指令集是对 ARM 体系结构非常重要的扩展,Thumb-2 指令集改善了 Thumb 指令集的性能,提供了几乎与 32 位 ARM 指令集完全相同的功能,兼有 16 位和 32 位指令。ARM v6 还包含了 TrustZone 技术,该技术将安全功能集成到了 ARM 处理器的硬件和软件中。ARM v6K 首次引入了对多达 4 个 CPU 及关联硬件的多核处理器支持。

4. ARM v7

2004 年发布的 ARM v7 体系结构由单一体系结构变成 3 种面向不同应用领域

的体系结构,分为 A、R 和 M 共 3 个系列,旨在为不同应用市场提供差异化的产品。ARM v7 版本的处理器采用 Cortex 命名。

5. ARM v8

2011 年发布的 ARM v8 体系结构对 32 位的 ARM 架构进行了扩展,引入了对 64 位指令与数据的支持。ARM v8 用于需要扩展虚拟地址或者 64 位数据处理的领域,如企业级应用、高端消费电子产品等。

ARM v8 体系结构包含两个执行状态:AArch64 和 AArch32。AArch64 执行状态针对 64 位处理技术,引入了全新指令集 A64。AArch32 执行状态则支持原有的 ARM 指令集。ARM v8 完全向下兼容现有的 32 位 ARM v7 软件,而且运行于 ARM v8 上的 64 位操作系统也可以简单、高效地支持现有的 32 位软件。基于 ARM v8 体系结构的处理器架构主要有 Cortex-A53、Cortex-A57、Cortex-A72 等。

6. ARM v9

2021 年 3 月,ARM 公司宣布推出 ARM v9 以满足全球市场对不断增长的安全、人工智能和专用处理的需求。ARM v9 引入了 ARM 安全计算架构,通过打造基于硬件的安全运行环境来执行计算,可以更好地保障数据信息安全。为满足设备对人工智能计算性能的需求,ARM v9 采用了 SVE2 技术,增强了对 5G 系统、虚拟和增强现实以及机器学习等工作负荷的处理能力,可满足诸如图像处理和智能家居等应用的使用需求。

2.1.2　常见的 Cortex 处理器

ARM v7 体系结构之前的 ARM 处理器采用了数字加字母的命名方式,如 ARM7TDMI、ARM9、ARM920T、ARM11 等,ARM11 以后的产品则改用 Cortex 命名。下面介绍一些常见的 Cortex 处理器。

1. Cortex-A 系列

Cortex-A 系列为应用处理器(Application Processor),是面向移动计算、智能手机、服务器等市场的高端处理器,适用于性能要求较高、运行全功能操作系统以及提供交互式多媒体和图形体验的应用领域。这类处理器通常运行在很高的时钟频率(超过 1 GHz)之下,处理器内包含 MMU,支持 Linux、Android、Windows Mobile 和移动操作系统。Cortex-A 系列(图 2-2)被广泛应用于移动通信设备、汽车信息娱乐系统、数字电视系统以及便携式设备等。

Cortex-A8 是首个基于 ARM v7-A 的微体系结构,也是 ARM 公司的第一款超标量处理器体系结构。Cortex-A8 处理器的最高时钟频率在 1 GHz 以上,具有较高

图 2－2　Cortex-A 芯片

的代码密度和性能,集成了 NEON 技术以及支持预编译和即时编译的 JazelleRCT 技术。Cortex-A8 处理器的典型应用包括苹果 iPhone 4(苹果 A4 处理器)、三星 I9000(三星 S5PC110 处理器)等。

Cortex-A9 也是基于 ARMv7-A 的微体系结构,此外还是高效、长度动态可变、可多指令执行的超标量体系结构,既可用于多核处理器,也可用于单核处理器。Cortex-A9 处理器采用了可乱序执行的 8 级流水线,在提供较高性能的同时还能保持较高的能效比。Cortex-A9 处理器的典型应用包括苹果 iPhone 5(苹果 A6 双核处理器)、三星 I9200(三星 Exynos 4412 四核处理器)等。

Cortex-A53 是基于 ARM v8-A 的微体系结构,能够支持 32 位的 AArch32 和 64 位的 AArch64 两种执行状态。Cortex-A53 处理器的特点是功耗低、能效比高,在相同的时钟频率下,Cortex-A53 能够提供比 Cortex-A9 更高的效能,主要应用于中高端平板电脑、机顶盒、数字电视等。

Cortex-A72 也是基于 ARM v8-A 的微体系结构,它在指令拾取、仲裁机构、分支预测以及缓存等方面做了优化,展现出优异的性能和功耗效率。Cortex-A72 处理器的主要应用领域包括高端智能手机、大屏移动设备、企业级网络设备、服务器、无线基站、数字电视等。单个处理器芯片中可以同时集成 Cortex-A72 核和 Cortex-A53 核,从而形成高低搭配。Cortex-A72 核负责运行重负荷任务,而 Cortex-A53 核则在空闲和负荷较低的情况下工作。

2．Cortex-R 系列

Cortex-R 系列为实时处理器(Real-time Processor),是面向实时应用的高性能处理器,适用于硬盘控制器、汽车传动系统和无线基带等对实时性要求较高的场合(图 2－3)。Cortex-R 处理器内通常包含 MPU、Cache 和内部存储器,可以运行在比较高的时钟频率(200 MHz～1 GHz)之下,响应延迟非常低。Cortex-R 虽然不能运行完整版本的 Linux 或 Android 操作系统,但却支持大量的实时操作系统。Cortex-R 支持 ARM、Thumb 和 Thumb-2 指令集,为要求高可靠性和实时响应的嵌入式系统提供了高性能解决方案。

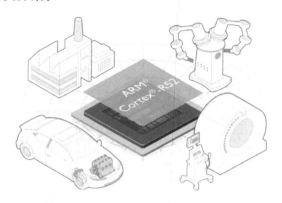

图 2 - 3　Cortex-R 系列芯片应用领域

Cortex-R4 是第一个基于 ARM v7-R 的微体系结构,Cortex-R4 处理器的主频可达 600 MHz,配有 8 级流水线,具有双发送、预取和分支预测功能以及低延迟的中断系统,适用于消费类电子产品、智能手机以及汽车的电子控制单元等场合。

Cortex-R5 扩展了 Cortex-R4 的功能集,提高了效率和可靠性,并加强了错误管理。Cortex-R5 处理器为移动基带、汽车、大容量存储、工业和医疗市场等提供了高性能解决方案。

Cortex-R7 处理器极大扩展了 Cortex-R 系列内核的性能范围,时钟频率可超过 1 GHz。Cortex-R7 处理器采用了 11 级流水线,改进了分支预测功能和超标量执行功能,提供了比其他 Cortex-R 处理器高得多的性能。

3. Cortex-M 系列

Cortex-M 系列为微控制器处理器(Microcontroller Processor),它针对成本敏感的嵌入式应用进行了深层次的优化。Cortex-M 系列微控制器(图 2 - 4)的芯片面积很小且能效比很高,流水线很短,时钟频率较低,仅支持 Thumb-2 指令集。

Cortex-M0 是基于 ARM v6-M 的微体系结构,逻辑门数非常低,但能效却非常高。Cortex-M0 微控制器的芯片面积非常小,能耗极低,程序编译后有较高的代码密度。使用 Cortex-M0 微控制器的开发人员可以直接跳过 16 位系统,以接近 8 位系统的成本获取 32 位系统的性能。Cortex-M0＋是 Cortex-M0 的升级型号,功耗可降低到 9.4 μA/MHz,性能可提升至 2.46 CoreMark/MHz,中断等待时间比 Cortex-M0 更短,I/O 访问速度更快。

Cortex-M3 是基于 ARM v7-M 的微体系结构,特点是功耗低、逻辑门数低、中断延迟短且调试成本低。Cortex-M3 微控制器具有出色的计算性能以及优异的事件响应能力,而且配置十分灵活,适用于要求快速中断响应的嵌入式应用,包括物联网、汽车和工业控制系统。

图 2 - 4   Cortex-M 系列芯片

Cortex-M4 是在 Cortex-M3 的基础上发展起来的,性能比 Cortex-M3 提高了约 20%,增加了浮点运算、DSP、并行计算等功能。Cortex-M4 微控制器将高效的信号处理功能与低功耗、低成本和易于使用的优点相结合,旨在满足电机控制、汽车控制、电源管理、嵌入式音频和工业自动化等应用领域的需求。Cortex-M4 微控制器中包含了浮点运算单元(Float Point Unit,FPU),同时增加了 DSP 指令集支持,其内部结构如图 2 - 5 所示。

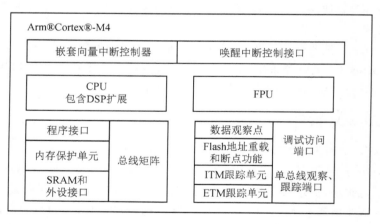

图 2 - 5   Cortex-M4 微控制器的内部结构

2.2   ARM Cortex-M4 微处理器

ARM Cortex-M4 微处理器高效的信号处理功能与 Cortex-M 微处理器系列的低功耗、低成本和易于使用的优点组合。基于 Cortex-M4 架构的嵌入式微控制器的典型应用领域包括工业控制、楼宇自动化、机器人和物联网控制等。

2.2.1　Cortex-M4 微处理器的特点

1. 高能效数字信号控制

Cortex-M4 提供了无可比拟的功能,以将 32 位控制与领先的数字信号处理技术集成来满足需要很高能效级别的市场。Cortex-M4 微处理器采用一个扩展的单时钟周期乘法累加(Multiply and Accumulate,MAC)单元、优化的 SIMD 指令、饱和运算指令和一个可选的单精度浮点单元(Float Point Unit,FPU)。这些功能以表现 ARM Cortex-M 系列微处理器特征的创新技术为基础。

2. 易于使用的技术

Cortex-M4 通过一系列出色的软件工具和 CMSIS(ARM Cortex Microcontroller Software Interface Standard)使信号处理算法开发变得十分容易。CMSIS 是 Cortex-M 系列微处理器与供应商无关的硬件抽象层。使用 CMSIS 可以提供一个一致且简单的处理器软件接口,以简化接口外设、实时操作系统和中间件等软件的重用。使用 CMSIS 可以缩短新微控制器开发人员的学习过程,从而缩短新产品的上市时间。

ARM 目前正在对 CMSIS 进行扩展,将加入支持 Cortex-M4 扩展指令集的 C 编译器;同时,ARM 也在开发一个优化库,方便 MCU 用户开发信号处理程序。该优化库将包含数字滤波算法和其他基本功能,例如,数学计算、三角计算和控制功能。数字滤波算法也将可以与滤波器设计工具和设计工具包(如 MATLAB 和 LabVIEW)配套使用。

2.2.2　Cortex-M4 微处理器的结构

Cortex-M4 微处理器的结构如图 2-6 所示,其中包括处理内核 Cortex-M4 Core、内核外设、调试和跟踪接口以及多条总线接口。

1. Cortex-M4 Core

Cortex-M4 Core 是 Cortex-M4 架构中的处理器核心,具备以下特点:采用 3 级哈佛流水线结构;支持 Thumb-2 指令集,能以 16 位的代码密度提供 32 位的性能;内部集成采用了单周期乘法指令、硬件除法指令;内置了快速中断控制器,具有较好的实时特性。

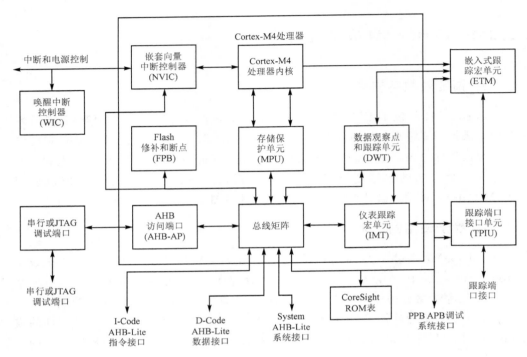

图 2-6 Cortex-M4 微处理器的结构

2. 内核外设

内核外设包括存储保护单元（MPU）、嵌套向量中断控制器（NVIC）、系统控制模块（System Control Block，SCB）和系统定时器（System Timer，SysTick）。另外，在Cortex-M4 中，还有单精度浮点运算单元（FPU）。

（1）存储保护单元（MPU）

MPU 是 Cortex-M4 中用于内存保护的可选组件。MPU 支持标准的 ARM v7保护存储系统结构 PMSA 模型。MPU 将存储器分为若干区域，定义各区域的位置、大小、访问权限和存储属性等。MPU 可为每一个区以及重叠区单独设置存储属性，还可将存储属性导出至系统。

存储属性确定存储区的访问行为。Cortex-M4 微控制器定义了 8 个独立的存储区域即 0~7 区域和一个背景区域。背景区域的存储属性即为默认的存储器映射的属性，可以在特权软件执行模式下访问。当存储区域发生重叠时，存储访问受存储属性最高的区域的影响。

如果程序访问被 MPU 禁止的存储位置，处理器将产生存储器管理故障，导致故障异常，并可能导致操作系统环境中的进程终止。在操作系统环境下，内核可以动态更新 MPU 区域设置。在通常情况下，嵌入式操作系统使用 MPU 保护内存。

（2）嵌套向量中断控制器（NVIC）

NVIC 的作用是实现低延迟中断处理。NVIC 对所有的异常和中断进行优先级划分和处理，包括一个不可屏蔽中断（Non Maskable Interrupt，NMI），可以提供 256个中断优先级。NVIC 与处理器内核紧密集成，能够快速响应中断，使得中断延迟很低。中断发生时处理器状态被自动存储到堆栈，中断服务程序结束时又自动被恢复。向量的读取与状态保存并行，使处理器高效率进入中断。称为尾链（tail-chain）的优化功能使得相邻的中断响应不需要重复的状态保存和恢复，减少了相邻中断之间的切换时间。通过软件可设置 7 个异常（系统处理）和 96 个中断的 8 级优先级别。

（3）系统控制模块（SCB）

SCB 是编程模型与处理器之间的接口，用于系统控制，包括系统异常的配置、控制和报告等。

（4）系统定时器（SysTick）

SysTick 是一个 24 位减数（递减到零再重装）计数器，可用作 RTOS 的节拍定时器或者一般的计数器。

（5）单精度浮点运算单元（FPU）

FPU 专门用来进行浮点运算，Cortex-M4 中的 Cortex-M4F 才有该模块。

3．总线接口

总线包括 AHB-Lite 和 APB，AHB-Lite 总线的访向性能比 APB 高。3 条 AHB-Lite 总线分别为 I-Code 总线、D-Code 总线和系统总线（System Bus）。

（1）I-Code 总线

I-Code 总线负责地址区间 0x00000000～0x1FFFFFFF 内的取指操作。I-Code 总线的取指操作总是以 32 位的字长执行，即使对于 16 位指令也是如此，因此处理器核心可以一次取出两条 16 位的 Thumb 指令。

（2）D-Code 总线

D-Code 总线负责地址区间 0x00000000～0x1FFFFFFF 内的数据访问操作。尽管 Cortex-M4 支持非对齐访问，但 D-Code 总线会把非对齐的数据传送都转换成对齐的数据传送。因此，连接到 D-Code 数据总线的任何设备都只需要支持 AHB-Lite 协议的对齐访问，不需要支持非对齐访问。

（3）系统总线

系统总线主要负责两个地址区间内（0x20000000 ～ 0xDFFFFFFF 和 0xE0100000～0xFFFFFFFF）的所有数据传输，包括取指、外设访问以及 SRAM 中的数据访问。与 D-Code 总线相同，所有的数据传输都采用对齐访问方式。

私有外设总线（Private Peripheral Bus，PPB）基于高级外设总线（APB），包括内部和外部两条总线。其中，内部 PPB 供仪表跟踪宏单元（ITM）、数据观察点和跟踪单元（DWT）、Flash 修补和断点（FPB）、存储器保护单元（MPU）和嵌套向量中断控制器(NVIC)使用;外部 PPB 供跟踪端口接口单元(TPIU)、嵌入式跟踪宏单元(ETM)、ROM 表使用,此外,外部 PPB 还可以实施特定区域 PPB 存储器映射。

4. 调试跟踪接口

调试跟踪接口提供低成本且功能强大的调试、跟踪和分析功能,有如下特点:

(1) 可以访问所有存储器、寄存器以及存储器映射的外设,当内核停止时可以访问内核寄存器。

(2) 采用串行调试端口(Serial Wire Debug Port,SW-DP)或者串行 JTAG 调试端口(Serial Wire JTAG Debug Port,SWJ-DP)。

(3) 可以访问以下设备。

① Flash 修补和断点,实现 Flash 断点设置和代码修补。

② 仪表跟踪宏单元(Instrumentation Trace Macrocell,ITM),实现 printf()方式的调试。

③ 数据观察点和跟踪单元(Data Watchpoint and Trace,DWT),实现观察点和数据的跟踪,以及系统分析。

④ 跟踪端口接口单元(Trace Point Interface Unit,TPIU),可以连接到跟踪端口分析器(Trace Port Analyzer,TPA),包括单线输出(Single Wire Output,SWO)模式。

⑤ 嵌入式跟踪宏单元(Embedded Trace Macrocell,ETM),实现指令跟踪。

2.2.3　Cortex-M4 微处理器的内核寄存器

Cortex-M4 微处理器的内核寄存器如图 2-7 所示,包括以下寄存器。

1. 寄存器 R0~R12

R0~R12 是通用寄存器,用于数据操作。其中,R0~R7 被称为低组寄存器,R8~R12 被称为高组寄存器。绝大多数的 16 位 Thumb 指令只能访问寄存器 R0~R7,而 32 位的 Thumb-2 指令则可以访问所有寄存器。

2. 寄存器 R13

R13 为堆栈指针(Stack Pointer,SP)。当执行 PUSH 和 POP 操作时,处理器通过 SP 指向的地址来访问存储器中的堆栈。Cortex-M4 架构中存在 MSP 和 PSP 两个堆栈指针。在 Cortex-M4 架构中,堆栈指针的最低两位永远是 0,也就是说,堆栈地址总是 4 字节对齐的。

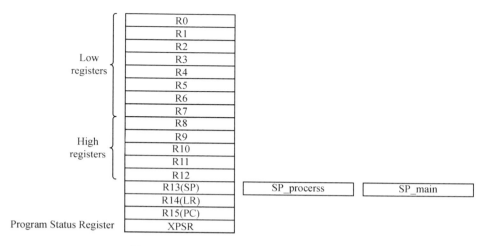

图 2-7 Cortex-M4 微处理器的内核寄存器

3. 寄存器 R14

R14 为链接寄存器(Link Register,LR),用于在调用函数或子程序时保存返回地址。当程序中使用了跳转指令 BL、BLX 或者产生异常时,处理器会自动将程序的返回地址填充到 LR 中。当函数调用或子程序运行结束时,函数或子程序会在程序的末尾将 LR 的值填入程序计数器,此时执行流将返回到主程序并继续执行。LR 提高了子程序调用的效率。多于一级的子程序调用,在调用子程序之前需要将前一级的 R14 值保存到堆栈中,并在子程序调用结束时依次弹出。R14 也可作为通用寄存器使用。

4. 寄存器 R15

R15 为程序计数器(Program Counter,PC),用于指向当前正在取址的指令的地址。Cortex-M4 架构使用了 3 级流水线,如果将当前正在执行的指令约定为第 1 条指令,那么读取 PC 时返回的值将指向第 3 条指令。修改 PC 的值可以改变程序的执行顺序。PC 的最低 1 位永远是 0,也就是说,PC 总是 2 字节对齐或 4 字节对齐的。

5. 特殊功能寄存器

特殊功能寄存器用来设定和读取处理器的工作状态,包括屏蔽和允许中断。应用程序一般不需要访问这些寄存器,通常仅在嵌入式操作系统中或者产生嵌套中断时才需要访问这些寄存器。特殊功能寄存器不在存储器映射的地址范围,只能通过特殊寄存器访问指令 MSR 和 MRS 来访问它们,下面列举一些常用的特殊功能寄存器。

（1）程序状态寄存器组

程序状态寄存器组（PSR 或 xPSR）由 3 个子状态寄存器构成：应用程序状态寄存器（APSR），中断/异常状态寄存器（IPSR）和执行状态寄存器（EPSR）。IPSR 是只读寄存器，用来存放与当前正在运行的中断服务程序对应的异常编号。当没有产生异常时，ISPR 的值为 0。EPSR 的 T 位用来表示当前处理器执行的是何种指令集。APSR 用来记录应用程序的运行状态。

（2）中断屏蔽寄存器组

Cortex-M4 架构中的中断屏蔽寄存器组用于控制中断的使能和屏蔽，包括 PRMASK、FAULTMASK 和 BSAEPRI 寄存器。处理器的每个异常或中断都有优先级，其中，异常或中断编号越小的优先级越高。

（3）控制寄存器

控制（CONTROL）寄存器在特权和非特权模式下都可以进行读取，但只能在特权模式下进行修改。CONTROL 寄存器只使用了 32 位中的最低两位，分别用于定义特权级别和选择当前使用的堆栈指针。

2.2.4　Cortex-M4 微处理器的存储器映射

Cortex-M4 微处理器的存储器空间大小为 4 GB，共分为 8 个区域，如图 2-8 所示。各区简介如下。

（1）代码区（Code）：大小为 0.5 GB，存储程序代码，指令通过 I-Code 总线访问，数据通过 D-Code 总线访问。

（2）内部 SRAM 区：大小为 0.5 GB，存储数据，指令和数据均通过系统总线访问。

（3）内核外设区（Peripheral）：大小为 0.5 GB，指令和数据均通过系统总线访问。

（4）外部 RAM 区（External RAM）：大小为 1 GB，指令和数据均通过系统总线访问。

（5）外部设备区（External Device）：大小为 1 GB，指令和数据均通过系统总线访问。

（6）内部私有外设总线区（Private Peripheral Bus-Internal）：大小为 256 KB，通过内部 PPB 访问，该区域为不可执行区域（Execute Never，XN）。

（7）外部私有外设总线区（Private Peripheral Bus-External）：大小为 768 KB，通过外部 PPB 访问，该区域为不可执行区域。

（8）系统区（System）：大小为 511 MB，为器件制造商的系统外设区，该区域为不可执行区域。

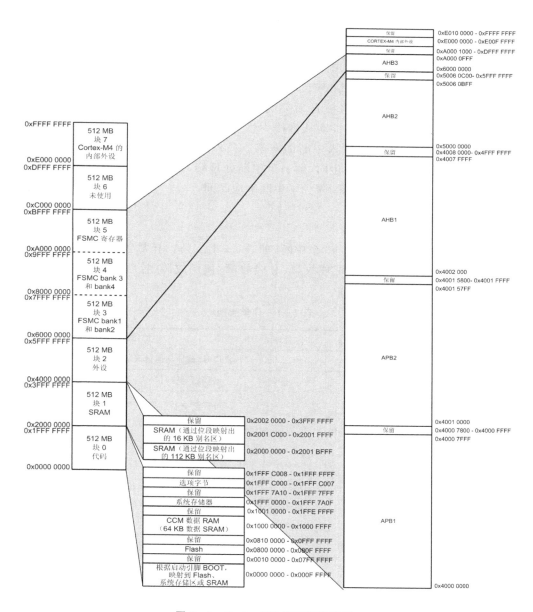

图 2－8　Cortex-M4 的存储器空间

2.2.5 Cortex-M4 微处理器的中断和异常处理

1. 中断与异常处理特点

Cortex-M4 微处理器及其 NVIC 在中断模式下处理所有异常。当出现异常时，将产生中断，处理器的状态将被自动存储到堆栈中，并在中断服务程序（Interrupt Service Routine，ISR）结束时自动从堆栈中恢复。NVIC 取出中断向量和保存状态是同时进行的，因此提高了进入中断的效率。另外，处理器还具有中断末尾连锁功能，即当有两个相邻的中断发生时，前一个中断处理结束后，后一个中断无须保存和恢复状态便可执行连续的中断，减少了中断响应时间。

2. 异常类型

异常共包括 10 种异常和 96 个中断，如表 2-1 所列。异常包括复位、不可屏蔽中断（NMI）、硬故障、存储器管理故障、总线故障、使用故障、监管调用（SVCall）、调试监控器、PendSV 和 SysTick。

表 2-1 异常类型

异常类型	向量号	优先级	向量地址	描述
	0		0x00000000	复位时，栈顶从向量表的第一个入口加载
复位	1	-3	0x00000004	上电和热复位时产生，被当作特殊异常处理
不可屏蔽中断 NMI	2	-2	0x00000008	不可屏蔽中断由外部 NMI 信号触发或通过软件设置中断控制和状态寄存器触发。NMI 不可被屏蔽；除复位外，也不可被其他异常或者抢占优先级别的异常终止
硬故障	3	-1	0x0000000C	当异常处理过程发生错误，或者异常无法处理时产生硬故障。硬故障优先级比任何可编程的优先级高
存储器管理故障	4	可编程	0x00000010	存储器保护故障，包括访问侵权和不匹配
总线故障	5	可编程	0x00000014	当与存储器想换的指令或者数据提取发生故障时，将产生总线故障异常，该异常可以被使能或禁止
使用故障	6	可编程	0x00000018	当发生指令执行相关的故障时，将产生使用故障异常
	7~10			保留

续表 2 - 1

异常类型	向量号	优先级	向量地址	描述
监管调用 (SVCall)	11	可编程	0x0000002C	由 SVC 指令产生。在操作系统环境中,应用程序可以利用 SVC 指令访问操作系统内核以及设备驱动
调试监控器	12	可编程	0x00000030	调试监控器异常需要使能才能使用,如果它的优先级比当前已激活的调试监控器异常的优先级更低,则不能被激活
	13			保留
PendSV	14	可编程	0x00000038	PendSV 是系统级服务的悬挂中断驱动请求,通过设置中断控制和状态寄存器触发。在操作系统环境中,当没有其他异常被激活,可利用 PendSV 进行上下文切换
SysTick	15	可编程	0x0000003C	当系统定时器计数到 0 时产生。也可以通过设置中断控制和状态寄存器触发
中断 IRQ0~IRQ131	16~147	可编程	0x00000040 ~0x00000254	外设或软件产生的中断请求

3. 异常优先级

除复位、NMI 和硬故障有固定优先级外,软件可以针对其余 7 种异常和 96 种中断设置 8 种优先级。异常的优先级通过 NVIC 的系统处理寄存器 SYSPRIn 设置,中断的优先级通过 NVIC 的中断优先级寄存器 PRIn 设置。中断使能通过 NVIC 的中断使能设置寄存器 ENn 设置。可以通过将优先级分成抢占优先级和子优先级来进行分组。

异常优先级如表 2 - 1 所列,优先级号码越小,级别越高,最高优先级为 -3。可编程优先级的默认优先级可由软件设定为 0~7,默认优先级为 0,也是用户可编程优先级的最高级别,仅次于复位、NMI 以及硬件故障。

当有多个优先级相同的异常处于悬挂状态时,异常向量号较小的优先处理。当有更高优先级别的异常发生时,正在处理的异常将被抢占。

4. 异常状态

异常状态包括 4 种,分别如下。

(1) 待用:即没发生异常。

(2) 悬挂:一个异常正在等待处理器处理。外设或者软件的中断请求可使中断进入悬挂状态。

（3）激活：一个异常请求正在被处理器处理，但还没有完成。

（4）激活并悬挂：一个异常请求正在被处理器处理，但是又有一个同样的异常被悬挂。

5. 异常处理器

所有异常和中断分别通过以下 3 种异常处理器来处理异常。

（1）中断服务程序（ISR）：所有中断通过 ISR 处理。

（2）故障处理器：硬故障、存储器管理故障、总线故障和使用故障由故障处理器处理。

（3）系统处理器：10 种异常，包括 4 种故障异常，都属于系统异常，都由系统处理器处理。

2.2.6 Cortex-M4 指令集

早期基于 ARM7TDMI 和 ARM9 架构的 ARM 处理器支持两种相对独立的指令集：32 位的 ARM 指令集和 16 位的 Thumb 指令集。它们分别对应于 ARM 处理器的两种工作状态：ARM 状态和 Thumb 状态。ARM 状态执行字对齐的 32 位 ARM 指令，Thumb 状态执行半字对齐的 16 位 Thumb 指令。

Thumb 指令集在功能上是 ARM 指令集的一个子集，相比 ARM 指令集拥有更高的代码密度。Thumb 指令集的指令长度为 16 位，它舍弃了 ARM 指令集的一些特性，从而获得了更高的代码密度。一般情况下，Thumb 代码所需的存储空间约为 ARM 代码的 60%～70%。同时，使用 Thumb 代码相比使用 ARM 代码，能降低约 30% 的存储器功耗。Thumb 指令集主要针对基本的算术和逻辑操作，它只包含有限的功能；例如：在 Thumb 状态下只能访问有限的寄存器，无法完成中断处理、长跳转、协处理器操作等任务；由于 Thumb 指令只用 ARM 指令一半的位数来实现同样的功能，因此实现特定功能所需的 Thumb 指令条数可能较 ARM 指令多。

基于以上原因，我们在编程过程中通常取长补短，很多程序会同时使用 ARM 和 Thumb 代码段。只要遵循一定的调用规则，Thumb 子程序和 ARM 子程序就可以互相调用。但是 Thumb 代码和 ARM 代码不能混杂使用，当 Thumb 子程序和 ARM 子程序互相调用时，处理器必须在两种工作状态之间来回切换。由此会产生额外的时间和空间开销。另外，ARM 代码和 Thumb 代码需要以不同的方式编译，这也增加了软件开发和维护的难度。

Cortex-M4 架构不再支持 ARM 指令集，而只支持 Thumb-2 指令集。Thumb-2 指令集是 Thumb 指令集和 ARM 指令集的超集，它将 16 位和 32 位指令相结合，在代码密度和性能之间取得了平衡，并且在降低功耗的同时提高了性能。

Thumb-2 指令集在 Thumb 指令集的基础上做了一些扩充，例如：增加了一些新的 16 位 Thumb 指令来改进程序的执行流程,增加了一些新的 32 位 Thumb 指令来实现一些 ARM 指令的专有功能,解决了之前 Thumb 指令集不能访问协处理器、没有特权指令和特殊功能指令的问题。由于 Cortex-M4 只支持 Thumb-2 指令集,因此处理器在执行 16 位和 32 位混合指令时不需要切换工作状态,从而在获得较高代码密度的同时节省了执行时间。

另外,在软件开发过程中,开发人员也不再需要把源代码文件分成按 ARM 编译的代码和按 Thumb 编译的代码,从而降低了软件开发的复杂度,缩短了软件开发时间。

2.3　思考与练习

1. ARM 的含义是什么?
2. ARM 体系结构有哪些主要特点?
3. 简述 Thumb 指令集的特点。
4. ARM Cortex 处理器都有哪些系列? 它们各有什么特点?

第 3 章　Cortex-M4 常用微控制器

上一章介绍了几种 ARM 常用的微处理器,并且详细介绍了 Cortex-M4 微处理器的基本知识。本章将基于 Cortex-M4 微处理器,介绍几种常用的微控制器。

3.1　Cortex-M4 常用微控制器概述

1. SWM320

SWM320 是由华芯微特公司产于 2019 年的一款基于 ARM 公司 Cortex-M4 的 32 位微控制器。具有高性能、低功耗、代码密度大等突出特点,适用于工业控制、白色家电、电机驱动等诸多应用领域。

SWM320 内嵌 Cortex-M4 控制器,片上包含精度为 1% 以内的 20 MHz、40 MHz 时钟,可通过 PLL 倍频到 120 MHz 时钟,提供多种内置 FLASH/SRAM 大小可供选择,支持 ISP 操作及 IAP。

2. STM32F4 系列

STM32F4 是意法半导体公司生产的一款系列微控制器,基于 ARM Cortex-M4 的 STM32F4 MCU 系列采用了意法半导体的 NVM 工艺和 ART Accelerator,在高达 180 MHz 的工作频率下通过闪存执行时其处理性能达到 225 DMIPS/608 Core-Mark,这是迄今所有基于 Cortex-M 内核的微控制器产品所达到的最高基准测试分数。STM32F4 系列微控制器采用了动态功耗调整功能,通过闪存执行指令时的电流消耗范围为从 STM32F410 的 89 μA/MHz 到 STM32F439 的 260 μA/MHz。STM32F4 系列包括 8 条互相兼容的数字信号控制器(DSC)产品线,是 MCU 实时控制功能与数字信号处理器(DSP)信号处理功能的完美结合体。

3. GD32F4 系列

兆易创新公司的 GD32F4 产品系列紧贴市场高端需求,以高性能、强实时、大容量特性,强化更为广泛的市场领先优势。GD32F4 系列 MCU 采用 ARM Cortex-M4

内核,处理器主频高达 240 MHz,可支持算法复杂度更高的嵌入式应用,并具备更快速的实时处理能力。GD32F4 新产品配备了 512 KB 到 3 072 KB 片上 Flash,代码执行零等待区提升至 1 024 KB。还配备了 256 KB 到 768 KB 的 SRAM,以业界领先的大容量存储优势支持高级计算、通信网络、人机界面等工业及消费类多元化应用场景。

4. XScale

Intel 公司的 XScale 控制器主要用于掌上电脑等便携设备,它是 Intel 公司始于 ARM v5TE 控制器发展的产品,在架构扩展的基础上同时也保留了对于以往产品的向下兼容,因此获得了广泛的应用。相比于 ARM,XScale 功耗更低,系统伸缩性更好,同时核心频率也得到提高,达到了 400 MHz 甚至更高。这种处理器还支持高效通讯指令,可以和同样架构处理器之间达到高速传输。其中一个主要的扩展就是无线 MMX,这是一种 64 位的 SIMD 指令集,在新款的 XScale 处理器中集成有 SIMD 协控制器。这些指令集可以有效地加快视频、3D 图像、音频以及其他 SIMD 传统元素处理。

5. OMAP

开放式多媒体应用程序平台(Open Multimedia Applications Platform,OMAP)是 TI 公司推出的专门为支持第三代(3G)无线终端应用而设计的应用处理器体系结构。该处理器结合了 TI 公司的 DSP 处理器核心以及 ARM 公司的 RISC 架构处理器,成为一款高度整合性的片上系统,OMAP 处理器平台提供了语音、数据和多媒体所需的带宽和功能,可以极低的功耗为高端 3G 无线设备提供极佳的性能。OMAP 嵌入式处理器系列包括应用处理器及集成的基带应用处理器。目前 TI 主流的应用处理器是 OMAP730,OMAP730 是集成了 ARM926TEJ 应用处理器和 TI 的 GSM/GPRS 数字基带的单芯片处理器。OMAP730 具有独特的 SRAM frame buffer 用于提高流媒体和应用程序的处理性能。OMAP730 处理器还提供复杂的硬件加密功能,包括加密的引导程序,操作的加密模式,加密的 RAM 和 ROM,并对一些加密标准提供硬件加速。

3.2 STM32F407xx 微控制器概述

STM32F407xx 是基于 Cortex-M4 架构的微控制器系列,其中包含了多种不同配置的微控制器型号,这些微控制器可以通过不同的后缀加以区分。不同后缀的微控制器的区别在于 Flash 和 SRAM 的容量、I/O 端口的数量和外设功能模块的多少,但它们在硬件功能相同的部分尽量做到了芯片之间引脚功能完全兼容,软件部分也完全兼容。

STM32F407xx 微控制器的主要功能特点如下。

(1) 处理器性能

处理器内核采用了 3 级流水线,最高工作频率为 168 MHz,最高处理能力可达210 DMIPS/MHz。

(2) 存储容量

微控制器内部最多可集成 1 MB 的 Flash 存储器和 192 KB 的 SRAM 存储器。

(3) DMA

微控制器内包含两个 8 通道的 DMA 控制器,这些 DMA 控制器可以管理存储器到存储器、设备到存储器以及存储器到设备的数据传输。DMA 控制器还支持环形缓冲区的管理,从而避免了控制器传输到达缓冲区结尾时产生中断。每个 DMA 通道都有专门的硬件 DMA 请求逻辑,并且可以由软件触发。每个 DMA 通道的传输长度、传输源地址和目标地址都可以通过软件单独设置。

STM32F407xx 微控制器的内部结构如图 3-1 所示。

(4) AHB/APB1 桥和 AHB/APB2 桥

AHB/APB1 桥和 AHB/APB2 桥是 AHB 和 APB 之间的总线桥。它们是 APB上的主模块,同时也是 AHB 上的从模块。APB1 桥和 APB2 桥的主要功能是锁存来自 AHB 的地址、数据和控制信号,并提供二级译码以产生对 APB 设备的选择信号,从而实现 AHB 协议到 APB 协议的转换。

STM32F407xx 中的 APB1 用于低速外设,速度最高可达 42 MHz;APB2 用于高速外设,速度最高可达 84 MHz。

(5) 内核耦合存储器

内核耦合存储器(Core Coupled Memory,CCM)是 64 KB 的 RAM,直接挂在 D-Code 总线上且没有经过总线矩阵。CCM 只能被 Corex-M4 处理器核心访问,不能被 IDMA 控制器等其他组件访问。处理器核心能以最大的系统时钟和最小的等待时间从 CM 中读取数据或代码,因此,将频繁读取的数据或中断处理程序放到 CCM中能够加快程序的执行速度。

(6) 静态存储器控制器

静态存储器控制器(Flexible Static Memory Controller,FSMC)的一端通过内部高速总线 AHB3 连接到 Corex-M4 处理器核心,另一端可以连接同步、异步存储器或16 位的 PC 存储卡,用于扩展片外存储器。处理器核心对外部存储器的访问信号发送到 AHB3 后,经 FSMC 转换为符合外部存储器通信规范的信号,从而实现处理器核心与外部存储器之间的数据交互。

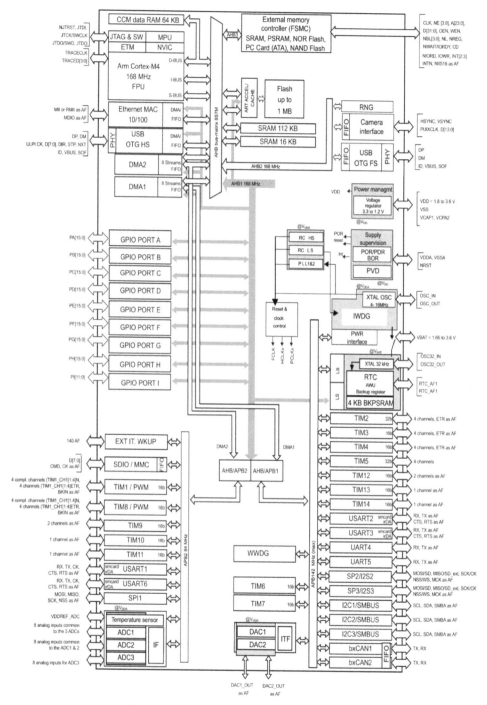

图 3 - 1　**STM32F407xx 微控制器的内部结构**

3.2.1 总线架构

STM32F407xx 的总线矩阵包含 8 条主控总线（内核 1 总线、内核 D 总线、内核 S 总线、DMAI 存储器总线、DMA2 存储器总线、DMA2 外设总线、以太网 DMA 总线和 USB OTG HS DMA 总线）和 7 条被控总线（内部 Flash I-Code 总线、内部 Flash D-Code 总线主要内部 SRAM1、辅助内部 SRAM2、AHB1 外设、AHB2 外设及 FSMC），8 条主控总线与 7 条被控总线保持互联。

总线矩阵使得多个主设备可以并行访问不同的从设备，但在每个特定的时间内，只有一个主设备拥有总线控制权。当多个主设备同时出现总线请求时，就需要进行仲裁，仲裁机制保证了每个时刻只有一个主设备通过总线矩阵对从设备进行访问。STM32F407xx 的总线矩阵如图 3-2 所示。

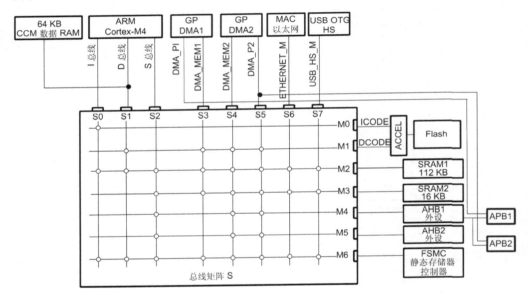

图 3-2　STM32F407xx 总线矩阵

3.2.2 存储器映射

STM32F407xx 的寄存器映射是 Cortex-M4 架构的具体实现，前者在 Cortex-M4 架构规定的地址映射的基础上，细化了每个可访问模块的具体物理地址和访问规则，如表 3-1 所列。

表 3 - 1　**STM32F4xx 系列器件的存储器映射表**

总线	地址范围	外设
AHB3	0xA0000000～0xA0000FFF	FSMC 控制寄存器
AHB2	0x50060800～0x50060BFF	RNG
	0x50060400～0x500607FF	HASH
	0x50060000～0x500603FF	CRYP
	0x50050000～0x500503FF	DCMI
	0x50000000～0x5003FFFF	USBOTGFS
AHB1	0x40040000～0x4007FFFF	USBOTGHS
	0x40029000～0x400293FF	以太网 MAC
	0x40028C00～0x40028FFF	
	0x40028800～0x40028BFF	
	0x40028400～0x400287FF	
	0x40028000～0x400283FF	
	0x40026400～0x400267FF	DMA2
	0x40026000～0x400263FF	DMA1
	0x40024000～0x40024FFF	BKPSRAM
	0x40023C00～0x40023FFF	Flash 接口寄存器
	0x40023800～0x40023BFF	RCC
	0x40023000～0x400233FF	CRC
	0x40022000～0x400223FF	GPIOI
	0x40021C00～0x40021FFF	GPIOH
	0x40021800～0x40021BFF	GPIOG
	0x40021400～0x400217FF	GPIOF
	0x40021000～0x400213FF	GPIOE
	0x40020C00～0x40020FFF	GPIOD
	0x40020800～0x40020BFF	GPIOC
	0x40020400～0x400207FF	GPIOB
	0x40020000～0x400203FF	GPIOA

总线	地址范围	外设
APB2	0x40015400～0x400157FF	SPI6
	0x40015000～0x400153FF	SPI5
	0x40014800～0x40014BFF	TIM11
	0x40014400～0x400147FF	TIM10
	0x40014000～0x400143FF	TIM9
	0x40013C00～0x40013FFF	EXTI
	0x40013800～0x40013BFF	SYSCFG
	0x40013400～0x400137FF	SPI4
	0x40013000～0x400133FF	SPI1
	0x40012C00～0x40012FFF	SDIO
	0x40012000～0x400123FF	ADC1～ADC2～ADC3
	0x40011400～0x400117FF	USART6
	0x40011000～0x400113FF	USART1
	0x40010400～0x400107FF	TIM8
	0x40010000～0x400103FF	TIM1
APB1	0x40007C00～0x40007FFF	UART8
	0x40007800～0x40007BFF	UART7
	0x40007400～0x400077FF	DAC
	0x40007000～0x400073FF	PWR
	0x40006800～0x40006BFF	CAN2
	0x40006400～0x400067FF	CAN1
	0x40005C00～0x40005FFF	I2C3
	0x40005800～0x40005BFF	I2C2
	0x40005400～0x400057FF	I2C1
	0x40005000～0x400053FF	UART5
	0x40004C00～0x40004FFF	UART4
	0x40004800～0x40004BFF	USART3
	0x40004400～0x400047FF	USART2
	0x40004000～0x400043FF	I2S3ext
	0x40003C00～0x40003FFF	SPI3/I2S3
	0x40003800～0x40003BFF	SPI2/I2S2

总线	地址范围	外设
APB1	0x40003400～0x400037FF	I2S2ext
	0x40003000～0x400033FF	IWDG
	0x40002C00～0x40002FFF	WWDG
	0x40002800～0x40002BFF	RTC&BKP 寄存器
	0x40002000～0x400023FF	TIM14
	0x40001C00～0x40001FFF	TIM13
	0x40001800～0x40001BFF	TIM12
	0x40001400～0x400017FF	TIM7
	0x40001000～0x400013FF	TIM6
	0x40000C00～0x40000FFF	TIM5
	0x40000800～0x40000BFF	TIM4
	0x40000400～0x400007FF	TIM3
	0x40000000～0x400003FF	TIM2

3.2.3　复位控制

STM32F407xx 共有 3 种类型的复位,分别为系统复位、电源复位和备份域复位。

1. 系统复位

只要发生以下事件之一,就会产生系统复位:

- NRST 引脚低电平(外部复位);
- 窗口看门狗计数结束(WWDG 复位);
- 独立看门狗计数结束(IWDG 复位);
- 软件复位(SW 复位);
- 低功耗管理复位。

软件复位可通过查看 RCC 时钟控制和状态寄存器(RCC_CSR)中的复位标志确定。要对器件进行软件复位,必须将 Cortex-M4F 应用中断和复位控制寄存器中的 SYSRESETREQ 位置 1。

低功耗管理复位引发低功耗管理复位的方式有两种:

(1) 进入待机模式时产生复位:此复位的使能方式是清零用户选项字节中的

nRST_STDBY 位。使能后,只要成功执行进入待机模式序列,器件就将复位,而非进入待机模式。

(2)进入停止模式时产生复位:此复位的使能方式是清零用户选项字节中的 nRST_STOP 位。使能后,只要成功执行进入停止模式序列,器件就将复位,而非进入停止模式。

2. 电源复位

只要发生以下事件之一,就会产生电源复位:

- 上电/掉电复位(POR/PDR);
- 欠压(BOR)复位;
- 在退出待机模式时。

除备份域内的寄存器以外,电源复位会将其他全部寄存器设置为复位。这些源均作用于 NRST 引脚,该引脚在复位过程中始终保持低电平。RESET 复位入口向量在存储器映射中固定在地址 0x0000_0004。芯片内部的复位信号会在 NRST 引脚上输出。脉冲发生器用于保证最短复位脉冲持续时间,可确保每个内部复位源的复位脉冲都至少持续 20 μs。对于外部复位,在 NRST 引脚处于低电平时产生复位脉冲。

3. 备份域复位

备份域复位会将所有 RTC 寄存器和 RCC_BDCR 寄存器复位为各自的复位值。BKPSRAM 不受此复位影响。BKPSRAM 的唯一复位方式是通过 Flash 接口将 Flash 保护等级从 1 切换到 0。

只要发生以下事件之一,就会产生备份域复位:

- 软件复位,通过将 RCC 备份域控制寄存器(RCC_BDCR)中的 BDRST 位置 1 触发;
- 在电源 VDD 和 VBAT 都已掉电后,其中任何一个又再上电。

3.2.4 时钟控制

STM32F407xx 有 3 种不同的时钟源可用于驱动系统时钟(System Clock,SY-SCLK),分别是 HSI、HSE 和主 PLL 时钟。HSI 为微控制器内部的 16 MHz 的 RC 振荡器,当微控制器复位时会默认选择 HSI 作为时钟源。HSE 则使用 4 MHz～26 MHz 的 RC 外部振荡器作为时钟源。HSI 和 HSE 产生的时钟信号可送入内部锁相环(Phase Locked Loop,PLL)电路,从而将时钟频率加速到最快 168 MHz。在时钟配置中可以选择 HIS、HSE 或 PLL 的输出作为 SYSCLK。

另外,STM32F407xx 还有两个次级时钟源:一个 32 kHz 的内部 RC 振荡器用于驱动"看门狗"电路,可提供给 RTC 用于待机模式下唤醒;另一个 32.768 kHz 的外部晶振可用于驱动 RTC。

3.2.5　电源控制

STM32F407xx 微控制器芯片的工作电压为 1.8～3.6 V。当主电源引脚 VDD 掉电后,可通过 VBAT 引脚接入备份电池为实时时钟(Real Time Clock,RTC)和备份寄存器提供电源。此外,STM32 内部包含完整的上电复位(POR)和掉电复位(PDR)电路,当 VDD 低于指定的限位电压时,处理器保持为复位状态,无需外部复位电路。

3.3　GD32F407xx 微控制器概述

3.3.1　总线架构

GD32F407xx 系列器件是基于 ARM Cortex-M4 处理器的 32 位通用微控制器。GD32F407xx 系列器件采用 32 位多层总线结构,该结构可使系统中的多个主机和从机之间的并行通信成为可能。多层总线结构包括一个 AHB 互联矩阵、两个 AHB 总线和两个 APB 总线。AHB 互联矩阵共连接 11 个主机,分别为:IBUS、DBUS、SBUS、DMA0M、DMA0P、DMA1M、DMA1P、ENET、TLI、USBHS 和 IPA。GD32F407xx 微处理器系统架构如图 3-3 所示。

3.3.2　存储器映射

GD32F407xx 系列器件的存储器映射包括代码、SRAM、外设和其他预先定义的区域。几乎每个外设都分配了 1KB 的地址空间,这样可以简化每个外设的地址译码。GD32F4xx 系列器件的存储器映射表如表 3-2 所列。

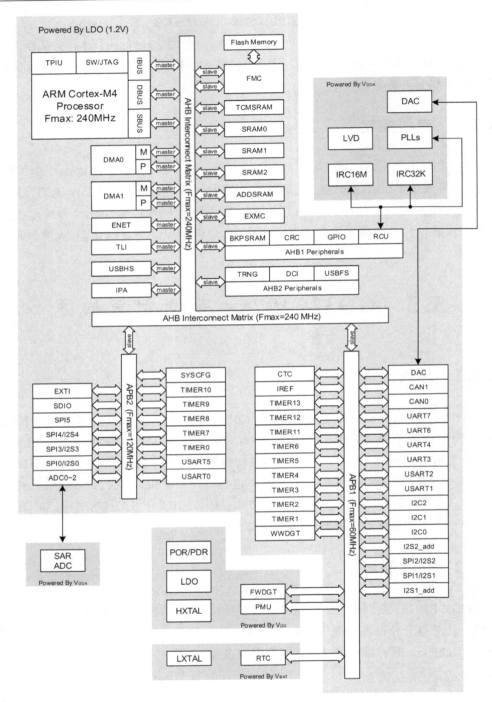

图 3－3　GD32F407xx 微处理器系统架构示意图

表 3 - 2 GD32F4xx 系列器件的存储器映射表

总线	地址范围	外设
AHB 互联矩阵	0xC0000000～0xDFFFFFFF	EXMC-SDRAM
	0xA0001000～0xBFFFFFFF	Reserved
	0xA0000000～0xA0000FFF	EXMC-SWREG
	0x90000000～0x9FFFFFFF	EXMC-PCCARD
	0x70000000～0x8FFFFFFF	EXMC-NAND
	0x60000000～0x6FFFFFFF	EXMC-NOR/PSRAM/SRAM
AHB2	0x50060C00～0x5FFFFFFF	Reserved
	0x50060C00～0x5FFFFFFF	TRNG
	0x50050400～0x500607FF	Reserved
	0x50050000～0x500503FF	DCMI
	0x50040000～0x5004FFFF	Reserved
	0x50000000～0x5003FFFF	USBFS
AHB1	0x40080000～0x4FFFFFFF	Reserved
	0x40040000～0x4007FFFF	USBHS
	0x4002BC00～0x4003FFFF	Reserved
	0x4002B000～0x4002BBFF	IPA
	0x4002A000～0x4002AFFF	Reserved
	0x40028000～0x40029FFF	ENET
	0x40026800～0x40027FFF	Reserved
	0x40026400～0x400267FF	DMA1
	0x40026000～0x400263FF	DMA0
	0x40025000～0x40025FFF	Reserved
	0x40024000～0x40024FFF	BKPSRAM
	0x40023C00～0x40023FFF	FMC
	0x40023800～0x40023BFF	RCU
	0x40023400～0x400237FF	Reserved
	0x40023000～0x400233FF	CRC
	0x40022400～0x40022FFF	Reserved
	0x40022000～0x400223FF	GPIOI
	0x40021C00～0x40021FFF	GPIOH

续表 3 - 2

总线	地址范围	外设
AHB1	0x40021800～0x40021BFF	GPIOG
	0x40021400～0x400217FF	GPIOF
	0x40021000～0x400213FF	GPIOE
	0x40020C00～0x40020FFF	GPIOD
	0x40020800～0x40020BFF	GPIOC
	0x40020400～0x400207FF	GPIOB
	0x40020000～0x400203FF	GPIOA
APB2	0x40016C00～0x4001FFFF	Reserved
	0x40016800～0x40016BFF	TLI
	0x40015800～0x400167FF	Reserved
	0x40015400～0x400157FF	SPI5
	0x40015000～0x400153FF	SPI4/I2S4
	0x40014C00～0x40014FFF	Reserved
	0x40014800～0x40014BFF	TIMER10
	0x40014400～0x400147FF	TIMER9
	0x40014000～0x400143FF	TIMER8
	0x40013C00～0x40013FFF	EXTI
	0x40013800～0x40013BFF	SYSCFG
	0x40013400～0x400137FF	SPI3/I2S3
	0x40013000～0x400133FF	SPI0/I2S0
	0x40013000～0x400133FF	SDIO
	0x40012400～0x40012BFF	Reserved
	0x40012000～0x400123FF	ADC
	0x40011800～0x40011FFF	Reserved
	0x40011400～0x400117FF	USART5
	0x40011000～0x400113FF	USART0
	0x40010800～0x40010FFF	Reserved
	0x40010400～0x400107FF	TIMER7
	0x40010000～0x400103FF	TIMER0
APB1	0x4000C800～0x4000FFFF	Reserved
	0x4000C400～0x4000C7FF	IREF
	0x40008000～0x4000C3FF	Reserved

总线	地址范围	外设
APB1	0x40007C00～0x40007FFF	UART7
	0x40007800～0x40007BFF	UART6
	0x40007400～0x400077FF	DAC
	0x40007000～0x400073FF	PMU
	0x40006C00～0x40006FFF	CTC
	0x40006800～0x40006BFF	CAN1
	0x40006400～0x400067FF	CAN0
	0x40006000～0x400063FF	Reserved
	0x40005C00～0x40005FFF	I2C2
	0x40005800～0x40005BFF	I2C1
	0x40005400～0x400057FF	I2C0
	0x40005000～0x400053FF	UART4
	0x40004C00～0x40004FFF	UART3
	0x40004800～0x40004BFF	USART2
	0x40004400～0x400047FF	USART1
	0x40004400～0x400047FF	I2S2_add
	0x40003C00～0x40003FFF	SPI2/I2S2
	0x40003800～0x40003BFF	SPI1/I2S1
	0x40003400～0x400037FF	I2S1_add
	0x40003000～0x400033FF	FWDGT
	0x40002C00～0x40002FFF	WWDGT
	0x40002800～0x40002BFF	RTC
	0x40002400～0x400027FF	Reserved
	0x40002000～0x400023FF	TIMER13
	0x40001C00～0x40001FFF	TIMER12
	0x40001800～0x40001BFF	TIMER11
	0x40001400～0x400017FF	TIMER6
	0x40001000～0x400013FF	TIMER5
	0x40000C00～0x40000FFF	TIMER4
	0x40000800～0x40000BFF	TIMER3
	0x40000400～0x400007FF	TIMER2
	0x40000000～0x400003FF	TIMER1

续表 3 - 2

总线	地址范围	外设
AHB 互联矩阵	0x200B0000～0x3FFFFFFF	Reserved
	0x20030000～0x200AFFFF	ADDSRAM(512 KB)
	0x20020000～0x2002FFFF	SRAM2(64 KB)
	0x2001C000～0x2001FFFF	SRAM1(16 KB)
	0x20000000～0x2001BFFF	SRAM0(112 KB)
	0x1FFFC010～0x1FFFFFFF	Reserved
	0x1FFFC000～0x1FFFC00F	Option bytes(Bank0)
	0x1FFF7A10～0x1FFFBFFF	Reserved
	0x1FFF7800～0x1FFF7A0F	OTP(512 B)
	0x1FFF0000～0x1FFF77FF	Boot loader(30 KB)
	0x1FFEC010～0x1FFEFFFF	Reserved
	0x1FFEC000～0x1FFEC00F	Option bytes(Bank1)
	0x10010000～0x1FFEBFFF	Reserved
	0x10000000～0x1000FFFF	TCMSRAM(64 KB)
	0x08300000～0x0FFFFFFF	Reserved
	0x08000000～0x082FFFFF	Main Flash(3 072 KB)
	0x00000000～0x07FFFFFF	Aliased to the boot device

  GD32F407xx 系列器件的存储器映射和 STM32F407xx 系列器件的存储器映射具有细微的差异,GD32F407xx 系列器件的存储器中,部分外设命名方式以及地址范围发生了变化,如:Flash 接口寄存器。

3.3.3 复位控制

  GD32F407xx 复位控制与 STM32F407xx 相同包括 3 种控制方式:电源复位、系统复位和备份域复位。

1. 电源复位

  GD32F407xx 电源复位控制与 STM32F407xx 相同,以下事件发生时,产生电源复位:

- 上电/掉电复位(POR/PDR);
- 欠压复位(BOR);
- 从待机模式中返回后由内部复位发生器产生。

2. 系统复位

当发生以下任一事件时,产生一个系统复位:
- 上电复位(POWER_RSTn);
- 外部引脚复位(NRST);
- 窗口看门狗计数终止(WWDGT_RSTn);
- 独立看门狗计数终止(FWDGT_RSTn);
- Cortex-M4 的中断应用和复位控制寄存器中的 SYSRESETREQ 位置为 1 (SW_RSTn);
- 用户将字节寄存器 nRST_STDBY 位置 0,并且进入待机模式时将产生复位 (OB_STDBY_RSTn);
- 用户将字节寄存器 nRST_DPSLP 置 0,并且进入深度睡眠模式时(OB_ DPSLP_RSTn)。

系统复位将复位除了 SW-DP 控制器和备份域之外的其余部分,包括处理器内核和外设 IP。系统复位脉冲发生器保证每一个复位源(外部或内部)都能有至少 20 μs 的低电平脉冲延时。系统复位电路如图 3-4 所示。

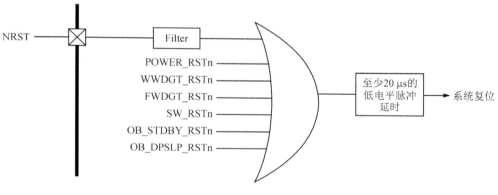

图 3-4　系统复位电路

3. 备份域复位

GD32F407xx 备份域复位控制与 STM32F4xx 相同,以下事件之一发生时,产生备份域复位:
- 设置备份域控制寄存器中的 BKPRST 位为 1;
- 备份域电源上电复位(VDD 和 VBAT 都掉电时,VDD 或 VBAT 上电)。

3.3.4 时钟控制

时钟控制单元提供了一系列频率的时钟功能,如图 3-5 所示,包括一个内部 16 MHz RC 振荡器时钟(IRC16M)、一个内部 48 MHz RC 振荡器时钟(IRC48M)、

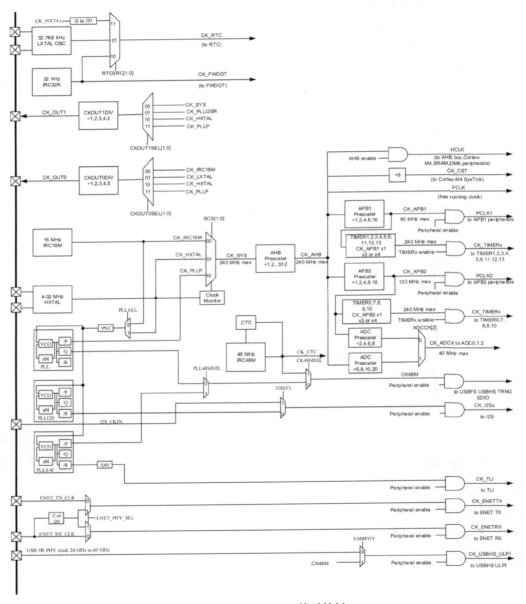

图 3-5 GD32F407xx 的时钟树

一个外部高速晶体振荡器时钟（HXTAL）、一个内部 32 KHz RC 振荡器时钟（IRC32K）、一个外部低速晶体振荡器时钟（LXTAL）、三个锁相环（PLL）、一个 HXTAL 时钟监视器、时钟预分频器、时钟多路复用器和时钟门控电路。

3.3.5　电源控制

　　GD32F407xx 微处理器的电源管理单元提供了 3 种省电模式，包括睡眠模式，深度睡眠模式和待机模式。这些模式能减少电源能耗，且使得应用程序可以在 CPU 运行时间要求、速度和功耗的相互冲突中获得最佳折中。如图 3 - 6 所示，GD32F407xx 系列设备有 3 个电源域，包括 VDD/VDDA 域、1.2 V 域和备份域。VDD/VDDA 域由电源直接供电。在 VDD/VDDA 域中嵌入了一个 LDO，用来为 1.2 V 域供电。在备份域中有一个电源切换器，当 VDD 电源关闭时，电源切换器可以将备份域的电源切换到 VBAT 引脚，此时备份域由 VBAT 引脚（电池）供电。

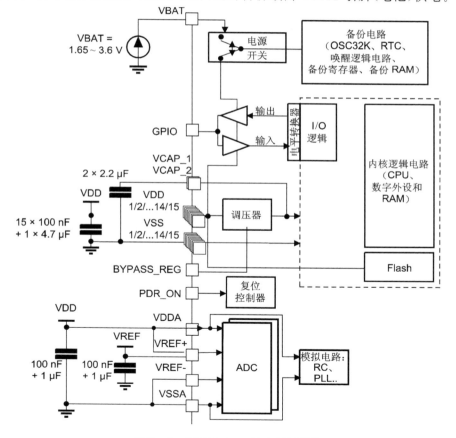

图 3 - 6　GD32F407xx 的电源域概览

主要特征如下:

- 3 个电源域:备份域、VDD/VDDA 域和 1.2 V 电源域;
- 3 种省电模式:睡眠模式、深度睡眠模式和待机模式;
- 内部电压调节器(LDO)提供 1.2 V 电源和备份 SRAM 电压调节器(BLDO)专用于备份 SRAM;
- 提供低电压检测器,当电压低于所设定的阈值时能发出中断或事件;
- 当 VDD 供电关闭时,由 VBAT(电池)为备份域供电;
- 低驱动模式用于在深度睡眠模式下超低功耗,高驱动模式用在高频模式中;
- 由 1.2 V(源于 VDD 或 VBAK)电源供电的 4 KB 的 SRAM,保证在 VDD 电源断开的情况下,用户数据也不会丢失;
- LDO 输出电压用于节约能耗。

3.3.6 中断控制

ARM Cortex-M4 处理器和嵌套向量中断控制器(NVIC)在处理 Handler 模式下对所有异常进行优先级区分以及处理。当异常发生时,系统自动将当前处理器工作状态压栈,在执行完中断服务子程序(ISR)后自动将其出栈。表 3-3 列出了所有的异常类型。

表 3-3 Cortex-M4 中的 NVIC 异常类型

异常类型	向量编号	优先级	向量地址	描述
—	0	—	0x00000000	保留
复位	1	—3	0x00000004	复位
NMI	2	—2	0x00000008	不可屏蔽中断
硬件故障	3	—1	0x0000000C	各种硬件级别的故障
存储器管理	4	可编程设置	0x00000010	存储器管理
总线故障	5	可编程设置	0x00000014	预取指故障,存储器访问故障
用法故障	6	可编程设置	0x00000018	未定义的指令或非法状态
—	7-10	—	0x0000001C ～0x0000002B	保留
SVCall 服务调用	11	可编程设置	0x0000002C	通过 SWI 指令实现系统服务调用
调试监控	12	可编程设置	0x00000030	调试监视器
—	13	—	0x00000034	保留
PendSV 挂起服务	14	可编程设置	0x00000038	可挂起的系统服务请求
系统节拍	15	可编程设置	0x0000003C	系统节拍定时器

3.4 思考与练习

1. STM32F4 微控制器具有哪些内部资源？与 GD32F4 微控制器的区别在哪里？

2. STM32F4 微控制器片内的代码区由哪些部分组成？GD32F4 微控制器片内的代码区又由哪些部分组成？

3. 简述 GD32F407xx 微控制器复位控制方式及其触发条件。

4. 请查阅资料，举例说明 GD32F407xx 微控制器与 STM32F407xx 微控制器的主要区别。

第4章 开发板硬件原理介绍

本章将详细介绍本书所使用开发板的硬件电路设计,本书所使用的开发板由液晶屏、核心板、拓展模块等多部分组成,可以适应多样的实验需求。其中,本开发板所搭载的核心板既可以选择搭载 GD32F407 微控制器,也可以选择搭载 STM32F407 微控制器作为计算核心的核心板。并通过硬件设计,使得两种核心板可以插在底板的同一接口上正常工作。让读者深入理解开发板的各部分硬件原理,进而熟悉单片机的各个功能。

4.1 硬件资源说明

本开发板基于 Cortex-M4 内核的 32 位 ARM 处理器,实现了多模块的应用实验。它是集学习、应用编程、开发研究于一体多功能创新平台。实验系统上的扩展模块接口能够拓展较为丰富的实验接口板,用户在了解扩展模块的接口定义后,更能研发出满足自身需求的实验接口板。系统资源分布如图 4-1 所示。

开发板板载资源如下:

- MCU:STM32F407ZGT6/GD32F407ZGT6;
- 外扩 FLASH:W25Q16,2 MB;
- 1 个 EEPROM 芯片:AT24C02,256 B;
- 1 个电源接口:输入电压 DC12 V;
- 1 个电源开关;
- 1 个电源指示灯(蓝色);
- 1 个复位键;
- 1 个下载口;
- 3 个独立按键:支持中断功能;
- 1 个蜂鸣器;
- 8 个环形 LED 灯;
- 1 个 DAC 电压输入接口;
- 1 个 ADC 电位器;
- 1 个温湿度传感器接口;

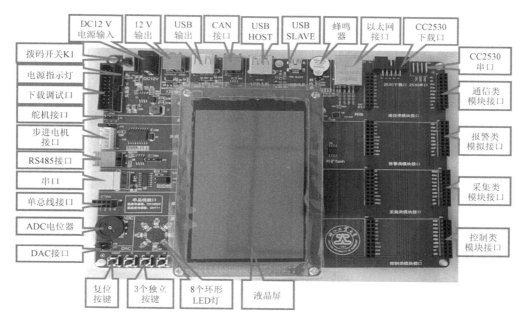

图 4-1　开发板资源图

- 1个舵机接口;
- 1个步进电机接口;
- 1个 USB SLAVE 接口;
- 1个 USB HOST 接口;
- 1个 RS232 接口;
- 1个 RS485 接口;
- 1个 CAN 接口;
- 1个以太网接口;
- 1个 5 V USB 负载接口;
- 1个 12 V 负载接口;
- 1个 4.3 寸液晶接口;支持触摸屏功能;
- 1个通讯类模块接口;
- 1个报警类模块接口;
- 1个采集类模块接口;
- 1个控制类模块接口。

系统实现了多模块的应用实验,其扩展模块接口能够拓展较为丰富的实验接口板,系统支持的模块如下:

(1) 板载传感器或接口包括温湿度传感器、舵机接口、步进电机接口;

(2) 通讯类模块包括 Wi-Fi 模块、GPS＋北斗模块;

（3）报警类模块包括 MP3 模块；

（4）采集类模块包括加速度传感器模块；

（5）控制类模块包括直流电机模块、数码管矩阵键盘模块。

4.2　电路原理图介绍

本节将详细介绍本开发板所包含的底板、核心板、LCD 触摸屏幕以及拓展模块等各部分的硬件原理及其功能。

4.2.1　底板各功能模块

1. 电源

本开发板板载的电源供电部分原理图和实物图如图 4-2 和图 4-3 所示。图中有 1 个稳压芯片 U1，DC12 V 用于外部直流电源输入，经过 U1-MP2307 芯片转化成 5 V 电压输出。其中，K1 为开发板的总电源开关，F1 和 F2 为 3A 自恢复保险丝，用于保护电路，D2 为电源指示灯（蓝）。

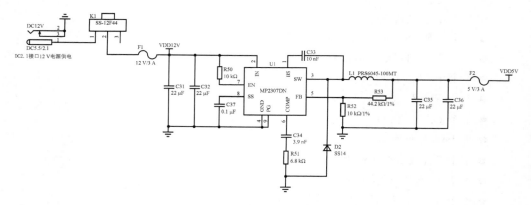

图 4-2　电源电路原理图

2. EEPROM

本开发板板载的 EEPROM 电路原理图和实物图如图 4-4 和图 4-5 所示。EEPROM 芯片使用的是 AT24C02，该芯片的容量为 2 Kbit，也就是 256 字节。图 4-4 中，将 A0～A2 均接地，对 AT24C02 来说，也就是把地址位置 0，EEPROM 引脚映射如表 4-1 所列。

图 4-3　开发板电源部分

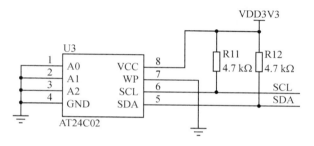

图 4-4　EEPROM

图 4-5　开发板 EEPROM 部分

表 4-1　EEPROM 引脚映射

接口	引脚
SCL	PB0
SDA	PB1

3. 外扩 FLASH

本开发板板载的外扩 FLASH 电路图和实物图如图 4-6 和图 4-7 所示。SPI FLASH 芯片型号为 W25Q16,该 FLASH 芯片使用 SPI 接口通信,该芯片的容量为

16 Mbit，即 2 MB。FLASH 引脚映射如表 4 - 2 所列。

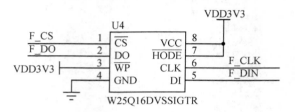

图 4 - 6   FLASH 芯片

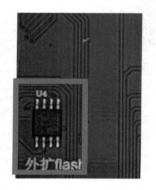

图 4 - 7   开发板 FLASH 部分

表 4 - 2   FLASH 引脚映射

接口	引脚
CLK	PB3
DO	PB4
DI	PB5
CS	PB6

4. 调试接口 JTAG/SWD

本开发板 JTAG/SWD 接口电路图和实物图如图 4 - 8 和图 4 - 9 所示。这里采用的是标准的 JTAG 接法，同时还可以使用 SWD 接口，SWD 接口只需要最少 2 根线（SWCLK 和 SWDIO）就可以下载并调试代码，并且速度非常快。在本开发板中的 SWD 接口与 JTAG 接口是共用的，只要接上 JTAG 就可以使用 SWD 模式。

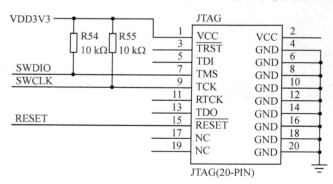

图 4 - 8   JTAG/SWD 接口电路

图 4 - 9　开发板 JTAG/SWD 接口电路部分

5. 电源输入/输出接口

本开发板板载的电源输入/输出接口原理图和实物图如图 4 - 10 和图 4 - 11 所示。图中,U2 采用 AMS1086CM 芯片,通过该芯片可以实现开发板向外部提供 3.3 V 和 5 V 电源。图中 D1 为发光二极管,用来指示电源是否正常工作。

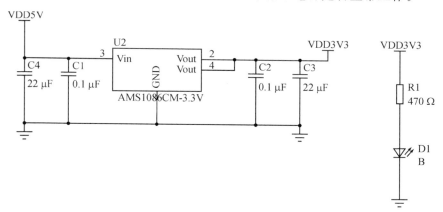

图 4 - 10　电源输入/输出接口

6. 复位电路

本开发板的复位电路原理图和实物图如图 4 - 12 和图 4 - 13 所示。由于开发板是低电平复位,图中 R10 和 C5 构成了上电复位电路。同时将 TFT_LCD 的复位引脚也接在 RESET 上,通过复位按钮控制复位 MCU 和 LCD 触摸屏。

7. 环形 LED 灯

本开发板板载共有 8 个环形 LED 灯,其原理图和实物图如图 4 - 14 和图 4 - 15 所示。LED 引脚映射如表 4 - 3 所列。

图 4-11　开发板电源输入/输出接口

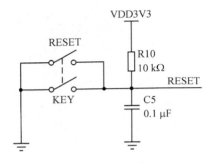

图 4-12　复位电路

图 4-13　开发板复位按键

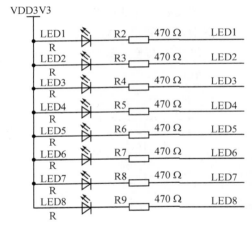

图 4-14　LED

图 4-15　开发板 LED 部分

表 4-3　LED 引脚映射

接口	引脚
LED1	PF0
LED2	PF1
LED3	PF2
LED4	PF3
LED5	PF4
LED6	PF5
LED7	PF6
LED8	PF7

8. 输入按键

本开发板板载共有 3 个输入按键,其原理图和实物图如图 4-16 和图 4-17 所示。KEY1、KEY2 和 KEY3 用作普通按键输入,其引脚映射如表 4-4 所列。开发板使用内部上拉电阻来为按键提供上拉。

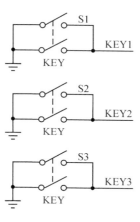

图 4-16　输入按键

图 4-17　开发板输入按键

表 4-4　按键引脚映射

接口	引脚
KEY1	PF8
KEY2	PF9
KEY3	PF10

9. 有源蜂鸣器

本开发板板载的有源蜂鸣器电路图和实物图如图 4-18 和 4-19 所示。有源蜂鸣器是指自带了振荡电路的蜂鸣器,蜂鸣器接上电源就会自发振荡发声。图中 Q2 用来扩大电流,R33 为下拉电阻,避免 MCU 复位时蜂鸣器可能会发声的现象。其引脚映射如表 4-5 所列。

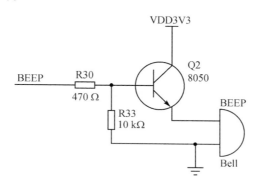

图 4-18　有源蜂鸣器

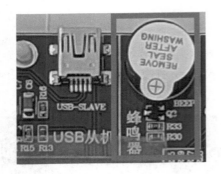

图 4 - 19 开发板有源蜂鸣器

表 4 - 5 蜂鸣器引脚映射

接口	引脚
BEEP	PC13

10．CAN 接口

本开发板板载的 CAN 接口电路图和实物图如图 4 - 20 和图 4 - 21 所示。CAN 总线电平不能直接连接到核心板,需要电平转换芯片。开发板使用 SN65HXD1050 来做 CAN 电平转换,其中,R20 为终端匹配电阻。

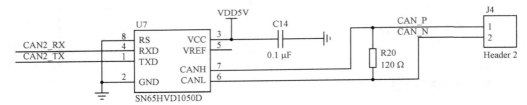

图 4 - 20 CAN 接口

图 4 - 21 开发板 CAN 接口

11. RS485 接口

本开发板板载的 RS485 接口电路图和实物图如图 4 - 22 和图 4 - 23 所示。因为 RS485 电平过高，不能直接连接到核心引脚上，所以选择 SP3483 来做电平转接。图中的 JP1、JP2 用来实现 RS232、RS485 的选择，以满足不同的实验需求。R18 为终端匹配电阻，R17、R19 则是两个偏置电阻，以保证静默状态时 485 总线维持逻辑 1。

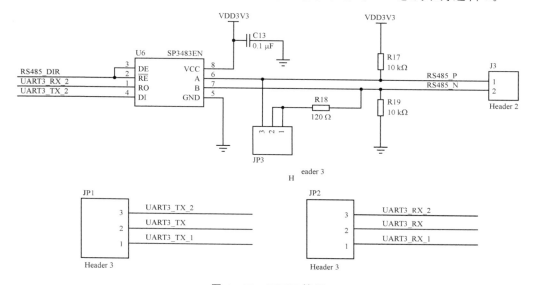

图 4 - 22　RS485 接口

图 4 - 23　开发板 RS485 接口

UART3_RX2/UART3_TX3 分别连接在 JP1/JP2 上，通过 JP1、JP2 跳线来选择是否连接在 MCU 上；RS485_DIR 直接连接在 MCU 的 I/O 口上，用来控制 SP3485 的工作模式（高电平为发送模式，低电平为接收模式）。

12. USB 接口

本开发板板载的 USB 接口电路图和实物图如图 4 - 24 和图 4 - 25 所示。USB 接口引脚映射如表 4 - 6 所列。图中共有 2 个 USB 口,分别是 USB_SLAVE 和 USB _HOST,前者用来做 USB 从机通信,后者用来做 USB 主机通信。

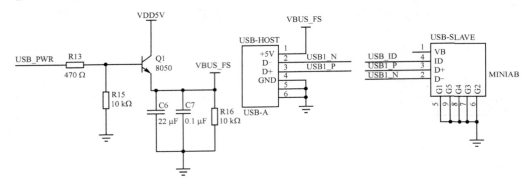

图 4 - 24　USB 接口

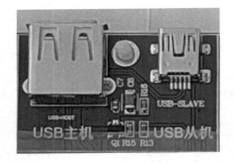

图 4 - 25　开发板 USB 接口

表 4 - 6　USB 引脚映射

接口	引脚
D−	PA12
D+	PA11

USB_SLAVE 可以用来连接计算机,实现 USB 读卡器或声卡等 USB 从机实验。另外,该接口还具有供电功能,VUSB 为开发板的 USB 供电电压,通过这个 USB 口就可以给整个开发板供电。USB_HOST 可以用来连接 U 盘、USB 鼠标等设备,实现 USB 主机功能。该接口可以对从设备供电,且供电可控。

13. ADC/DAC(数模转换/模数转换)电路

本开发板板载的 ADC/DAC 电路图和实物图如图 4 - 26 和 4 - 27 所示。图中 ADC0 连接着 MCU 的 PA0,ADC0_1 连接着滑动变阻器 R32,当进行 ADC 实验时,用跳线帽短接 ADC0 和 ADC0_1 就可以采集滑动变阻器电压变化。

图 4 - 26 中 DAC1 连接 MCU 的 PA4,在 DAC 实验中用杜邦线连接 JP6 中的

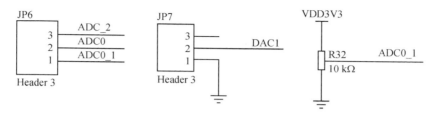

图 4 - 26　ADC/DAC 电路

ADC0 和 JP7 中的 DAC1,可以实现 DAC
的输出。

14. 12 V 输出

本开发板板载的 12 V 输出电路原理
图和实物图如图 4 - 28 和图 4 - 29 所示。
该电路能够使得开发板可以向外设输送
12 V 电压。

15. USB 输出

本开发板板载的 USB 输出电路原理

图 4 - 27　开发板 ADC/DAC 部分

图和实物图如图 4 - 30 和图 4 - 31 所示。该电路能够使得开发板可以向外部的 USB
设备供电。

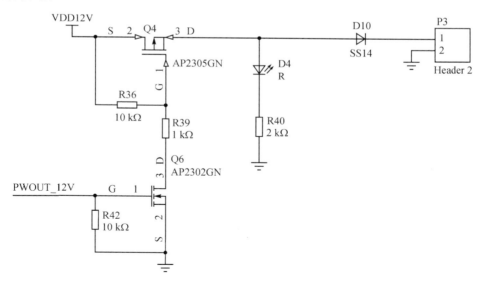

图 4 - 28　12 V 输出电路

图 4 - 29　开发板 12 V 输出

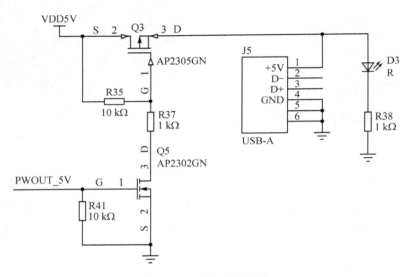

图 4 - 30　USB 输出电路

16．串口（UART3）

本开发板板载的串口（UART3）原理图和实物图如图 4 - 32 和图 4 - 33 所示。转接口选择 CH340C 芯片，其从单片机的 UART3 串口获取通信信息，并转换成 RS232 接口和 USB-B 接口与外部设备通信，VUSB 是来自计算机的电源，PR-TR5V0U2X 芯片是超低电容 ESD 静电保护芯片，芯片保护了两条高速数据和高频信号线免受静电放电和其他瞬变的影响，确保在没有电压供应的情况下也可以实现高速信号线的保护。

图 4 - 31 开发板 USB 输出

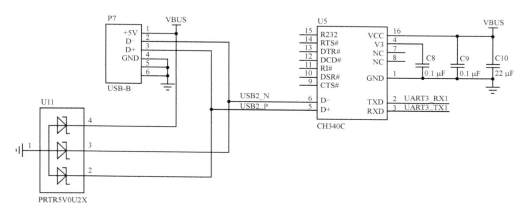

图 4 - 32 UART3 电路

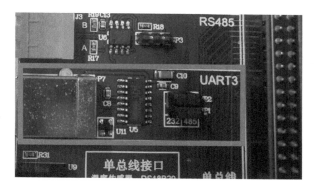

图 4 - 33 开发板 UART3 电路

17. 网络接口

本开发板板载的网络接口电路图和实物图如图 4 - 34 和图 4 - 35 所示。核心板内部自带网络 MAC 控制器，所以外加一个 PHY 芯片即可实现网络通信功能。本开发板使用 LAN8720A 作为 PHY 芯片，该芯片采用 RMII 接口与核心板通信，占用

I/O 较少,且支持 auto mdix(可自动识别交叉、直连网络)功能。并且,开发板板载一个网络变压器的 RJ45 头,一起组成一个 10/100 MHz 自适应网卡。网络接口引脚映射如表 4 - 7 所列。

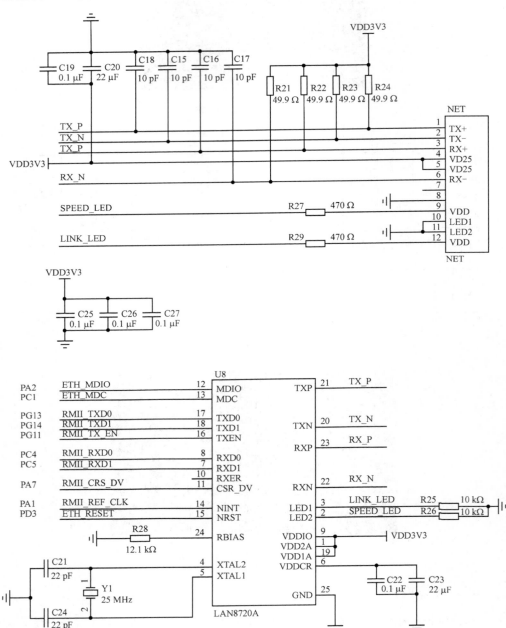

图 4 - 34　网络接口电路

图 4 - 35　开发板网络接口

表 4 - 7　网络接口引脚映射

接口	引脚
NINT	PA1
MDIO	PA2
CRS_DV	PA7
MDC	PC1
RXD0	PC4
RXD1	PC5
NRST	PD3
TXEN	PG11
TXD0	PG13
TXD1	PG14

18．舵机模块

本开发板板载的舵机模块电路图和实物图如图 4 - 36 和 4 - 37 所示。模块使用 SG90 型号的舵机，该舵机力矩为 1.5 kg/cm，转速为 0.3 s/60°，采用 5 V 供电，核心板通过 PA8（见表 4 - 8）向 SG90 舵机输送 PWM 信号。

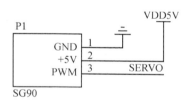
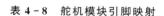

图 4 - 36　舵机模块

表 4 - 8　舵机模块引脚映射

外设/信号	引脚
PWM	PA8

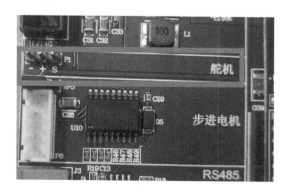

图 4 - 37　开发板舵机连接口

如图 4 - 37 所示,开发板支持通过 P1 外接 SG90 型号的舵机。

19. 温湿度传感器接口

本开发板板载的温湿度传感器接口电路图和实物图如图 4 - 38 和图 4 - 39 所示。该接口支持 DS18B20、DS1820、DHT11 等单总线数字温度/温湿度传感器。温湿度传感器接口引脚映射如表 4 - 9 所列。

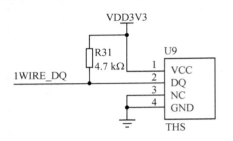

图 4 - 38 温湿度传感器接口

表 4 - 9 温湿度传感器接口引脚映射

外设/信号	引脚
DQ	PE6

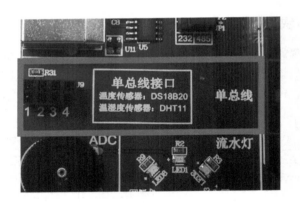

图 4 - 39 开发板温湿度传感器接口

如图 4 - 39 所示,开发板单总线部分支持外接 DHT11 型号温湿度传感器和 DS18B20 温度传感器。

20. 拓展模块接口

本开发板预留了丰富的拓展模块接口,包含 IOT 类模块接口、报警类模块接口、采集类模块接口和控制类模块接口,其电路图和实物图如图 4 - 40 和图 4 - 41 所示。该接口支持多种拓展模块将在 4.2.4 小节中叙述。

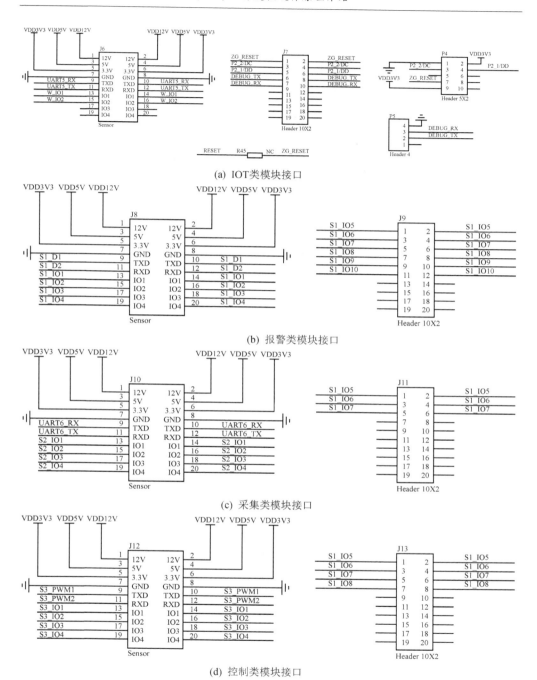

(a) IOT类模块接口

(b) 报警类模块接口

(c) 采集类模块接口

(d) 控制类模块接口

图 4-40　拓展模块接口

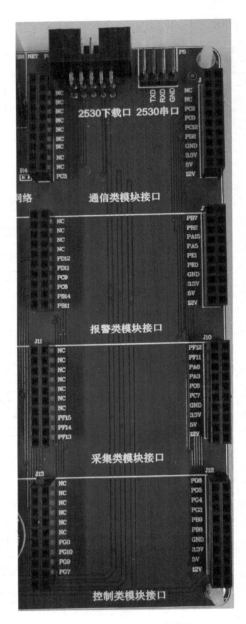

图 4 - 41　开发板拓展模块接口

4.2.2 核心板及微处理器

1. MCU

本实验配套使用的开发板所搭载的核心板既可以选择搭载 GD32F407 微控制器，也可以选择搭载 STM32F407 微控制器作为计算核心的核心板。

其中搭载 STM32F407 微控制器的核心板选择 STM32F407ZGT6 作为 MCU。拥有的资源包括集成 FPU 和 DSP 指令、192 KB SRAM、1 024 KB FLASH、2 个 16 位定时器、2 个 32 位定时器、2 个 DMA 控制器(共 16 个通道)、3 个 SPI、2 个全双工 I^2S、3 个 I^2C、6 个串口、2 个 USB(支持 HOST/SLAVED)、2 个 CAN、3 个 12 位 ADC(16 通道)、2 个 12 位 DAC、一个 RTC(带日历功能)、一个 SDIO 接口、一个 FSMC 接口、一个 10/100 MHz 以太网 MAC 控制器、一个摄像头接口、一个硬件随机数生成器以及 114 个通用 I/O 等。

其中搭载 GD32F407 微控制器的核心板选择 GD32F407ZGT6 作为 MCU。拥有的资源包括集成 FPU 和 DSP 指令、192 KB SRAM、1 024 KB FLASH、2 个 16 位定时器、2 个 32 位定时器、2 个 DMA 控制器(共 16 个通道)、3 个 SPI、2 个全双工 I^2S、3 个 I^2C、6 个串口、2 个 USB(支持 HOST/SLAVED)、2 个 CAN、一个 DCI 接口、一个 ENET 接口、3 个 12 位 ADC(24 通道)、2 个 12 位 DAC、一个 RTC(带日历功能)、一个 SDIO 接口、一个 FSMC 接口、一个 10/100 MHz 以太网 MAC 控制器、一个摄像头接口、一个硬件随机数生成器以及 114 个通用 I/O 等。

MCU 部分的原理图如图 4-42 和图 4-43 所示，实物图如图 4-44 和图 4-45 所示。

如图 4-46 和图 4-47 所示，后备区域供电引脚 V_{BAT} 的供电采用 CR1220 纽扣电池和 VCC3.3 混合供电的方式，在有外部电源(VCC3.3)的时候 CR1220 不给 V_{BAT} 供电，而在外部电源断开的时候，则由 CR1220 给其供电。这样 V_{BAT} 总是有电的，以保证 RTC 的走时以及后备寄存器的内容不丢失。

2. 扩展 I/O 接口

本开发板引出了芯片的所有 I/O 接口，如图 4-48 和 4-49 所示。图中 COM1、COM2 为 MCU 主 I/O 扩展接口。

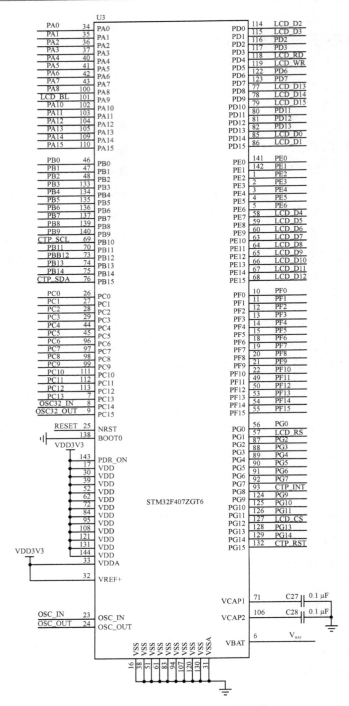

图 4 - 42　STM32F407ZGT6 原理图

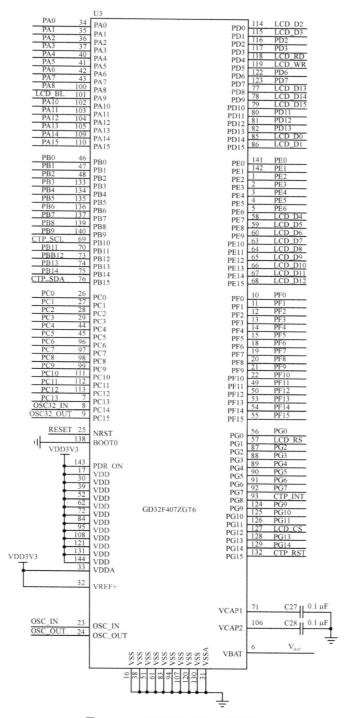

图 4 - 43　GD32F407ZGT6 原理图

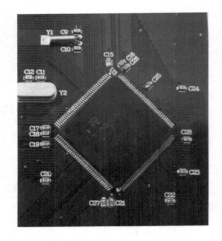

图 4-44　开发板 STM32F407ZGT6 核心

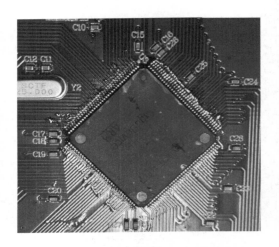

图 4-45　开发板 GD32F407ZGT6 核心

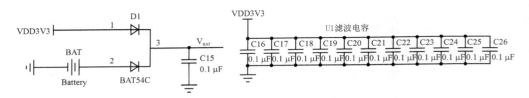

图 4-46　V_{BAT} 电路

图 4-47　开发板 V_{BAT} 电路

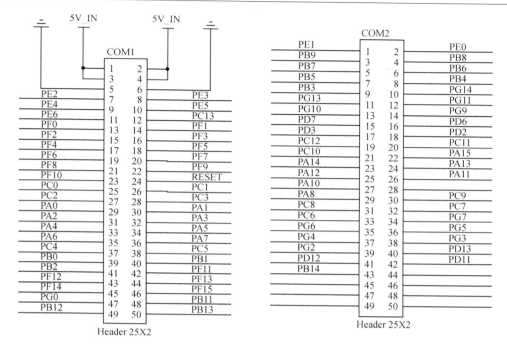

图 4 - 48　拓展 I/O 接口

图 4 - 49　开发板拓展 I/O 接口

4.2.3　LCD 触摸屏

本开发板板载的 LCD 模块接口电路图和实物图如图 4 - 50 和图 4 - 51 所示。图 4 - 50 中 TFT_LCD 是一个通用的液晶模块接口。LCD 接口连接在核心板引出的 FSMC 总线上,可以显著提高 LCD 的刷屏速度。图 4 - 50 中的 T_CS 用来实现对液晶触摸屏的控制,LCD_BL 控制 LCD 背光,液晶复位信号 RESET 则直接连接在开发板的复位按钮上。LCD 触摸屏引脚映射如表 4-10 所列。

TFT

PA9	LCD_BL	39	NC	NC	40		
		37	LED_BL	NC	38		
		35	NC	NC	36		
RESET	RESET	33	RESET	NC	34		
		31	NC	NC	32		
PG12	LCD_CS	29	CS	NC	30		
PD10	LCD_D15	27	DB15	T_IRQ	28	CTP_INT	PG8
PD9	LCD_D14	25	DB14	NC	26		
PD8	LCD_D13	23	DB13	NC	24		
PE15	LCD_D12	21	DB12	T_DIN	22	CTP_SDA	PB15
PE14	LCD_D11	19	DB11	T_CS	20	CTP_RST	PG15
PE13	LCD_D10	17	DB10	T_CLK	18	CTP_SCL	PB10
PE12	LCD_D9	15	DB9	DB7	16	LCD_D7	PE10
PE11	LCD_D8	13	DB8	DB6	14	LCD_D6	PE9
PD4	LCD_RD	11	RD	DB5	12	LCD_D5	PE8
PD55	LCD_WR	9	WR	DB4	10	LCD_D4	PE7
PG1	LCD_RS	7	RS	DB3	8	LCD_D3	PD1
		5	+5V	DB2	6	LCD_D2	PD0
VDD5V		3	V3.3V	DB1	4	LCD_D1	PD15
VDD3V3		1	GND	DB0	2	LCD_D0	PD14

TFT

图 4-50　LCD 模块接口

图 4-51　开发板 LCD 触摸屏

表 4-10　LCD 模块引脚映射

接口	引脚	接口	引脚
LED_BL	PA9	DB6	PE9
T_CLK	PB10	DB7	PE10
T_DIN	PB15	DB8	PE11
DB2	PD0	DB9	PE12
DB3	PD1	DB10	PE13
RD	PD4	DB11	PE14
WR	PD5	DB12	PE15
DB13	PD8	RS	PG1
DB14	PD9	T_IRQ	PG8
DB15	PD10	CS	PG12
DB0	PD14	+5V	VDD5V
DB1	PD15	V3.3V	VDD3V3
DB4	PE7	GND	GND
DB5	PE8	RESET	RESET

4.2.4　拓展模块

1. 加速度模块

本开发板的加速度模块采用 3 轴加速度传感器，其原理图和实物图如图 4-52

和图 4 - 53 所示。3 轴加速度传感器芯片型号为 ADXL345,该芯片分辨率高(最高可达 13 位分辨率),量程可变,灵敏度高,功耗低。ADXL 支持标准的 I²C 或 SPI 数字接口,自带 32 级 FIFO 存储,内部有多种运动状态检测和灵活的中断方式。

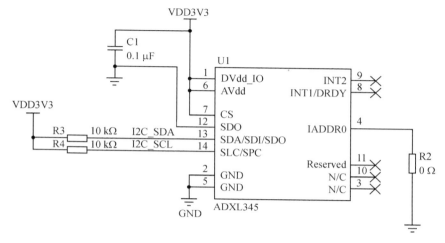

图 4 - 52　3 轴加速度传感器

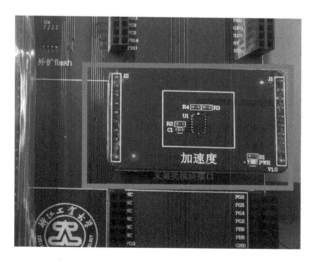

图 4 - 53　开发板加速度模块

2. Wi-Fi 模块

本开发板的 Wi-Fi 模块,电路原理图和实物图如图 4 - 54 和图 4 - 55 所示。采用 ESP-07S-Wi-Fi 模块,其核心处理器为 ESP8266 芯片,ESP8266 拥有完整的且自成体系的 Wi-Fi 网络功能,既能够独立应用,也可以作为从机搭载于其他主机 MCU 运行。ESP-07S-Wi-Fi 模块支持标准的 IEEE 802.11b/g/n 协议,完整的 TCP/IP 协议栈。并且,内置 Tensilica L106 超低功耗 32 位微型 MCU,主频支持 80 MHz 和 160 MHz,支持 RTOS,支持 UART/GPIO/ADC/PWM/SPI/I2C,串口速率最高可达 4 Mbps。

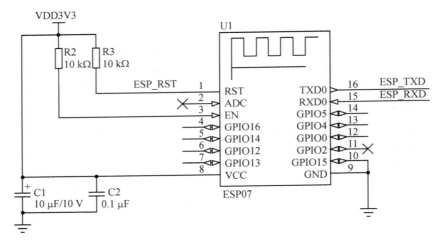

图 4-54 Wi-Fi 模块电路

Wi-Fi 模块引脚映射如表 4-11 所列。

图 4-55 开发板 Wi-Fi 模块

表 4-11 Wi-Fi 模块引脚映射

外设/信号	引脚
RXD0	PA2
TXD0	PA3

3. 数码管和矩阵键盘模块

本开发板的数码管矩阵键盘模块,包括 4 个数码管和 16 个(4×4)按键两部分,其原理图和实物图如图 4-56 和图 4-57 所示。其中,数码管型号为 FJ4401AH 的 4 位共阴 LED 数码管,芯片选择 CH455 控制芯片,该芯片内置较大电流的驱动器,段电流达 25 mA,位电流达 160 mA,支持 8×4 或 7×4 键盘,能够直接控制 4 位数码管或 32 个 LED,能够设置 8 种亮度,由内部 PWM 驱动 LED,提供低电平有效的键盘中断,提供按键释放标志位,可以通过该位来判断按键是否按下和释放。

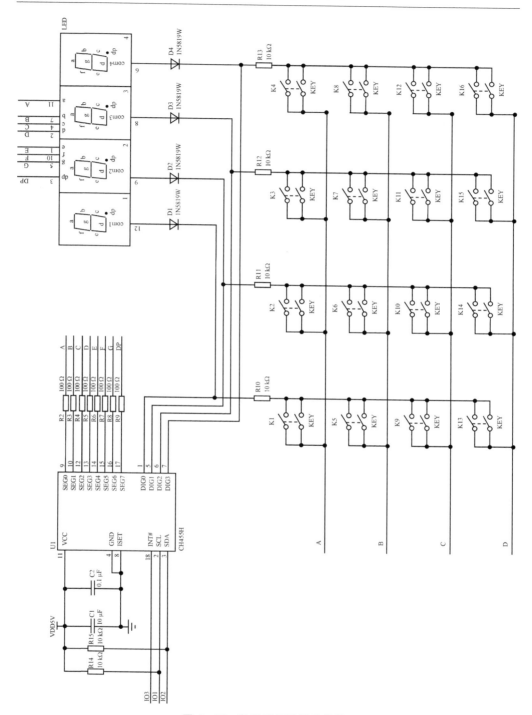

图 4 - 56　数码管矩阵键盘模块

键盘扫描时,DIG3~DIG0 引脚用于列扫描输出,SEG6~SEG0 引脚带有内部下拉电阻,用于行扫描输入。在键盘扫描期间,DIG0~DIG3 依次输出高电平,其余引脚输出低电平,该状态下 SEG0~SEG6 引脚的输出被禁止。CH455 内部带有消抖功能,连续两次判断有按键按下才会被确认。当检测到按键后,会将按键值存储在寄存器中,并在 INT 引脚上产生低电平中断。数码管矩阵键盘模块和引脚映射如表 4-12 所列。

图 4-57 开发板数码管矩阵键盘模块

表 4-12 数码管矩阵键盘模块引脚映射

接口	引脚
SCL	PA0
SDA	PA1
INT#	PB13

4. MP3 模块

本开发板的 MP3 模块,主要由语音模块、声音传感器模块和 32 Mbit 串行外设接口 NOR 闪存缓存三部分组成,其原理图分别如图 4-58~图 4-60 所示,实物图如图 4-61 所示。

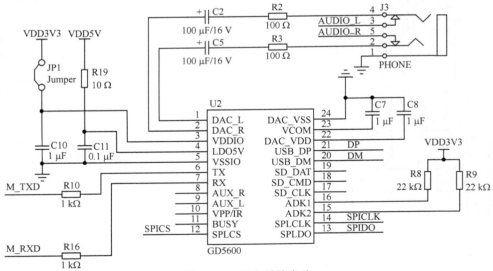

图 4-58 语音模块电路

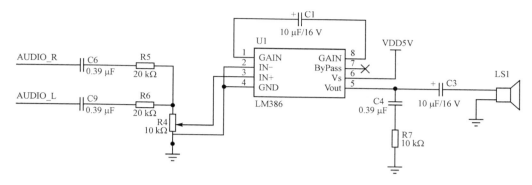

图 4 - 59　声音传感器模块

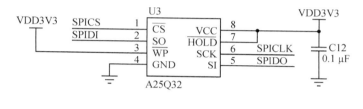

图 4 - 60　A25Q32 接口

　　GD5600 是一个提供串口的 MP3 芯片,完美的集成了 MP3、WAV 硬解码。同时,软件支持 TF 卡驱动,支持电脑直接更新 FLASH 的内容,支持 FAT16、FAT32 文件系统。通过简单的串口指令即可完成播放指定的音乐,使用方便,稳定可靠。该芯片支持 24 位 DAC 输出,动态范围支持 90 dB,信噪比支持 85 dB,音频数据按文件夹排序,最多支持 100 个文件夹,每个文件夹可以分配 1 000 首歌曲;30 级音量可调,10 级 EQ 可调。GD5600 外设引脚映射如表 4 - 13 所列。

图 4 - 61　开发板 MP3 模块

表 4 - 13　MP3 模块引脚映射

外设/信号	引脚
RX	PB10
TX	PB11

开发板的声音传感器模块(图 4 - 55)选择使用 LM386。LM386 是一款功率放大器,具有自身功耗低、电源电压范围大、外接元件少和总谐波失真小等优点。传感器模块上的麦克风可将音频信号转换为电信号(模拟量),然后通过核心板内部 ADC 功能将模拟量转换为数字量。麦克风将声音信号转换为电信号后,再将电信号发送到 LM386 的 IN+引脚(引脚 3),通过核心板中的内部 ADC 功能,读取模拟值,并通过外部电路将它们输出到 Vout 引脚(引脚 5)。

A25Q32 是 32 Mbit 串行外设接口(SPI)NOR 闪存(图 4 - 56),支持双路/四路串行外设接口(SPI)。双路 I/O 数据以 216 Mbit/s 的速度传输,四路 I/O 和四路输出数据以 432 Mbit/s 的速度传输。此外,A25Q32 拥有灵活的架构,功耗低,内部有具有 OTP 锁的 3×512 字节安全寄存器。

5. 电机模块

本开发板的电机模块采用直流电机,其原理图和实物图如图 4 - 62 和 4 - 63 所示。直流电机芯片型号为马达控制驱动芯片 L9110,该芯片采用推挽式功率放大,工作电压为 2.5~12 V,最大工作电流为 0.8 A,该芯片有两个 TTL/CMOS 兼容电平的输入,具有良好的抗干扰性;两个输出端能直接驱动电机,实现电机的正反向运动,同时该芯片具有较低的输出饱和压降与静态电流;内置的二极管能释放感性负载的反向冲击电流,使其在驱动继电器、直流电机、步进电机和开关功率管的使用上安全可靠。

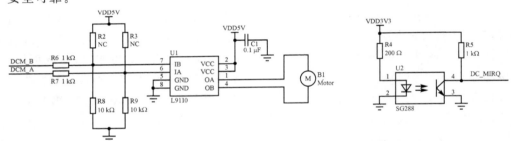

图 4 - 62　直流电机模块

图 4 - 63　开发板电机模块

第 5 章　MDK5 开发环境

5.1　MDK5 介绍

RealView MDK 是 ARM 公司最先推出的基于微控制器的专业嵌入式开发工具。它采用了 ARM 的最新技术编程工具 RVCT，集成了享誉全球的 Keil μVision4 IDE，因此特别易于使用，同时具备非常高的性能。与 ARM 之前的工具包 ADS 等相比，RealView 编译器的最新版本可将性能改善超过 20%。

MDK5 向下兼容 MDK4 和 MDK3 等，MDK5 加强了针对 Cortex-M 微控制器开发的支持，并且对传统的开发模式和界面进行升级。

5.2　MDK5 安装

新建 Keil_v5 文件夹，如图 5－1 所示。

名称	修改日期	类型	大小
Keil_v5	2022/11/26 16:56	文件夹	

图 5－1　新建 Keil_v5 文件夹

打开安装包所在位置，如图 5－2 所示。

名称	修改日期	类型	大小
ZH_CN	2018/11/22 15:51	文件夹	
keygen	2022/10/14 15:48	应用程序	498 KB
mdk518	2018/11/19 22:06	应用程序	411,876 KB

图 5－2　打开安装包所在位置

双击 MDK5 图标，出现对话框如图 5－3 所示。

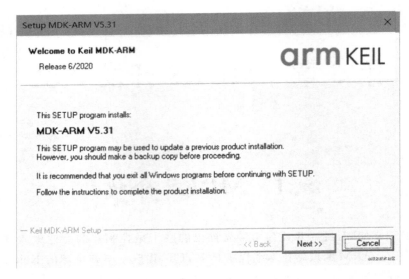

图 5 - 3　启动安装环境对话框

　　放置在我们在第一步建好的 Keil_v5 文件夹中,标蓝的部分需要手动输入(注意大写),路径不能出现中文名称,单击 Next。

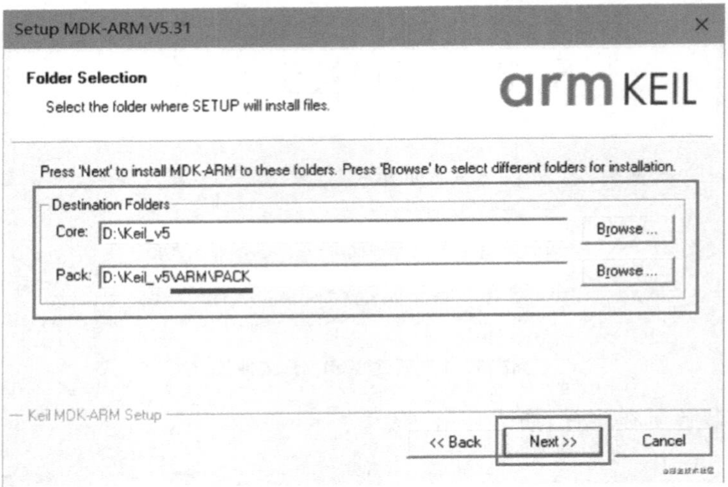

图 5 - 4　选择路径

　　单击 Next,直至安装完成(选择默认路径即可)。出现图 5 - 5 所示内容后,输入相关内容。

　　若安装过程中出现如图 5 - 6 所示的对话框,单击"安装"。

　　出现如图 5 - 7 所示的对话框,不勾选"Show Release Notes"。

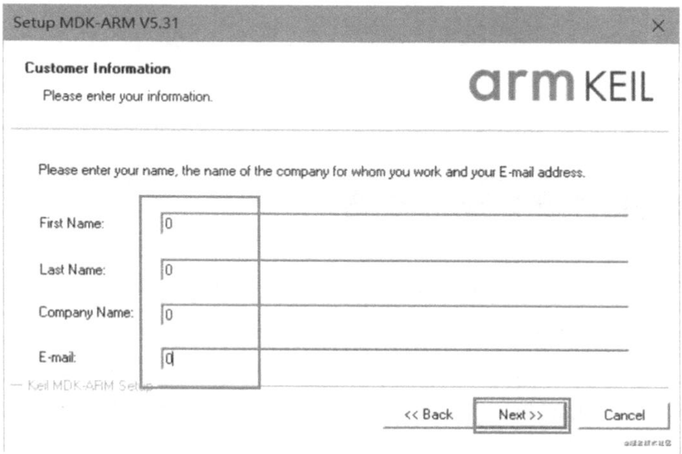

图 5 - 5 输入信息对话框

图 5 - 6 安装 Keil-Tools By ARM 通用串行总线控制器

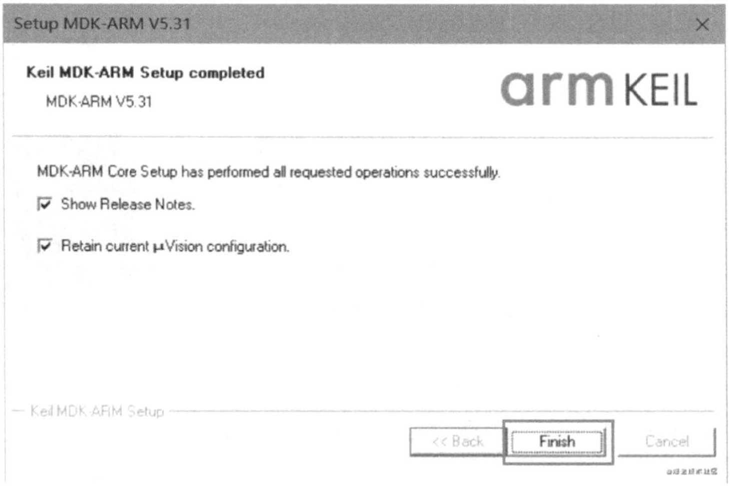

图 5 - 7 完成安装对话框

5.3 J-Link 仿真器驱动

5.3.1 J-Link 仿真器驱动介绍

全功能版 J-Link 配合 IAR EWARM,ADS,KEIL,WINARM,Real View 等集成开发环境,支持所有 ARM7/ARM9/Cortex 内核芯片的仿真,通过 RDI 接口和各集成开发环境无缝连接,操作方便、连接方便、简单易学,是学习开发 ARM 最好最实用的开发工具。最显著的特点:速度快,FLASH 断点不限制数量,支持 IAR、KEIL、Real View、ADS 等环境,其特点如下:

- 支持任何 ARM7/ARM9/Cortex-M4 核,包括 IThumb 模式;
- 下载速度达到 600 KB/s;
- DCC 速度到达 800 KB/s;
- 与 IAR Workbench 可无缝集成;
- 通过 USB 供电,无需外接电源;
- JTAG 最大时钟达到 12 MHz;
- 自动内核识别;
- 自动速度识别;
- 支持自适应时钟;
- 所有 JTAG 信号能被监控,目标板电压能被侦测;
- 支持 JTAG 链上多个设备的调试;
- 完全即插即用;
- 0Pin 标准 JTAG 连接器;
- 目标板电压范围:1.2~3.3 V(可选适配器支持到 5 V);
- 多核调试;
- 包括软件:J-Mem,可查询可修改内存;
- 包括 J-Link Serve(可通过 TCP/IP 连接到 J-Link);
- 可选配 J-Flash,支持独立的 Flash 编程;
- 选配 RDI 插件使 J-Link 适合任何 RDI 兼容的调试器;
- 选配 RDI Flash BP,可以实现在 RDI 下,在

图 5-8 J-Link 仿真器

Flash 中设置无限断点；

● 选配 RDI Flash DLL，可以实现在 RDI 下的对 Flash 的独立编程；

● 选配 GDB server，可以实现在 GDB 环境下的调试。

5.3.2　J-Link 仿真器驱动安装

将 J-Link 仿真器驱动复制到电脑根目录下，然后去掉只读属性，最后双击 J-Link 仿真器驱动文件夹里面的 Setup_JLinkARM_V422g 图标，出现对话框如图 5-9 所示。

图 5-9　启动安装 J-Link 仿真器驱动

单击"I Agree"出现如图 5-10 所示的对话框，一路单击"Next"直至安装完成。

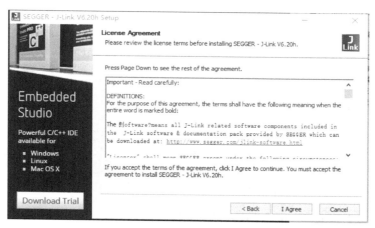

图 5-10　安装 J-Link 仿真器驱动

安装完成后,用 USB 电缆把仿真器与开发板连接上后,在设备管理器的通用串行总线控制器下找到 J-Link driver,如图 5 - 11 所示。

图 5 - 11　安装成功 J-Link 驱动后的设备管理器

5.4　软件使用方法

5.4.1　初始设置

1. 代码缩进设置

单击 MDK 菜单栏中的 ![icon] 打开设置对话框,用 4 个空格键替代 Tab 键,如图 5 - 12 所示。

2. 代码自动补全功能设置

单击 MDK 菜单栏中的"打开设置对话框",设置从第 3 个字符开始补全代码,如图 5 - 13 所示。

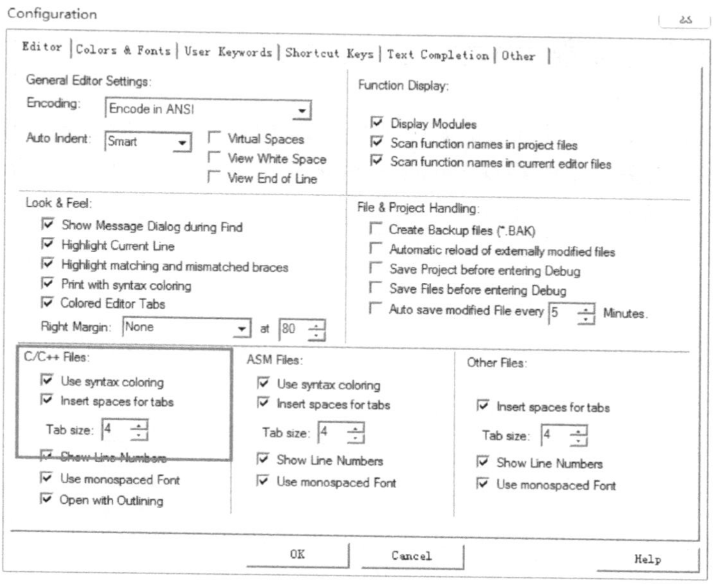

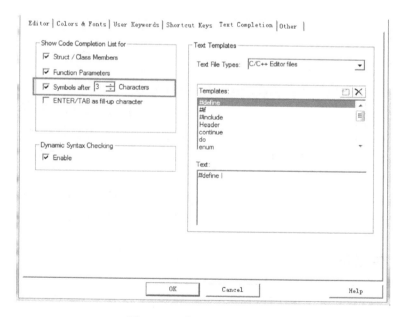

图 5 - 12　代码缩进设置

图 5 - 13　代码自动补全设置

5.4.2　创建新工程

我们将以 STM32F407ZGT6 核心板作为示例,演示如何创建新的 Keil 工程。首先打开 MDK5 软件,选择 Project → New μVision Project 菜单选项,弹出如图 5 - 14 所示对话框。

图 5 - 14　保存工程界面

新建一个 TEST 文件夹,然后在 TEST 文件夹内新建 USER 文件夹,将工程名字设置为 test,保存在 USER 文件夹内,弹出如图 5 - 15 所示对话框。单击 ST-Micorelectronics → STM32F4 Seires → STM32F407 → STM32F407ZG,选择 STM32F407ZGT6 芯片。

如果选用的是 GD32 核心板,则会弹出如图 5 - 16 所示对话框。单击 GigaDevice→GD32F4xx Seires→GD32F407→GD32F407ZG,选择 GD32F407ZGT6 芯片。

5.4.3　在线调试

单击 按钮,打开工程配置,如图 5 - 17 和图 5 - 18 所示,在 Target 选项卡内勾选 Use MicroLIB,在 Output 选项卡内勾选 Create HEX File。

如图 5 - 19 和图 5 - 20 所示,在 Debug 选项卡中,单击 Settings 打开仿真器设置对话框选择 J-LINK 仿真器。在 Utilities 选项卡中勾选 Use Debug Driver。

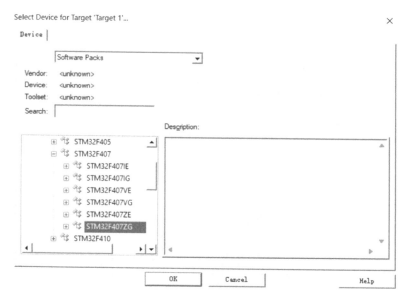

图 5 - 15　STM32 核心板对应器件选择界面

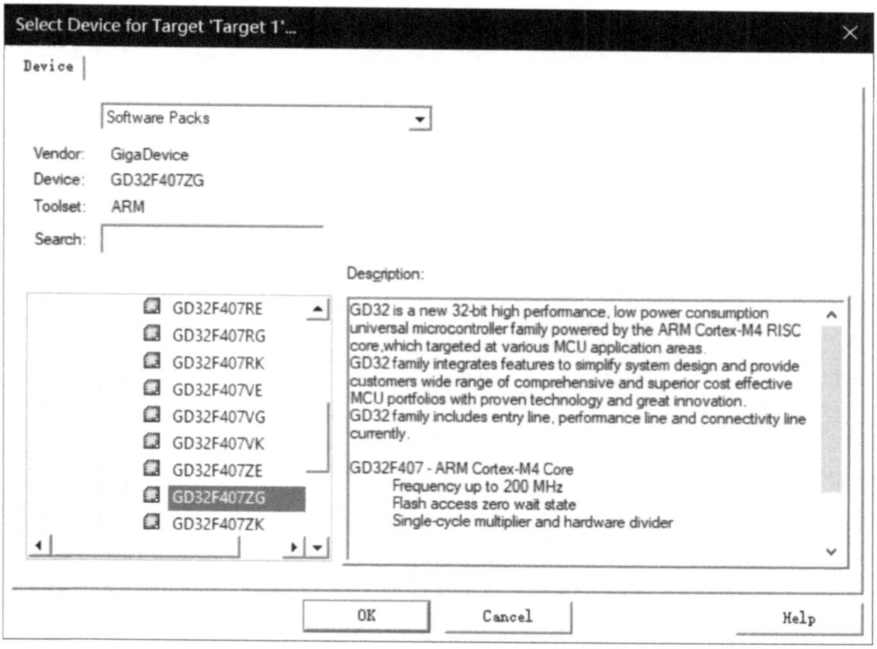

图 5 - 16　GD32 核心板对应器件选择界面

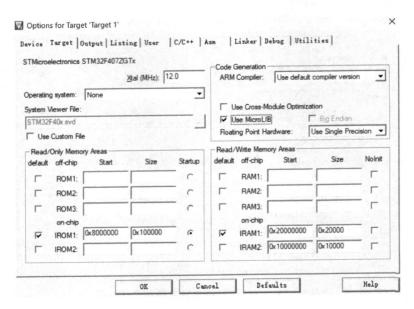

图 5 - 17　勾选 Use MicroLIB

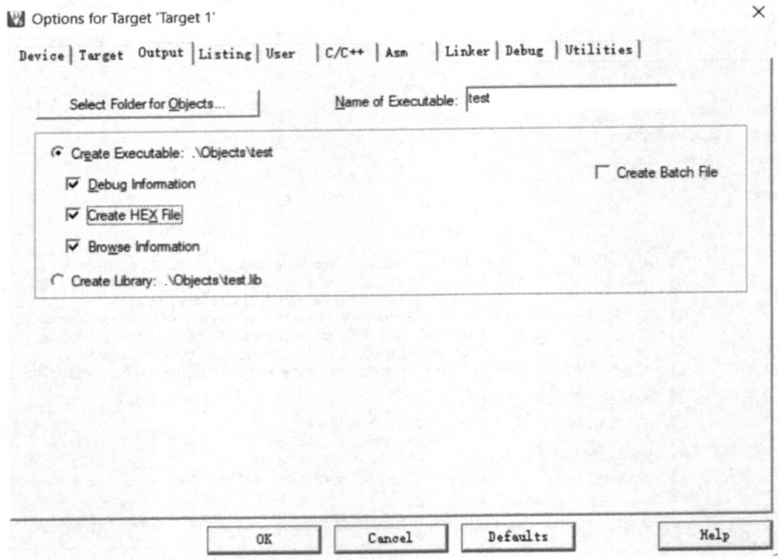

图 5 - 18　勾选 Create HEX File

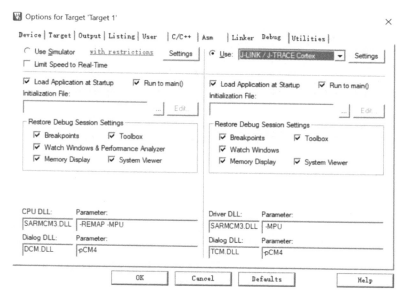

图 5 - 19　选择仿真器

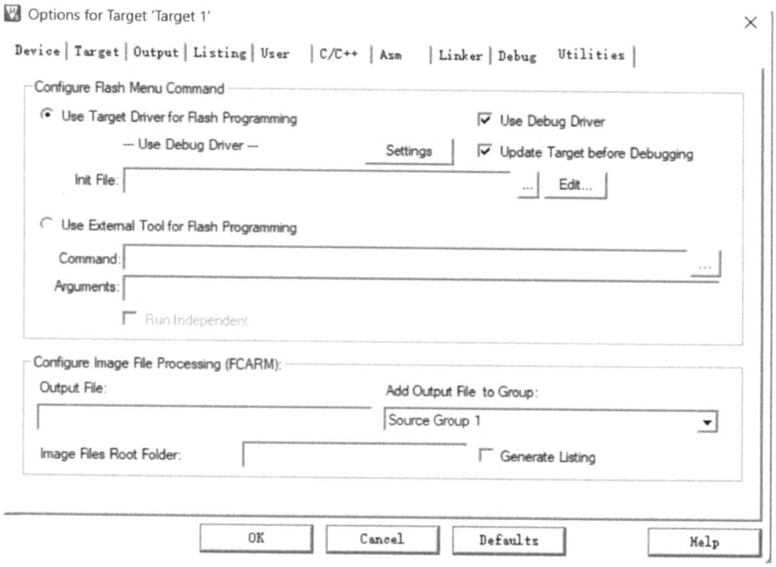

图 5 - 20　FLASH 编程器选择

下一步,单击 Settings 打开如图 5 - 21 所示对话框,然后添加所使用芯片对应的 Flash 大小,本书所使用的核心板对应的 Device Size 均为 1M。

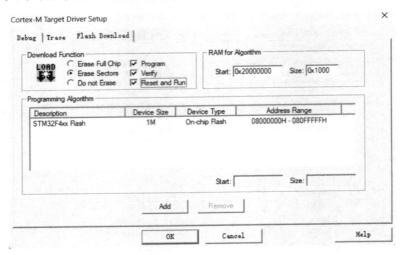

图 5 - 21　编程设置

第6章　通用输入输出端口(GPIO)

GPIO(General-Purpose Input/Output,通用输入/输出)是微控制器和外部进行通信的最基本通道,几乎所有微控制器上都有 GPIO。在微控制器中,GPIO 的每个引脚都能够被独立使用,同时 GPIO 引脚大多具备引脚复用功能,以应对微控制器片内外设功能较多、外部引脚数量有限的情况。

本书采用的 STM32F407/GD32F407 微控制器共有 7 组 GPIO 端口,分别是 GPIOA、GPIOB、GPIOC、GPIOD、GPIOE、GPIOF、GPIOG,每个端口有 16 个引脚,外加两个 PH0、PH1 引脚,其中,通用 I/O 端口共 114 个;GD32F407xx 微控制器共有 9 组 GPIO 端口,分别是 GPIOA、GPIOB、GPIOC、GPIOD、GPIOE、GPIOF、GPI-OG、GPIOH、GPIOI,每个端口有 16 个引脚,其中,通用 I/O 端口共有 115 个(本书采用的 STM32F4 系列微控制器总共具有 140 个端口,实际封装了 114 个通用 I/O 端口;本书采用的 GD32F4 系列微控制器总共具有 144 个端口,实际封装了 115 个通用 I/O 端口)。

除了使用 GPIO 实现通用的输入/输出功能(如 LED 灯控制、按键检测等),几乎所有片上外设与外部进行通信,都要使用 GPIO 的复用功能。因此,掌握 GPIO 的结构、原理和使用方法,是掌握 STM32F407/GD32F407 系列微控制器使用方法的最基本的要求。

6.1　GPIO 工作原理

GPIO 引脚的内部构造图如图 6-1 所示,包括输入驱动器、输出驱动器、上拉/下拉控制电路和 5 V 耐压保护电路(几乎所有 GPIO 引脚都具备耐 5 V 电压的功能,在数字模式下可以直接和 5 V 接口连接)。

6.1.1　GPIO 功能描述

GPIO 可配置为配置以下多种模式。

(1)输入浮空模式;

(2)输入下拉模式;

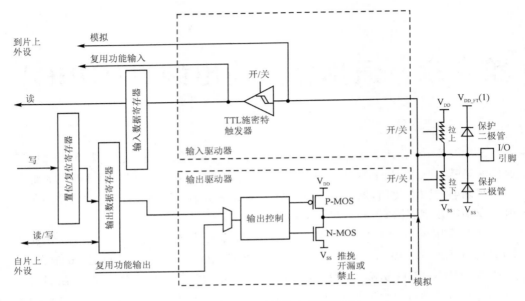

图 6-1　GPIO 引脚的内部构造图

（3）输入下拉模式；

（4）模拟功能模式；

（5）具有上拉/下拉功能的开漏输出模式；

（6）具有上拉/下拉功能的推挽输出模式；

（7）具有上拉/下拉功能的复用功能推挽模式；

（8）具有上拉/下拉功能的复用功能开漏模式。

每个 GPIO 端口包括 4 个 32 位配置寄存器（GPIOx_MODER、GPIO_OTYP-ER、GPIOx_OSPEEDR 和 GPIOx_PUPDR）、2 个 32 位数据寄存器（GPIOx_IDR 和 GPIOx_ODR）、1 个 32 位置位/复位寄存器（GPIOx_BSRR）、1 个 32 位配置锁存寄存器（GPIOx_LCKR）和 2 个 32 位复用功能选择寄存器（GPIOx_AFRH 和 GPIOx_AFRL）。应用程序通过对这些寄存器的操作来实现 GPIO 的配置和应用。

6.1.2　GPIO 输入端口配置

当 GPIO 被配置为输入模式（也是 GPIO 引脚的复位状态）时，可以通过读输入数据寄存器（GPIOx_IDR）获取 GPIO 引脚上的状态。此时：

（1）输出缓冲器被关闭，防止输出数据寄存器（GPIOx_ODR）内容影响 GPIO 引脚输入状态；

（2）TTL 施密特触发器输入被打开，GPIO 引脚到输入数据寄存器（GPIOx_IDR）信号通道畅通；

（3）根据上拉/下拉寄存器（GPIOx_PUPDR）中的值决定是否打开上拉电阻和下拉电阻；

（4）输入数据寄存器每隔 1 个 AHB1 时钟周期对 GPIO 引脚上的数据进行 1 次采样；

（5）通过对输入数据寄存器的读访问可获取 GPIO 引脚的状态；

（6）GPIO 引脚具备耐 5 V 功能。

GPIO 输入模式分为输入浮空模式、输入上拉模式、输入下拉模式。

1. 输入浮空模式

（1）设置 GPIO 引脚对应模式寄存器（GPIOx_MODER）的相应位段为 00，选择输入模式。

（2）设置 GPIO 引脚对应上拉/下拉寄存器的相应位段为 00，上拉/下拉电阻与 GPIO 引脚断开。

输入浮空模式结构示意图如图 6-2 所示。

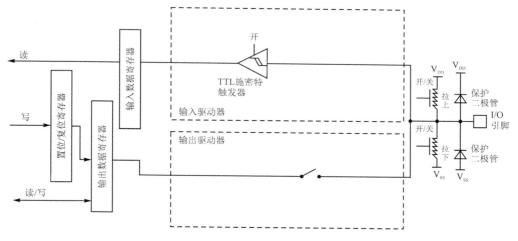

图 6-2 输入浮空模式结构示意图

2. 输入上拉模式

（1）设置 GPIO 引脚对应模式寄存器的相应位段为 00，选择输入模式。

（2）设置 GPIO 引脚对应上拉/下拉寄存器的相应位段为 01。

可以在 GPIO 引脚连接电路处于高阻态时，将 GPIO 引脚电位上拉到高电平。输入上拉模式结构示意图如图 6-3 所示。

3. 输入下拉模式

（1）设置 GPIO 引脚对应模式寄存器的相应位段为 00，选择输入模式。

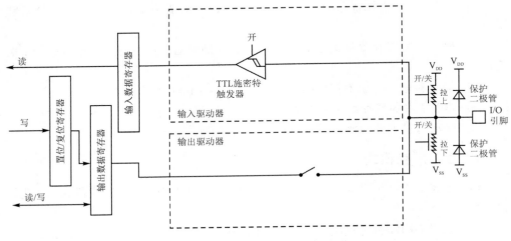

图 6 - 3　输入上拉模式结构示意图

（2）设置 GPIO 引脚对应上拉/下拉寄存器的相应位段为 10，将下拉电阻连接到 GPIO 引脚上，上拉电阻与 GPIO 引脚断开。

可以在 GPIO 引脚连接电路处于高阻态时，将 GPIO 引脚电位下拉到低电平。输入下拉模式结构示意图如图 6 - 4 所示。

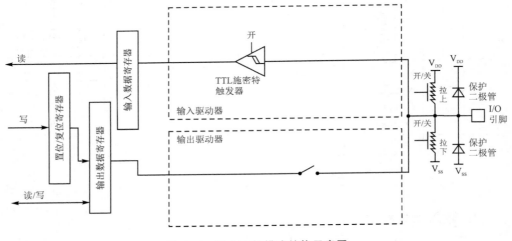

图 6 - 4　输入下拉模式结构示意图

6.1.3　GPIO 输出端口配置

当 GPIO 被配置为输出模式时，可以通过操作输出数据寄存器或置位/复位寄存器，在 GPIO 引脚上输出高电平或低电平。此时：

（1）输出缓冲器被打开，具有开漏模式和推挽模式；

（2）TTL 施密特触发器输入被打开，通过对输入数据寄存器的读访问可获取 GPIO 引脚状态；

（3）根据上拉/下拉寄存器中的值决定是否打开上拉电阻和下拉电阻；

（4）输入数据寄存器每隔 1 个 AHB1 时钟周期对 GPIO 引脚进行 1 次采样；

（5）通过对输出数据寄存器的读访问可获取最后的写入值；

（6）所有 GPIO 引脚具备 5 V 容忍功能。

GPIO 输出模式分为推挽输出模式和开漏输出模式。

1. 推挽输出模式

（1）设置 GPIO 引脚对应模式寄存器的相应位段为 01，选择输出模式。

（2）设置 GPIO 引脚对应输出类型寄存器（GPIOx_OTYPER）的相应位段为 0，选择推挽输出模式。

（3）根据需求设置 GPIO 引脚对应上拉/下拉寄存器的相应位段。

（4）根据需求设置输出速度寄存器（GPIOx_OSPEEDR），选择 GPIO 引脚的最高输出速度。推挽输出模式结构示意图如图 6-5 所示。图中，输出驱动电路中的 N-MOS 管和 P-MOS 管组成推挽电路结构，N-MOS 管负责灌电流，P-MOS 管负责拉电流。可以通过程序设置输出数据寄存器对应位为"0"或"1"，来控制 N-MOS 管及 P-MOS 管的导通和截止。当输出数据寄存器对应位为"0"，P-MOS 管截止、N-MOS 管导通，从而使得 GPIO 引脚与地导通，输出低电平；当输出数据寄存器中对应位为"1"，输出高电平。

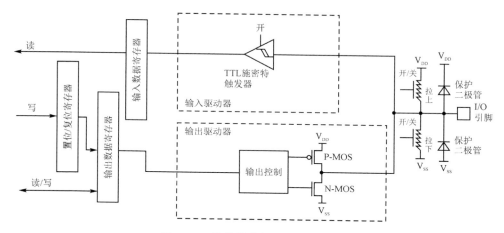

图 6-5　推挽输出模式结构示意图

2．开漏输出模式

（1）设置 GPIO 引脚对应模式寄存器的相应位段为 01，选择输出模式。

（2）设置 GPIO 引脚对应输出类型寄存器的相应位段为 1，选择开漏输出模式。

（3）设置 GPIO 引脚对应上拉/下拉寄存器相应位段为 01，将上拉电阻连接到 GPIO 引脚上，下拉电阻与 GPIO 引脚断开。或者将 GPIO 引脚外部连接上拉电阻。开漏输出模式必须连接上拉电阻才能输出高电平。

（4）根据需求设置输出速度寄存器，选择 GPIO 引脚最高输出速度。

开漏输出模式结构示意图如图 6-6 所示。在 N-MOS 管和 P-MOS 管组成的电路结构中，P-MOS 管始终处于截止状态。当输出数据寄存器对应位为"0"，N-MOS 管导通，从而使得 GPIO 引脚与地导通，输出低电平；当输出数据寄存器中对应位为"1"，N-MOS 管截止，使得 GPIO 引脚保持高阻态。要想 GPIO 引脚输出高电平，需要在 GPIO 引脚上加上拉电阻。

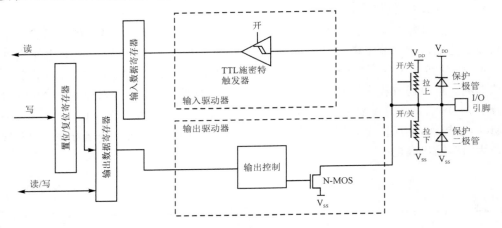

图 6-6　开漏输出模式结构示意图

组成开漏形式的电路有以下几个特点。

（1）必须在外部加上拉电阻；

（2）利用外部电路的驱动能力，减少 IC 内部的驱动；

（3）可以将多个开漏输出的引脚，连接到一条线上，形成逻辑"与"关系。当线上任意一个变低后，开漏线上的逻辑就为低电平。在将 GPIO 引脚复用为 I^2C、SMBus 等总线时，输出类型需要配置为开漏输出。

（4）可以利用改变上拉电源的电压，改变传输电平，用低电平逻辑控制输出高电平逻辑。

6.1.4　GPIO 复用功能配置

把 GPIO 配置为复用功能模式时，GPIO 引脚在内部连接到相应的复用模块上，GPIO 复用功能模式结构示意图如图 6－7 所示，此时：

（1）可将输出缓冲器配置为开漏或推挽模式；

（2）若 GPIO 引脚复用给片上外设用于输出数据，则输出驱动器由来自外设的信号驱动（发送器使能和数据），而与输出数据寄存器断开；

（3）TTL 施密特触发器输入被打开，通过对输入数据寄存器的读访问可获取 IO 状态；

（4）根据上拉下拉寄存器中的值决定是否打开上拉电阻和下拉电阻；

（5）输入数据寄存器每隔 1 个 AHB1 时钟周期对 GPIO 引脚上的数据进行 1 次采样；

（6）所有 GPIO 引脚具备 5 V 容忍功能。

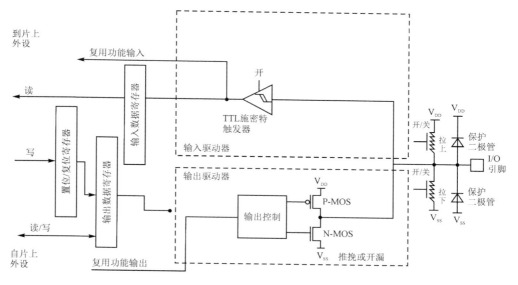

图 6－7　GPIO 复用功能模式结构示意图

将 GPIO 配置为复用功能模式，需要完成以下操作。

（1）设置 GPIO 引脚对应模式寄存器的相应位段为 10，选择复用功能模式；

（2）根据需求设置 GPIO 引脚对应输出类型寄存器的相应位段，选择开漏或推挽输出；

（3）设置 GPIO 引脚对应上拉/下拉寄存器的相应位段。如果是开漏输出模式，则需要加上拉电阻；

（4）根据需求设置输出速度寄存器，选择 GPIO 引脚最高输出速度；

（5）设置复用功能低位寄存器（GPIOx_AFRL）或复用功能高位寄存器（GPIOx_AFRH），将 GPIO 引脚映射到特定的片上外设。

6.1.5　GPIO 模拟功能配置

模拟功能一般用在模数转换（ADC，模拟信号输入）和数模转换（DAC，模拟信号输出）上，此时需要将电路上的数字电路与模拟通路断开。GPIO 模拟功能模式结构示意图如图 6-8 所示。

（1）输出缓冲器被禁止；

（2）TTL 施密特触发器输入停用，GPIO 引脚的每个模拟输入的功耗变为 0。TTL 施密特触发器的输出被强制处理为恒定值（0）；

（3）上拉电阻和下拉电阻被断开；

（4）读取输入数据寄存器的访问值为 0；

（5）在模拟功能配置中，GPIO 引脚不具有 5 V 容忍功能。

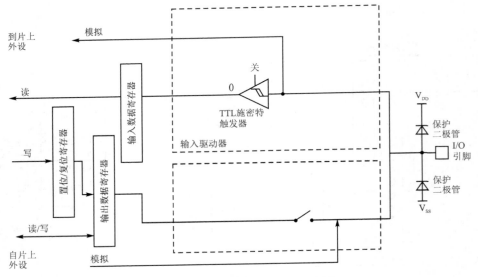

图 6-8　GPIO 模拟功能结构示意图

在芯片引脚定义上，模拟输入和模拟输出没有同时定义在同一个 GPIO 引脚上。如果一个 GPIO 引脚具备模拟输入复用功能，那么就不会被复用给模拟输出功能。将 GPIO 引脚配置为模拟功能模式，需要完成以下操作。

（1）设置 GPIO 引脚对应模式寄存器的相应位段为 11，选择模拟功能模式；

（2）设置 GPIO 引脚对应上拉/下拉寄存器的相应位段为 00，禁止上拉和下拉。

6.2　GPIO 实验（采用寄存器方式）

6.2.1　相关寄存器介绍

1. 模式寄存器

模式寄存器用于设置 GPIO 引脚的工作模式，每个 GPIO 引脚对应于模式寄存器的两个控制位，模式寄存器如图 6－9 所示。

31	30	29	28	27	26	25	24	23	22	21	20	19	18	17	16
MODER15[1:0]		MODER14[1:0]		MODER13[1:0]		MODER12[1:0]		MODER11[1:0]		MODER10[1:0]		MODER9[1:0]		MODER8[1:0]	
rw	rw	rw	rw	rw	rw	rw	rw	rw	rw	rw	rw	rw	rw	rw	rw
15	14	13	12	11	10	9	8	7	6	5	4	3	2	1	0
MODER7[1:0]		MODER6[1:0]		MODER5[1:0]		MODER4[1:0]		MODER3[1:0]		MODER2[1:0]		MODER1[1:0]		MODER0[1:0]	
rw	rw	rw	rw	rw	rw	rw	rw	rw	rw	rw	rw	rw	rw	rw	rw

图 6－9　模式寄存器

图 6－9 中，MODERy[1:0] 为端口 GPIOx 的配置位（x 为端口号 A～I，y 为引脚号 0～15。例如，引脚 PF7 的端口号为 F，引脚号为 7，需要配置 GPIOF 下的 MODER7 寄存器），这些位通过软件写入，用于配置 GPIO 端口方向模式。

00：输入模式（复位状态）。

01：输出模式。

10：复用功能模式。

11：模拟功能模式。

2. 输出类型寄存器

输出类型寄存器用于设置 GPIO 引脚的输出类型，如图 6－10 所示。

31	30	29	28	27	26	25	24	23	22	21	20	19	18	17	16
Reserved															
15	14	13	12	11	10	9	8	7	6	5	4	3	2	1	0
OT15	OT14	OT13	OT12	OT11	OT10	OT9	OT8	OT7	OT6	OT5	OT4	OT3	OT2	OT1	OT0
rw	rw	rw	rw	rw	rw	rw	rw	rw	rw	rw	rw	rw	rw	rw	rw

图 6－10　输出类型寄存器

图 6－10 中，位 16 至位 31 保留，必须保持复位值，OTy 代表端口 x 的配置位（x 为端口号 A～I，y 为引脚号 0～15），这些位通过软件写入，用于配置 GPIO 端口的输

出类型。

0:输出推挽(复位状态)。

1:输出开漏。

3. 输出速度寄存器

输出速度寄存器用于定义输出模式下,GPIO 引脚可输出脉冲的速度,也就是在不出现错误的情况下,高低电平最高的切换速度,输出速度寄存器如图 6-11 所示。

31	30	29	28	27	26	25	24	23	22	21	20	19	18	17	16
OSPEEDR15[1:0]		OSPEEDR14[1:0]		OSPEEDR13[1:0]		OSPEEDR12[1:0]		OSPEEDR11[1:0]		OSPEEDR10[1:0]		OSPEEDR9[1:0]		OSPEEDR8[1:0]	
rw	rw	rw	rw	rw	rw	rw	rw	rw	rw	rw	rw	rw	rw	rw	rw
15	14	13	12	11	10	9	8	7	6	5	4	3	2	1	0
OSPEEDR7[1:0]		OSPEEDR6[1:0]		OSPEEDR5[1:0]		OSPEEDR4[1:0]		OSPEEDR3[1:0]		OSPEEDR2[1:0]		OSPEEDR1[1:0]		OSPEEDR0[1:0]	
rw	rw	rw	rw	rw	rw	rw	rw	rw	rw	rw	rw	rw	rw	rw	rw

图 6-11　输出速度寄存器

图 6-11 中,OSPEEDRy[1:0]代表端口 x 的配置位(x 为端口号 A~I,y 为引脚号 0~15),这些位通过软件写入,用于配置 GPIO 端口输出速度。

00:2 MHz(低速)。

01:25 MHz(中速)。

10:50 MHz(快速)。

11:100 MHz(高速)。

4. 上拉/下拉寄存器

上拉/下拉寄存器用于设定 GPIO 引脚在内部是否连接上拉电阻或下拉电阻,上拉/下拉寄存器如图 6-12 所示。

31	30	29	28	27	26	25	24	23	22	21	20	19	18	17	16
PUPDR15[1:0]		PUPDR14[1:0]		PUPDR13[1:0]		PUPDR12[1:0]		PUPDR11[1:0]		PUPDR10[1:0]		PUPDR9[1:0]		PUPDR8[1:0]	
rw	rw	rw	rw	rw	rw	rw	rw	rw	rw	rw	rw	rw	rw	rw	rw
15	14	13	12	11	10	9	8	7	6	5	4	3	2	1	0
PUPDR7[1:0]		PUPDR6[1:0]		PUPDR5[1:0]		PUPDR4[1:0]		PUPDR3[1:0]		PUPDR2[1:0]		PUPDR1[1:0]		PUPDR0[1:0]	
rw	rw	rw	rw	rw	rw	rw	rw	rw	rw	rw	rw	rw	rw	rw	rw

图 6-12　上拉/下拉寄存器

图 6-12 中,PUPDRy[1:0]代表端口 x 的配置位(x 为端口号 A~I,y 为引脚号 0~15),这些位通过软件写入,用于配置 GPIO 端口的上拉或下拉功能。

00:无上拉或下拉。

01:上拉。

10:下拉。

11:保留。

5．输入数据寄存器

输入数据寄存器的低 16 位反映的就是相应 GPIO 引脚上的状态。如果 GPIO 引脚为高电平，则输入数据寄存器对应位被置 1；如果 GPIO 引脚为低电平，则输入数据寄存器对应位被置 0，例如，当 GPIOA 的 2 号引脚为高电平时，GPIOA 的输入数据寄存器(GPIOA_IDR)的 IDR2 位被置 1；反之，被置 0。

输入数据寄存器如图 6 - 13 所示。

31	30	29	28	27	26	25	24	23	22	21	20	19	18	17	16
Reserved															
15	14	13	12	11	10	9	8	7	6	5	4	3	2	1	0
IDR15	IDR14	IDR13	IDR12	IDR11	IDR10	IDR9	IDR8	IDR7	IDR6	IDR5	IDR4	IDR3	IDR2	IDR1	IDR0
r	r	r	r	r	r	r	r	r	r	r	r	r	r	r	r

图 6 - 13　输入数据寄存器

图 6 - 13 中，位 16 至位 31 保留，必须保持复位值。IDRy 代表端口输入数据(y 为引脚号 0～15)，这些位为只读形式，只能在字模式下访问。它们包含相应 GPIO 端口的输入值。

6．输出数据寄存器

输出数据寄存器的低 16 位用于设置 GPIO 引脚的状态。当输出数据寄存器某个位被置 1 时，对应 GPIO 引脚输出高电平。当输出数据寄存器某个位被清零时，对应 GPIO 引脚输出低电平。例如，当 GPIOA 的输出数据寄存器(GPIOA_ODR)的 ODR2 位被置 1，GPIOA 的 2 号引脚输出高电平；反之，输出低电平。

输出数据寄存器如图 6 - 14 所示。

31	30	29	28	27	26	25	24	23	22	21	20	19	18	17	16
Reserved															
15	14	13	12	11	10	9	8	7	6	5	4	3	2	1	0
ODR15	ODR14	ODR13	ODR12	ODR11	ODR10	ODR9	ODR8	ODR7	ODR6	ODR5	ODR4	ODR3	ODR2	ODR1	ODR0
rw	rw	rw	rw	rw	rw	rw	rw	rw	rw	rw	rw	rw	rw	rw	rw

图 6 - 14　输出数据寄存器

图 6 - 14 中，位 16 至位 31 保留，必须保持复位值，ODRy 代表端口输出数据(y 为引脚号 0～15)，这些位可通过软件读取和写入。

7．置位/复位寄存器

置位/复位寄存器是只读寄存并且只有写 1 才能产生控制效果，对低 16 位(BSRRL)写 1，对应的 GPIO 引脚输出高电平；对高 16 位(BSRRH)写 1，对应的 GPIO 引脚输出低电平。通过对置位/复位寄存器的操作，可以通过原子操作(原子操作是指不会被线程调度机制打断的操作，这种操作一旦开始，就一直运行到结束)

有针对性地改变 GPIO 个别引脚的输出状态,而不影响其他引脚状态,简化了程序编写。

例:将 GPIOA 的 3 号、10 号引脚输出低电平。

读-修改-写操作:

GPIOA->ODR&=~(1<<3|1<<10);

原子操作:

GPIOA->BSRRH=1<<3|1<<10;

例:将 GPIOA 的 2 号、8 号引脚输出高电平。

GPIOA->ODR|=1<<2|1<<8;

原子操作:

GPIOA->BSRRL=1<<2|1<<8;

置位/复位寄存器如图 6-15 所示。

31	30	29	28	27	26	25	24	23	22	21	20	19	18	17	16
BR15	BR14	BR13	BR12	BR11	BR10	BR9	BR8	BR7	BR6	BR5	BR4	BR3	BR2	BR1	BR0
w	w	w	w	w	w	w	w	w	w	w	w	w	w	w	w
15	14	13	12	11	10	9	8	7	6	5	4	3	2	1	0
BS15	BS14	BS13	BS12	BS11	BS10	BS9	BS8	BS7	BS6	BS5	BS4	BS3	BS2	BS1	BS0
w	w	w	w	w	w	w	w	w	w	w	w	w	w	w	w

图 6-15 置位/复位寄存器

图 6-15 中,BRy 表示端口 x 的复位位 y(x 为端口号 A~I,y 为引脚号 0~15)。这些位为只写形式,只能在字、半字或字节模式下访问。读取这些位可返回值 0x0000。

0:不会对相应的 ODRx 位执行任何操作。

1:对相应的 ODRx 位进行复位,对应的 GPIO 引脚输出低电平。

BSy 表示端口 x 的复位位 y(x 为端口号 A~I,y 为引脚号 0~15)。这些位为只写形式,只能在字、半字或字节模式下访问。读取这些位可返回值 0x0000。

0:不会对相应的 ODRx 位执行任何操作。

1:对相应的 ODRx 位进行置位,对应的 GPIO 引脚输出高电平。

需要注意的是,如果同时对 BSy 和 BRy 置位,则 BSy 的优先级更高。

通过 GPIO 的结构图可以看到,置位/复位寄存器的输出连接到输出数据寄存器,因此操作置位/复位寄存器最终会影响到输出数据寄存器的内容,从而改变 GPIO 引脚的输出状态。

8. 配置锁存寄存器

配置锁存寄存器锁定操作锁定的是模式寄存器、输出类型寄存器、输出速度寄存器、上拉下拉寄存器、复用功能低位寄存器和复用功能高位寄存器。

配置锁存寄存器如图 6 - 16 所示。

31	30	29	28	27	26	25	24	23	22	21	20	19	18	17	16
							Reserved								LCKK
															rw

15	14	13	12	11	10	9	8	7	6	5	4	3	2	1	0
LCK15	LCK14	LCK13	LCK12	LCK11	LCK10	LCK9	LCK8	LCK7	LCK6	LCK5	LCK4	LCK3	LCK2	LCK1	LCK0
rw	rw	rw	rw	rw	rw	rw	rw	rw	rw	rw	rw	rw	rw	rw	rw

图 6 - 16　配置锁存寄存器

图 6 - 16 中，位 17 至位 31 保留，必须保持复位值。锁定键可随时读取 LCKR[16] 位。可使用锁定键写序列对其进行修改。

0：端口配置锁定键未激活。

1：端口配置锁定键已激活。

锁定键写序列：

写 LCKR＝1 <<16＋LCKR[15:0]；

写 LCKR＝0 <<16＋LCKR[15:0]；

写 LCKR＝1 <<16＋LCKR[15:0]；

读 LCKR；

读并判断 LCKR[16]＝1（此读操作为可选操作，但它可确认锁定已激活）。

需要注意的是，在锁定键写序列期间，不能更改 LCKR[15:0] 的值。锁定序列中的任何错误都将中止锁定操作。在任一端口位上的第一个锁定序列之后，对 LCKR 位的任何读访问都将返回 1，直到下一次 CPU 复位为止。

LCKRy 代表端口 x 的锁定位 y（x 为端口号 A～I，y 为引脚号 0～15），这些位都是读/写位，但只能在 LCKR 位等于 0 时执行写操作。

0：端口配置未锁定。

1：端口配置已锁定。

将锁定键写序列应用到某个端口位后，在执行下一次复位之前，将无法对该端口位的值进行修改。但是，必须按照特定的写顺序进行操作。

9. 复用功能寄存器

（1）复用功能低位寄存器

复用功能低位寄存器如图 6 - 17 所示。

31	30	29	28	27	26	25	24	23	22	21	20	19	18	17	16
AFRL7[3:0]				AFRL6[3:0]				AFRL5[3:0]				AFRL4[3:0]			
rw	rw	rw	rw	rw	rw	rw	rw	rw	rw	rw	rw	rw	rw	rw	rw

15	14	13	12	11	10	9	8	7	6	5	4	3	2	1	0
AFRL3[3:0]				AFRL2[3:0]				AFRL1[3:0]				AFRL0[3:0]			
rw	rw	rw	rw	rw	rw	rw	rw	rw	rw	rw	rw	rw	rw	rw	rw

图 6 - 17　复用功能低位寄存器

图 6-17 中,AFRLy 代表端口 x 的位 y(x 为端口号 A~I,y 为引脚号 0~7)的复用功能选择,这些位通过软件写入,用于配置 GPIO 引脚的复用功能。AFRLy 选择如表 6-1 所列。

表 6-1　引脚的复用功能配置表

0000:AF0	1000:AF8
0001:AF1	1001:AF9
0010:AF2	1010:AF10
0011:AF3	1011:AF11
0100:AF4	1100:AF12
0101:AF5	1101:AF13
0110:AF6	1110:AF14
0111:AF7	1111:AF15

（2）复用功能高位寄存器

复用功能高位寄存器如图 6-18 所示。

31	30	29	28	27	26	25	24	23	22	21	20	19	18	17	16
AFRH15[3:0]				AFRH14[3:0]				AFRH13[3:0]				AFRH12[3:0]			
rw	rw	rw	rw	rw	rw	rw	rw	rw	rw	rw	rw	rw	rw	rw	rw
15	14	13	12	11	10	9	8	7	6	5	4	3	2	1	0
AFRH11[3:0]				AFRH10[3:0]				AFRH9[3:0]				AFRH8[3:0]			
rw	rw	rw	rw	rw	rw	rw	rw	rw	rw	rw	rw	rw	rw	rw	rw

图 6-18　复用功能高位寄存器

图 6-18 中,AFRHy 代表端口 x 中位 y(x 为端口号 A~I,y 为引脚号 0~7)的复用功能选择,这些位通过软件写入,用于配置 GPIO 引脚的复用功能。AFRHy 选择如表 6-1 所列。

复用功能寄存器用于配置 GPIO 引脚的复用功能,低位和高位复用功能映射图如图 6-19 所示。

需要注意的是,如图 6-19 所示的复用功能不是每一个 GPIO 引脚能够复用。具体引脚能够复用成什么功能,还需要结合这一引脚的系统预定义来进行确定。

6.2.2　实验详解

为方便读者理解上述原理,下面将通过设置寄存器对 GPIO 进行更详细的实验教学,主要包括:寄存器操作点亮 LED、寄存器操作按键控制 LED。使用到的实验设备主包括:本书配套的开发板、PC 机、Keil MDK5.31 集成开发环境、J-Link 仿真器。

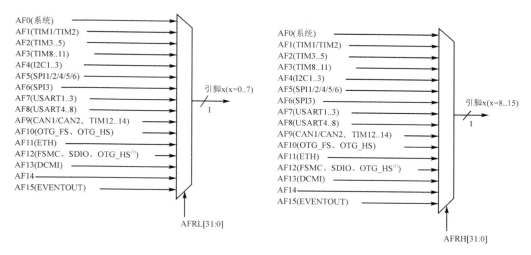

图 6-19　低位和高位复用功能映射图

1. 寄存器操作点亮 LED

（1）硬件原理图

利用寄存器操作,编程控制 LED 开启和熄灭。LED 原理图见图 4-14,LED 端口号见表 4-3。

（2）实验流程

首先,将连接 LED1 的 GPIO 端口进行初始化;最后,通过寄存器点亮 LED1。详细实验流程图见 6-20。

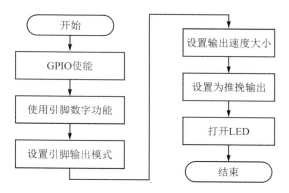

图 6-20　寄存器点亮 LED 流程图

（3）实验步骤及结果

① GPIO 接口初始化

在主函数中,首先对寄存器 AHB1ENR 中对应 GPIOF 的时钟进行使能;在时钟初始化后,开始配置 GPIOF 的模式寄存器 MODER 来将 GPIO 的 PF0 引脚设置为通用输出模式;在输出类型寄存器 OTYPER 中将该引脚的输出类型设置为推挽输出;对输出速度寄存器 OSPEEDR 中对应引脚的脉冲速度设为 2 MHz(低速);最后在上拉/下拉寄存器 PUPDR 中将 GPIOF 引脚在内部配置为连接上拉电阻形式。完成 LED1 灯的 GPIO 引脚 PF0 的初始化,代码展示如下。

```
1.   RCC->AHB1ENR| = (1 <<5);
2.   //时钟初始化
3.   GPIOF->MODER = 0x0000;
4.   GPIOF->MODER| = (1 <<2 * 0);
5.   //设置通用输出
6.   GPIOF->OTYPER = 0x0000;
7.   //设置推挽模式
8.   GPIOF->OSPEEDR = 0x0000;
9.   GPIOF->OSPEEDR& = ～(1 <<2 * 0);
10.  //设置速度
11.  GPIOF->PUPDR = 0x0000;
12.  GPIOF->PUPDR| = (1 <<2 * 0);
13.  //设置上拉
```

② 主函数

在主函数中,首先在最开始进行上节描述的 GPIO 引脚 PF0 的初始化,在完成配置后,在 while(1)循环中将置位/复位寄存器 BSRRH 对应 PF0 的位置 1,使该 GPIO 引脚输出低电平,完成 LED 灯点亮的目的。完整代码展示如下:

```
1.   int main(void)
2.   {
3.       SysTick_Init();
4.       RCC->AHB1ENR| = (1 <<5);
5.       GPIOF->MODER = 0x0000;
6.       GPIOF->MODER| = (1 <<2 * 0);
7.       GPIOF->OTYPER = 0x0000;
8.       GPIOF->OSPEEDR = 0x0000;
9.       GPIOF->OSPEEDR& = ～(1 <<2 * 0);
10.      GPIOF->PUPDR = 0x0000;
11.      GPIOF->PUPDR| = (1 <<2 * 0);
12.      while(1)
13.      {
14.      GPIOF->BSRRH| = (1 <<0);
15.      delay_ms(200);
16.      }
17.  }
```

③ 硬件连接及功能验证

（a）将开发板电源线连接好，并用 J-Link 仿真器连接实验平台和电脑；

（b）给开发板上电，将实验代码烧录进开发板，进行测试。

程序烧录完毕之后，按下开发板中复位键 RESET，LED1 点亮。实验结果如图 6－21 所示。

图 6－21　实验现象示意图

2. 寄存器操作按键控制 LED

（1）硬件原理图

利用寄存器操作，编程使用按键控制 LED 开启和熄灭。输入按键原理图见图 4－16，按键引脚映射见表 4-4。

（2）实验流程

首先，将初始化连接 LED 灯的 GPIO 端口；其次，初始化连接按键 S1 的 GPIO 端口；最后，通过按键 S1 控制 LED 亮灭。详细实验流程图见图 6－22。

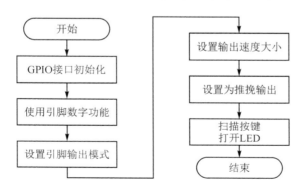

图 6－22　寄存器操作按键控制 LED 流程图

（3）实验步骤与结果

① GPIO 接口初始化

通过 RCC->AHB1ENR 使能了 RCC 模块中的 AHB1ENR 寄存器的第 5 位与第 2 位，使能 GPIO 时钟，MODER 寄存器的值设置为 0x0000，将所有引脚配置为输入模式，单独设置寄存器的第 0 位为 1，将 PF0（LED1）引脚配置为输出模式。OTYPER 寄存器的值设置为 0x0000，将所有输出引脚配置为推挽输出；OSPEEDR 寄存器的第 16 位与第 18 位设置为 0，将引脚 PF0（LED1）、PF8（KEY1）、PF9（KEY2）的输出速度设置为低速；PUPDR 寄存器的所有引脚的上拉/下拉配置清空，再将第 0 位、第 18 位、第 19 位设置为 1，将 PF0、PF8、PF9 配置为上拉输入，代码展示如下：

```
1.  RCC->AHB1ENR | = (1 <<5);
2.  RCC->APB2ENR | = (1 <<2);
3.  GPIOF->MODER = 0x0000;
4.  GPIOF->MODER | = (1 <<2 * 0);
5.  GPIOF->OTYPER = 0x0000;
6.  GPIOF->OSPEEDR = 0x0000;
7.  GPIOF->OSPEEDR & = ～(1 <<2 * 0);
8.  GPIOF->OSPEEDR & = ～(1 <<18);
9.  GPIOF->PUPDR = 0x0000;
10. GPIOF->PUPDR | = (1 <<2 * 0);
11. GPIOF->PUPDR | = (1 <<18);
```

② 扫描按键开启 LED

定义两个函数 identify_key1() 和 identify_key2()，用于分别检测两个按键状态。identify_key1() 函数用于检测 KEY 按键（PF8 引脚）的状态。通过读取 GPIOF 模块的输入数据寄存器（IDR）并与掩码 0x0100 进行按位与操作。按键按下，返回 1；反之为 0，identify_key2() 同理。代码展示如下：

```
1.  int identify_key1()
2.  {
3.  if((GPIOF->IDR&0x0100) == 0x0000)     //KEY1,PF8
4.    return 1;
5.  else
6.    return 0;
7.  }
8.
9.  int identify_key2()
10. {
11. if((GPIOF->IDR&0x0200) == 0x0000)     //KEY2,PF9
12.   return 1;
13. else
14.   return 0;
15. }
```

对于启动 LED，配置外部中断的 NVIC 寄存器与 EXTI 模块的中断屏蔽寄存器，使能外部中断 6 与外部中断线 9 的中断请求，并设置外部中断线 9 为下降沿出发。随后定中断处理函数，循环不断将 LED1 的引脚输出低电平，并延时 200 毫秒，实现 LED 一直闪烁的效果，直到中断被禁止或发生其他中断。代码展示如下：

```
1.    NVIC->ISER[0] |= 1<<6;
2.    EXTI->IMR |= 1<<9;
3.    EXTI->FTSR |= 1<<9;
4.    Void EXTI8_IRQHandler(void)
5.    {
6.        while(1)
7.        {
8.            GPIOF->BSRRH |= (1<<0);
9.            delay_ms(200);
10.       }
11.   }
```

③ 硬件连接与功能验证

（a）将开发板的电源线连接好，并用 J-Link 仿真器连接开发板和电脑；

（b）给开发板上电，编译后烧录程序。

程序烧录完成后，按下复位键 RESET，当按下按键 S1 时，LED1 点亮；当再次按下 S1 时，LED1 熄灭。

6.2.3　拓展训练

1. 使用寄存器编程，使得 LED1-LED8 呈现流水灯效果；
2. 使用寄存器编程，实现按键控制 LED1-LED8 呈现流水灯效果。

6.3　GPIO 实验（采用库函数方式）

6.3.1　相关库函数介绍

1. GPIO 时钟使能函数

片上外设一般被设计为数字时序电路，需要驱动时钟才能工作。片上外设大都被挂载在 AHB1、AHB2、APB1、APB2 四条总线上，因此，工作时钟由对应总线时钟驱动。微控制器为每个片上外设设置了一个时钟开关，可以控制片上外设的运行和禁止。通过操作 4 个外设时钟使能寄存器 RCC_AHB1ENR、RCC_AHB2ENR、RCC_APB1ENR、RCC_APB2ENR 相应的位段实现。

所有 GPIO 挂载在 AHB1 总线上,使能 GPIO 的工作时钟,操作的是外设时钟使能寄存器 RCC_AHB1ENR。ENABLE(使能时钟)和 DISABLE(禁止时钟)以枚举类型分别被定义为 0 和非 0,分别将 RCC_AHB1ENR 的 0 位置 1(ENABLE,使能时钟)或清零(DISABLE,禁止时钟)。

2. GPIO 初始化函数

初始化函数如下所示:

```
void GPIO_Init(GPIO_TypeDef * GPIOx,GPIO_InitTypeDef * GPIO_InitStruct);
```

初始化 GPIO 的一个或者多个引脚的工作模式、输出类型、输出速度及上拉/下拉方式。操作的是 4 个配置寄存器(模式寄存器、输出类型寄存器、输出速度寄存器和上拉/下拉寄存器)。

初始化函数有以下两个参数。

参数 1:GPIO_TypeDef * GPIOx,是操作的 GPIO 对象,是一个结构体指针。在实际使用中的参数有 GPIOA~GPIOI,被定义在头文件 stm32f4xx.h/gd32f4xx.h 中。例如:

```
1. #define GPIOA                        ((GPIO_TypeDef * )GPIOA_BASE)
2. #define GPIOI                        ((GPIO_TypeDef * )GPIOI_BASE)
```

参数 2:GPIO_InitTypeDef * GPIO_InitStruct 是 GPIO 初始化结构体指针,结构体类型 GPIO_InitTypeDef 被定义在头文件 stm32f4xxgpio.h/gd32f4xx_gpio.h 中。

```
1. typedef struct
2. {
3.    uint32_t GPIO_Pin;                    //初始化的引脚
4.    GPIOMode_TypeDef GPIO_Mode;           //工作模式
5.    GPIOSpeed_TypeDef GPIO_Speed;         //输出速度
6.    GPIOOType_TypeDef GPIO_OType;         //输出类型
7.    GPIOPuPd_TypeDef GPIO_PuPd;           //上拉/下拉
8. }GPIO_InitTypeDef;
```

成员 1:uint32_t GPIO_Pin,声明需要初始化的引脚,以屏蔽字的形式出现,在头文件 stm32f4xxgpio/gd32f4xx_gpio.h 有如下定义:

```
1. #define GPIO_Pin_0      ((uint16_t)0x0001)      //Pin 0 selected
2. #define GPIO_Pin_1      ((uint16_t)0x0002)      //Pin 1 selected
3. #define GPIO_Pin_15     ((uint16_t)0x8000)      //Pin 15 selected
4. #define GPIO_Pin_All    ((uint16_t)0xFFFF)      //All pins selected
```

在实际编程中，当一个 GPIO 的多个引脚被初始化为相同工作模式时，可以通过位或操作合并选择多个引脚。

例如，引脚 1、3、5 被初始化为相同工作模式时，通过位或操作合并如下：

GPIO_Pin_1|GPIO_Pin_3|GPIO_Pin_5

成员 2：GPIOMode_TypeDef GPIO_Mode，选择 GPIO 引脚工作模式，在头文件 stm32f4xxgpio.h/gd32f4xx_gpio.h 有如下定义：

```
1. typedef enum
2. {
3.    GPIO_Mode_IN = 0x00,              //输入模式
4.    GPIO_Mode_OUT = 0x01,            //输出模式
5.    GPIO_Mode_AF = 0x02,             //复用功能模式
6.    GPIO_Mode_AN = 0x03,             //模拟功能模式
7. }GPIOMode_TypeDef;
```

成员 3：GPIOSpeed_TypeDef GPIO_Speed，选择 GPIO 引脚输出速度，在头文件中有如下定义：

```
1.  typedef enum
2.  {
3.     GPIO_Speed_2MHz = 0x00,              //低速
4.     GPIO_Speed_25MHz = 0x01,             //中速
5.     GPIO_Speed_50MHz = 0x02,             //快速
6.     GPIO_Speed_100MHz = 0x03,            //高速
7.  }GPIOSpeed_TypeDef;
8.  #define GPIO_Speed_2MHz       GPIO_Low_speed
9.  #define GPIO_Speed_25MHz      GPIO_Medium_speed
10. #define GPIO_Speed_50MHz      GPIO_Fast_speed
11. #define GPIO_Speed_100MHz     GPIO_High_speed
```

成员 4：GPIOOType_TypeDef GPIO_OType，选择 GPIO 引脚输出类型，在头文件中有如下定义：

```
1. typedef enum
2. {
3.    GPIO_OType_PP = 0x00,              //推挽输出
4.    GPIO_OType_OD = 0x01,             //开漏输出
5. }GPIOOType_TypeDef;
```

成员 5：GPIOPuPd_TypeDef GPIO_PuPd，选择 GPIO 引脚上拉/下拉功能，在头文件中有如下定义：

```
6.   typedef enum
7.   {
8.      GPIO_PuPd_NOPULL = 0x00,              //不上拉/下拉
9.      GPIO_PuPd_UP = 0x01,                  //上拉
10.     GPIO_PuPd_DOWN = 0x02,                //下拉
11.  }GPIOPuPd_TypeDef;
```

例如,将 GPIOF 的 9 号、10 号引脚配置为推挽输出模式、100 MHz、使能上拉功能。

```
1.   //定义 GPIO_InitTypeDef 结构体变量
2.   GPIO_InitTypeDefGPIO_InitStructure;;
3.   //使能 GPIOF 时钟
4.   RCC_AHB1PeriphClockCmd(RCC_AHB1Periph_GPIOF,ENABLE);
5.   //GPIOF9 号、10 号引脚初始化设置
6.   GPIO_InitStructure.GPIO_Pin = GPIO_Pin_9|GPIO_Pin_10;   //需要配置的 GPIO 引脚
7.   GPIO_InitStructure.GPIO_Mode = GPIO_Mode_OUT;           //通用输出模式
8.   GPIO_InitStructure.GPIO_OType = GPIO_OType_PP;          //输出推挽
9.   GPIO_InitStructure.GPIO_Speed = GPIO_Speed_100MHz;      //100 MHz
10.  GPIO_InitStructure.GPIO_PuPd = GPIO_PuPd_UP;            //上拉
11.  //调用 GPIO_Init 函数,完成 GPIOF9 号、10 号引脚初始化
12.  GPIO_Init(GPIOF,&GPIO_InitStructure);
```

6.3.2　实验详解

为方便读者理解上述原理,下面将通过库函数对 GPIO 进行更详细的实验教学,主要包括:函数点亮 LED、函数操作按键点亮 LED。使用到的实验设备主包括:本书配套的开发板、PC 机、Keil MDK5.31 集成开发环境、J-Link 仿真器。

1. 函数点亮 LED

（1）硬件原理图

为使读者了解 STM32F407/GD32F407 的 GPIO 使用及其相关的 API 函数,本实验利用函数操作编程控制 LED1 开启和熄灭。LED 原理图见图 4-14,LED 端口号见表 4-3。

（2）实验流程

首先,将连接 LED1 的 GPIO 端口进行初始化;最后,通过库函数点亮 LED1。详细实验流程图如图 6-23 所示。

（3）实验步骤及结果

① GPIO 引脚初始化

初始化 GPIOF Pin 0 引脚作为 LED 灯的控制引脚,通过

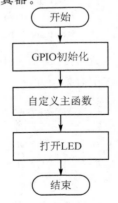

图 6-23　库函数点亮 LED 流程图

RCC_AHB1PeriphClockCmd 函数使能 GPIOB 的时钟。定义一个初始化函数，GPIO_Pin 中设置 PF0 端口，配置为通用输出模式、输出类型为推挽输出、设置 100 MHz 输出速度、根据硬件不设置无上拉或下拉电阻,完成配置后将该结构体传入库函数GPIO_Init 完成引脚初始化并关闭 LED 灯。以下为示例函数,演示如何配置 GPIO 引脚 PF0:

```
1.    void LEDGpio_Init(void)
2.    {
3.        / * 定义一个 GPIO_InitTypeDef 类型的结构体变量 * /
4.        GPIO_InitTypeDefGPIO_InitStructure;
5.        / * 开启 LED 灯相关的 GPIO 外设时钟 * /
6.        RCC_AHB1PeriphClockCmd(RCC_AHB1Periph_GPIOF,ENABLE);
7.        / * 选择要控制的 GPIO 引脚 * /
8.        GPIO_InitStructure.GPIO_Pin = GPIO_Pin_0;
9.        / * 设置引脚模式为通用输出模式 * /
10.       GPIO_InitStructure.GPIO_Mode = GPIO_Mode_OUT;
11.       / * 设置引脚的输出类型为推挽输出 * /
12.       GPIO_InitStructure.GPIO_OType = GPIO_OType_PP;
13.       / * 设置引脚输出速度为 100MHz * /
14.       GPIO_InitStructure.GPIO_Speed = GPIO_Speed_100MHz;
15.       / * 设置引脚为无上拉或下拉模式 * /
16.       GPIO_InitStructure.GPIO_PuPd = GPIO_PuPd_NOPULL;
17.       / * 调用库函数,使用上面配置的 GPIO_InitStructure 初始化 GPIO * /
18.       GPIO_Init(GPIOF,&GPIO_InitStructure);
19.       / * 关闭 LED 灯 * /
20.       LED1_OFF;
21.    }
```

② 主函数

在主函数中,首先初始化 SysTick 定时器,以实现精确的定时操作。在示例中,通过调用 SysTick_Init()函数来初始化 SysTick 定时器,进行系统滴答定时器的初始化;调用 GPIO_Init 函数,以便在系统启动时进行 GPIO 引脚的初始化。然后在 while 循环内部点亮 LED,LED 灯会每隔 500 ms 打开或关闭一次 LED 灯,实现闪烁功能。

以下为主函数示例,演示如何点亮 LED1:

```
1.    int main(void)
2.    {
3.        SysTick_Init();//系统滴答定时器初始化
4.        LEDGpio_Init();//LED 灯 IO 口初始化
5.        while(1)
```

```
6.    {
7.      LED1_ON;
8.      delay_ms(500);
9.      LED1_OFF;
10. delay_ms(500);
11.    }
12. }
```

以上代码中使用的 LED1_ON 和 LED1_OFF 被宏定义在文件 led.h 中,定义如下:

```
1. //LED1      PF0
2. #define  LED1_ON      GPIO_ResetBits(GPIOF,GPIO_Pin_0)    //打开 LED 灯
3. #define  LED1_OFF     GPIO_SetBits(GPIOF,GPIO_Pin_0)      //关闭 LED 灯
```

③ 硬件连接及功能验证

(a) 将开发板电源线连接好,并用 J-Link 仿真器连接实验平台和电脑;

(b) 给开发板上电,编译后烧录实验代码,进行测试。

程序烧录完毕之后,按下开发板中复位键 RESET,LED1 点亮。

2. 函数操作按键控制 LED

(1) 硬件原理图

利用函数操作,编程使用按键控制 LED 开启和熄灭。输入按键原理图见图 4-16,LED 原理图见图 4-14,LED 与按键端口号见表 4-3、表 4-4。

(2) 实验流程

首先,将初始化连接 LED 灯的 GPIO 端口;其次,初始化连接按键 S1 的 GPIO 端口,自定义按键扫描函数;最后,通过按键 S1 控制 LED 亮灭。详细实验流程图见图 6-24。

(3) 实验步骤及结果

① LED 的 GPIO 引脚初始化

为了使 LED1~LED8 根据实验需要工作在特定功能下完成预期点亮目标,需要首先对 LED1~LED8 对应的 GPIO 引脚初始化。

首先需要使能 GPIOB 的时钟,以使该模块正常工作,接着定义一个初始化函数,在函数内部定义一个 GPIO_InitTypeDef 类型的结构体变量,该结构体中的成员共有五个成员,在下面对其成员进行一一配置,以符合实验需求:GPIO_Pin 中填入本次实验所需配置的端口

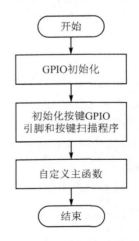

图 6-24　库函数操作
点亮 LED 流程图

号；GPIO_Mode 中填入本次引脚的方向模式，由于要使用引脚输出高低电平，该实验自然需配置为通用输出模式；GPIO_OType 中配置为推挽输出类型，GPIO_Speed 配置为 100MHz（高速）输出类型，以得到满意的响应速度；最后 GPIO_PuPd 中填入无上拉或下拉模式。完成配置后将该结构体传入库函数 GPIO_Init 完成引脚初始化。初始化完成后，要保证 LED 灯是关闭状态，故利用在 LED.h 头文件中宏定义的关闭指令将所有灯保持关闭状态。

```
1.   void LEDgpio_Init(void)
2.   {
3.       /* 定义一个 GPIO_InitTypeDef 类型的结构体变量 */
4.       GPIO_InitTypeDef GPIO_InitStructure;
5.       /* 开启 LED 灯相关的 GPIO 外设时钟 */
6.       RCC_AHB1PeriphClockCmd(RCC_AHB1Periph_GPIOF,ENABLE);
7.       /* 选择要控制的 GPIO 引脚 */
8.       GPIO_InitStructure.GPIO_Pin = GPIO_Pin_0|GPIO_Pin_1|GPIO_Pin_2|GPIO_Pin_3|
         GPIO_Pin_4|GPIO_Pin_5|GPIO_Pin_6|GPIO_Pin_7;
9.       /* 设置引脚模式为通用输出模式 */
10.      GPIO_InitStructure.GPIO_Mode = GPIO_Mode_OUT;
11.      /* 设置引脚的输出类型为推挽输出 */
12.      GPIO_InitStructure.GPIO_OType = GPIO_OType_PP;
13.      /* 设置引脚输出速度为 100MHz */
14.      GPIO_InitStructure.GPIO_Speed = GPIO_Speed_100MHz;
15.      /* 设置引脚为无上拉或下拉模式 */
16.      GPIO_InitStructure.GPIO_PuPd = GPIO_PuPd_NOPULL;
17.      /* 调用库函数,使用上面配置的 GPIO_InitStructure 初始化 GPIO */
18.      GPIO_Init(GPIOF,&GPIO_InitStructure);
19.      /* 关闭 LED 灯 */
20.      LED1_OFF;
21.      LED2_OFF;
22.      LED3_OFF;
23.      LED4_OFF;
24.      LED5_OFF;
25.      LED6_OFF;
26.      LED7_OFF;
27.      LED8_OFF;
28.  }
```

② 按键的 GPIO 引脚初始化和按键扫描程序

在配置完 LED 灯所对应的 GPIO 引脚初始化后，由于本实验需要使用按键控制，因此还需初始化三个按键各自对应的 GPIO 接口。具体配置方式和 LED 的 GPIO 引脚初始化类似，区别在于对于按键来说，其 GPIO 引脚的方向模式要变为输入模式,此外,还需要将其配置为上拉模式。

```
1.    void KEYGpio_Init(void)
2.    {
3.      GPIO_InitTypeDef GPIO_InitStructure;
4.      RCC_AHB1PeriphClockCmd(RCC_AHB1Periph_GPIOF,ENABLE);
5.      GPIO_InitStructure.GPIO_Pin = GPIO_Pin_8|GPIO_Pin_9|GPIO_Pin_10;
6.      GPIO_InitStructure.GPIO_Mode = GPIO_Mode_IN;
7.      GPIO_InitStructure.GPIO_Speed = GPIO_Speed_100MHz;
8.      GPIO_InitStructure.GPIO_PuPd = GPIO_PuPd_UP;
9.      GPIO_Init(GPIOF,&GPIO_InitStructure);
10.   }
```

接下来定义按键扫描程序,以便于存储按键按下时的电平变化情况。当 S1、S2、S3 任意一个按键按下时,微控制器读取按键值。KEY_S1_READ()是在 KEY.h 中宏定义的函数,其本质是调用了库中 GPIO_ReadInputDataBit()函数来读取 IO 口设置为输入状态时的 IO 口电平状态值;为了减小按键按下时抖动所带来的影响,我们要对引脚状态进行两次 if 判断后,再根据 buf[x]中的数改变相应的临时变量,并且返回该变量的值。该 temp 的值就对应了三个按键分别按下的状态。此外需要强调的是,根据所用单片机的按键电路原理图,但按键被按下时,GPIO 端口将会输入的是低电平,故 KEY_S1_READ()函数也将读取到低电平。

```
1.    unsigned char KeyScan(void)
2.    {
3.      Unsignedchar buf[4] = {0};
4.      Unsignedchar temp = 0;
5.      Static u8key_up = 1;
6.      buf[0] = KEY_S1_READ();
7.      buf[1] = KEY_S2_READ();
8.      buf[2] = KEY_S3_READ();
9.      if(key_up&&(buf[0] == 0||buf[1] == 0||buf[2] == 0))
10.     {
11.       key_up = 0;
12.       delay_ms(100);
13.       buf[0] = KEY_S1_READ();
14.       buf[1] = KEY_S2_READ();
15.       buf[2] = KEY_S3_READ();
16.       //KEY_S1
17.       if((buf[0] == 0)&&(buf[1] == 1)&&(buf[2] == 1))
18.       {
19.         temp = 1;
```

```
20.        }
21.        //KEY_S2
22.        if((buf[0] == 1)&&(buf[1] == 0)&&(buf[2] == 1))
23.        {
24.            temp = 2;
25.        }
26.        //KEY_S3
27.        if((buf[0] == 1)&&(buf[1] == 1)&&(buf[2] == 0))
28.        {
29.            temp = 3;
30.        }
31.    }
32.    else if(buf[0] == 1&&buf[1] == 1&&buf[2] == 1)key_up = 1;
33.    return temp;
34. }
```

③ 主函数

在 LED.c 和 KEY.c 中定义完 LED 灯和按键的 GPIO 初始化函数后，接下来就要编写主函数来实现按键点亮，首先初始化 SysTick 定时器该定时器常用来做延时，若实验中编写或使用到了延时函数就需要将其初始化；其次使用函数初始化 LED 灯和按键的 GPIO 引脚；接下来在 while(1) 循环中实现功能，主函数中的临时变量与按键扫描函数 KeyScan() 所返回的临时值进行比对，若按键 S1 按下，LED1 点亮；若按键 S2 按下，则 LED1 熄灭。代码展示如下：

```
1.     int main(void)
2.     {
3.         u8 temp = 0;
4.         SysTick_Init();          //系统滴答定时器初始化
5.         LEDGpio_Init();          //LED 灯 IO 口初始化
6.         KEYGpio_Init();
7.         while(1)
8.         {
9.             temp = KeyScan();
10.            if(temp == 1)
11.            {
12.                LED1_ON;
13.            }
14.            else if(temp == 2)
15.            {
16.                LED1_OFF;
17.            }
18. }
```

④ 硬件连接及功能验证

（a）将开发板的电源线连接好，并用 J-Link 仿真器连接开发板和电脑；

（b）给开发板上电，烧录程序；进行测试。

程序烧录完成后，按下复位键 RESET，当按下按键 S1 时，LED1 点亮；当再次按下 S1 时，LED1 熄灭。

6.3.3　拓展训练

1. 使用库函数编程，实现 LED1-LED8 的流水灯效果；
2. 使用库函数编程，通过按键实现 LED1-LED8 的流水灯效果。

6.4　思考与练习

1. GPIO 引脚内部有哪些主要部件？
2. GPIO 输入函数有哪些？名称、功能、输入参数、返回值各是什么？
3. 简要说明 GPIO 的初始化过程。
4. GPIO 可以配置几种模式？
5. 如何通过寄存器操作读取 PA1 的电平？
6. 如何通过库函数操作读取 PA1 的电平？
7. 请分析 STM32 核心板和 GD32 核心板在 GPIO 使用上的差异。

第7章 定时器

7.1 定时器概述

定时器在检测、控制领域有广泛应用,可作为应用系统运行的控制节拍,实现信号检测、控制、输入信号周期测量或电机驱动等功能。在很多应用场合,都会用到定时器,因此定时器系统是现在微控制器中的一个不可缺少的组成部分。

STM32F407/GD32F407 微控制器共有 14 个定时器,包括 2 个高级定时器(TIM1 和 TIM8)、10 个通用定时器(TIM2~TM5 和 TIM9~TIM14)及 2 个基本定时器(TIM6 和 TIM7)其中,TIM2 和 TIM5 是 32 位定时器,其他的定时器都是 16位定时器,STM32F407/GD32F407 微控制器的各个定时器之间的区别如表 7 - 1所列。

表 7 - 1 STM32F407/GD32F407 微控制器各个定时器之间的区别

定时器	类型	计数器长度	预分频系数	计数方向	捕获/比较通道	线	最大定时器时钟/MHz	互补输出	编码器接口	同步功能	DMA请求
TIM1 和 TIM8	高级	16 位	1~65 536（整数）	递增、递减、递增/递减	4	APB2	180	有	有	有	有
TIM2 和 TIM5	通用	32 位	1~65 536（整数）	递增、递减、递增/递减	4	APB1	90/180	无	有	有	有
TIM3 和 TIM4		16 位	1~65 536（整数）	递增、递减、递增/递减	4			无	有	有	有
TIM9		16 位	1~65 536（整数）	递增	2	APB2	180	无	无	有	无
TIM10 和 TIM11		16 位	1~65 536（整数）	递增	1			无	无	无	无

定时器	类型	计数器长度	预分频系数	计数方向	捕获/比较通道	线	最大定时器时钟/MHz	互补输出	编码器接口	同步功能	DMA请求
TIM12	通用	16 位	1~65 536 (整数)	递增	2	APB1	90/180	无	无	有	无
TIM13 和 TIM14		16 位	1~65 536 (整数)	递增	1			无	无	无	无
TIM6 和 TIM7	基本	16 位	1~65 536 (整数)	递增	0			无	无	无	有

定时器有很多用途,包括基本定时功能、生成输出波形(比较输出、PWM 和带死区插入的互补 PWM)和测量输入信号的脉冲宽度(输入捕获)等。

7.1.1 定时器结构

STM32F407/GD32F407 微控制器的定时器的主要有时钟源、预分频器、计数器、比较器、输入捕获通道和比较输出通道。其定时器内部构造简图如图 7-1 所示。

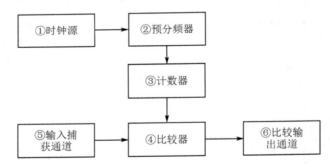

图 7-1 STM32F407/GD32F407 微控制器的定时器内部构造简图

定时器的时钟源经预分频器后输出计数器的计数时钟,计数器在计数到特定值(计数次数 x 计数时钟＝定时时间)后可以产生一个更新事件,还可以产生中断信号,执行特定功能的服务。在基本定时功能基础上,定时器可以检测外部输入信号的边沿跳变,以捕获计数器的计数值到比较器,用于测量信号的周期(两次捕获到的计数次数之差 x 计数时钟＝信号周期)。同时,可以在比较器中设定特定比较值,与计数器中的计数值比较,比较输出产生高低电平持续时间不同的高低电平(脉宽调制波:PWM 波)。

在所有的定时器中,高级定时器 TIM1 和 TIM8 的功能最多,通用定时器和基本定时器在结构上有不同程度的简化。在此，以高级定时器为例讲解其工作原理，其他定时器中与高级定时器相同的结构，其功能和使用方法基本一致。

TIM1 和 TIM8 的特性如下：

（1）16 位递增、递减、递增/递减自动重载计数器；

（2）16 位可编程预分频器，用于对定时器时钟源进行分频（即运行时修改），预分频系数为 1～65 536；

（3）多达 4 个独立通道，可用于输入捕获、比较输出、PWM 生成（边沿和中心对齐模式）、单脉冲模式输出；

（4）带可编程死区的互补输出；

（5）使用外部信号控制定时器且可实现多个定时器互连的同步电路；

（6）重复计数器，用于仅在给定数目的计数器周期后更新定时器寄存器；

（7）用于将定时器的输出信号置于复位状态或已知状态的断路输入；

（8）发生如下事件时生成中断/DMA 请求：更新、计数器上溢/下溢、计数器初始化（通过软件或内部/外部触发）、触发事件（计数器启动、停止、初始化或通过内部/外部触发计数）、输入捕获、比较输出、断路输入；

（9）支持定位用增量（正交）编码器和霍尔传感器电路；

（10）外部时钟触发输入或逐周期电流管理。

高级定时器内部详细构造图如图 7-2 所示。

7.1.2　时钟源

定时器计数需要的计数时钟可由下列时钟源提供：

（1）内部时钟（CKI_NT）源；

（2）外部时钟源模式 1：外部输入引脚；

（3）外部时钟源模式 2：外部触发输入 ETR；

（4）外部触发输入（ITRx）：使用一个定时器作为另一个定时器的预分频器。

定时器时钟源如图 7-3 所示。

1. 内部时钟源模式

设置从模式控制寄存器（TIMx_SMCR）中的位段 SMS＝000，选择内部时钟源模式。在大部分的定时器应用场合中，大都选择内部时钟源作为定时器的时钟源。不同的定时器使用的内部时钟源不同。根据 RCC_DKCFGR 的 TIMPRE 位的状态，定时器使用的内部时钟源频率不同。例如，在 HCLK＝180 MHz，PCLK2＝90 MHz（APB2 总线时钟预分频系数＝2）的情况下，定时器 TIM1 的内部时钟源＝2×PCLK2＝180 MHz。

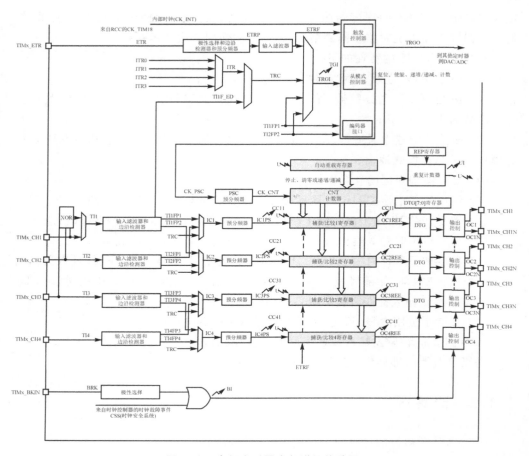

图 7 - 2　高级定时器内部详细构造图

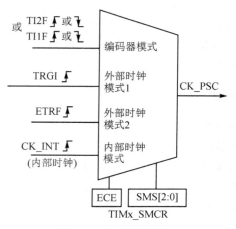

图 7 - 3　定时器时钟源

2. 外部时钟源模式 1

设置 TIMx_SMCR 中的位段 SMS＝111,选择外部时钟源模式 1。计数器可在选定的输入信号上出现上升沿或下降沿时计数。外部时钟源模式 1 结构如图 7 - 4 所示。

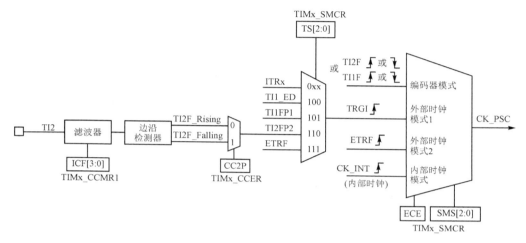

图 7 - 4　外部时钟源模式 1 结构图

此时,对于 TIMx_SMCR 中的位段 TS 的设置,可选择的外部时钟源如下。

TS＝000:内部触发 0(ITR0)。

TS＝001:内部触发 1(ITR1)。

TS＝010:内部触发 2(ITR2)。

TS＝011:内部触发 3(ITR3)。

TS＝100:定时器外部输入捕获通道 1 边沿检测输出(TI1F_ED)。

TS＝101:定时器外部输入捕获通道 1 滤波输出(TI1FP1)。

TS＝110:定时器外部输入捕获通道 2 滤波输出(TI2FP2)。

TS＝111:外部触发输入(ETRF)。

其中,ITRx 是定时器在从模式下,其他定时器的输出触发信号,如表 7 - 2 所列。

表 7 - 2　TIM1 和 TIM8 作为从定时器时,不同配置下的内部触发源

从定时器	ITR0(TS＝000)	ITR1(TS＝001)	ITR2(TS＝010)	ITR3(TS＝011)
TIM1	TIM5	TIM2	TIM3	TIM4
TIM8	TIM1	TIM2	TIM4	TIM5

例如,在外部时钟源模式 1 下,当从定时器是 TIM1,TS＝000 时,为 TIM1 提供时钟源的是 TIM5。

在图 7 - 4 中,以外部输入信号 TI2FP2 作为定时器的时钟源。

3. 外部时钟源模式 2

在 TIMx_SMCR 的位 ECE 写 1,选择外部时钟源模式 2。此时,以 ETR 引脚的输入信号作为定时器的时钟源。外部时钟源模式 2 结构图如图 7-5 所示。

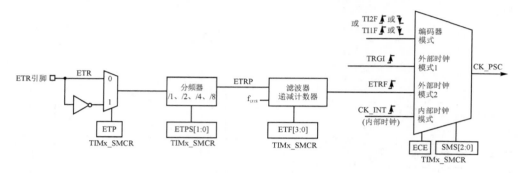

图 7-5　外部时钟源模式 2 结构图

4. 编码器模式

该模式下,将 TI1FP1 和 TI2FP2 信号的电平状态的变化作为定时器时钟源。这一模式主要用于测量光电正交编码器输出脉冲数,以及测量电机转速和方向。

7.2　基本定时功能

基本定时功能是定时器最常用的功能,在选择的计数时钟下定义计数次数,完成特定时间的定时。在定时时间到后,可以产生溢出事件,置更新中断标志位。如果允许更新事件中断的话,则会触发相应的中断服务程序。

定时器的定时时间等于计数器的中断周期乘以中断的次数。计数器在 CK_CNT 的驱动下,计一个数的时间则是 CK_CNT 的倒数,即 $\dfrac{1}{\dfrac{TIMx\_CLK}{TIMx\_PSC+1}}$,产生一次中断的时间则等于:$\dfrac{(TIMx\_PSC+1)(TIMx\_ARR+1)}{TIMx\_CLK}$。

7.2.1　时基单元

定时器的主要模块是一个 16 位计数器(TIM2 和 TIM5 是 32 位计数器)及其相关的自动重载寄存器。

计数器的计数时钟(CK_CNT)由计数器时钟源(CK_PSC)经预分频器分频得

到。计数器可工作在递增计数、递减计数或交替进行递增、递减计数的模式。

计数器寄存器、自动重载寄存器和预分频器寄存器可通过软件进行读写,在计数器运行时也可执行读写操作。时基单元包括:

(1) 预分频器寄存器(TIMx_PSC);

(2) 计数器寄存器(TIMx_CNT);

(3) 自动重载寄存器(TIMx_ARR);

(4) 重复计数器寄存器(TIMx_RCR),只有高级定时器(TIM1 和 TIM8)有。

图中 7-2 有阴影的寄存器都具备影子寄存器,如 TIMx_PSC、TIMx_ARR 和 TIMx_RCR。也就是说这些寄存器访问地址只有一个,但是物理上有两个寄存器,一个用于定时器工作(影子寄存器),一个用于程序访问。这样设置的作用主要是用于相应工作寄存器数据更新的缓冲,由控制寄存器 1(TIMx_CR1)中的自动重载预装载使能位(ARPE)决定。

ARPE=0:不缓冲。更改寄存器的值,马上修正对应影子寄存器的内容,可影响定时器相应运作。

ARPE=1:缓冲。更改寄存器的值,不会马上修正对应影子寄存器的内容,只有出现更新事件(UEV)时,才会将更新送入影子寄存器。

预分频器可对计数器时钟源进行分频,预分频系数为 1~65 536。该预分频器基于 TIMx_PSC 中的 16 位寄存器所控制的 16 位计数器。

计数器由预分频器输出[CK_CNT=CK_PSC/(TIMx_PSC+1)]提供时钟,只有 TIMx_CR1 中的计数器启动位(CEN)置 1 时,才会启动计数器。

当计数器达到上溢值(TIMx_ARR 的值)或者计数器达到下溢值(如由 TIMx_ARR 的值递减到 0),并且 TIMx_CR1 中的 UDIS 位为 0 时,计数器发送更新事件。该更新事件也可由软件产生。

7.2.2　计数模式

定时器具有递增计数模式、递减计数模式、中心对齐模式。定时器各种计数模式如图 7-6 所示。

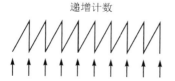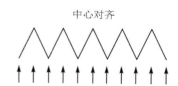

递增计数　　　　递减计数　　　　中心对齐

图 7-6　定时器各种计数模式

1. 递增计数模式

计数器从 0 计数到自动加载值(TIM_ARR 的值),然后重新从 0 开始计数并且产生一个计数器溢出事件。此时,TIMx_CR1 的位段 CMS[1:0]=00,DIR=0。当发生更新事件时,计数器更新所有寄存器且将更新标志(TMx_SR 中的 UIF 位)置 1(取决于 URS 位)。

重复计数器将重新装载 TIM_RCR 的内容(ARPE=0 时)。对于高级定时器 TIMI 和 TIM8 来说,只有 TIMx_RCR 的值为 0 时,才产生溢出更新,其他定时器不考虑这一点。

自动重载影子寄存器将以预装载值(TIMx_ARR 的值)进行更新(ARPE=0 时),TIMx_ARR 的值将传入对应的影子寄存器。

预分频器的缓冲区将重新装载预装载值(TIMx_PSC 的值)(ARPE=0 时),TIMx_PSC 的值将传入对应的影子寄存器。

TIMx_ARR=0x36,预分频系数=2(TIMx_PSC=1)时,递增计数示意图如图 7-7 所示。计数器在计数时钟的驱动下,每 2 个 CK_PSC 使得 TIMx_CNT 的值加 1,直到 TIMx_CNT 从 0 加到 TIMx_ARR=0x36 时,下一个计数时钟出现上溢,产生更新事件,并置位更新中断标志,如果允许中断,则定时器会向 CPU 产生中断请求信号。这时,TIMx_CNT 的计数初始值被重新设置为 0。

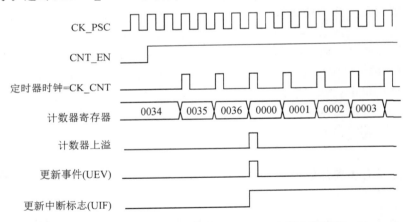

图 7-7 递增计数示意图(TIMx_ARR=0x36、预分频系数=2)

下面通过两个例子来看一下,影子寄存器更新内容不缓冲和缓冲之间的区别。

初始时,TIMx_ARR=0xFF,预分频系数=1(TIMx_PSC=0),ARPE=0。在计数到 0x32 时,更新 TIMx_ARR=0x36,这时由于 ARPE=0,TIMx_ARR 的影子寄存器会被马上更新,在计数到 0x36 时,产生上溢,如图 7-8 所示。

初始时,TIMx_ARR=0xF5,预分频系数=1(TIMx_PSC=0),ARPE=1,如图 7-9 所示。在计数到 0xF1 时,更新 TIMx_ARR=0x36,这时由于 ARPE=1,

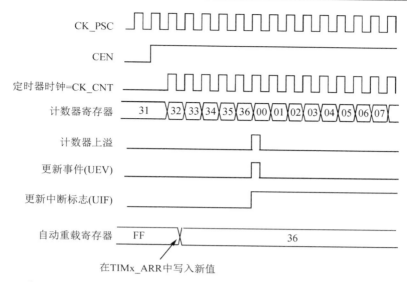

图 7 - 8　递增计数示意图(TIMx_ARR＝0xFF、预分频系数＝1(TIMx_PSC＝0)、ARPE＝0)

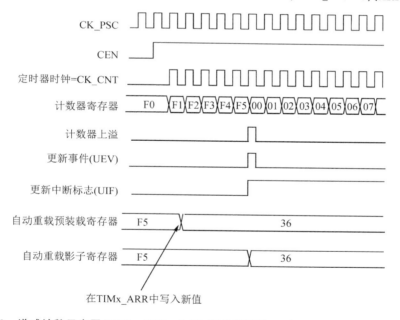

图 7 - 9　递减计数示意图(TIMx_ARR＝0xF5、预分频系数＝1(TIMx_PSC＝0)、ARPE＝1)

TIMx_ARR 的影子寄存器不会被马上更新,而是在产生更新时间后(在计数到 0xF5时)才更新。TIMr_ARR 的影子寄存器＝0x36。

2. 递减计数模式

计数器从自动装入的值(TIMx_ARR 的值)开始递减计数到 0,然后从自动装入的值重新开始,并产生一个计数器向下溢出事件。

TIMx_CR1 的位段 CMS[1:0]＝00,DIR＝1。

发生更新事件时,计数器更新 TIMx_RCR、TIMx_ARR 和 TIMx_PSC 的值且将更新标志(TIMx_SR 的 UIF 位)置 1(取决于 URS 位)。

重复计数器将重新装载 TIMx_RCR 的值(ARPE＝0 时)。对于高级定时器 TIM1 和 TIM8 来说,只有 TIMx_RCR 的值为 0 时,才产生溢出更新。其他定时器不考虑这一点。

自动重载影子寄存器将以预装载值(TIMx_ARR 的值)进行更新(ARPE＝0 时),TIMx_ARR 的值将传入对应的影子寄存器。

预分频器的缓冲区将重新装载预装载值(TIMx_PSC 的值)(ARPE＝0 时),TIMx_PSC 的值将传入对应的影子寄存器。

TIMx_ARR＝0x36,预分频系数＝4(TIMx_PSC＝3)时,递减计数示意图如图 7-10 所示。计数器在计数时钟的驱动下,每 4 个 CK_PSC 使得 TIMx_CNT 的值减 1,直到 TIMx_CNT 的值从 TIMx_ARR＝0x36 减到 0 时,下一个计数时钟才出现下溢,产生更新事件,并置位更新中断标志,如果允许中断,则定时器会向 CPU 产生中断请求信号。这时,TIMx_CNT 的计数初始值被重新设置为 TIMx_ARR＝0x36。

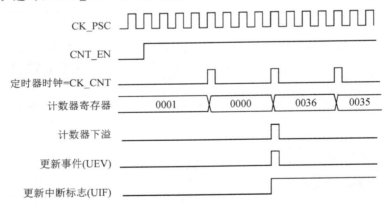

图 7-10 递减计数示意图(TIMx_ARR＝0x36、预分频系数＝4(TIMx_PSC＝3))

3. 中心对齐模式

计数器从 0 开始计数到自动装入的值－1,产生一个计数器溢出事件,然后递减计数到 1 并且产生一个计数器溢出事件,再从 0 开始重新计数。

TIMx_CR1 的位段 CMS[1:0]≠00。

只要计数器处于使能状态(CEN＝1),就不能从边沿对齐模式切换为中心对齐模式。

计数器在每次发生上溢和下溢时都会生成更新事件,更新所有寄存器且将更新标志(TIMx_SR 的 UIF 位)置 1(取决于 URS 位)。

重复计数器将重新装载 TIMx_RCR 的值(ARPE＝0 时)。对于高级定时器 TIM1 和 TIM8 来说,只有 TIMx_RCR 的值为 0 时,才产生溢出更新。其他定时器不考虑这一点。

自动重载影子寄存器将以预装载值(TIMx_ARR 的值)进行更新(ARPE＝0 时),TIMx_ARR 的值将传入对应的影子寄存器。

预分频器的缓冲区将重新装载预装载值(TIMx_PSC 的值)(ARPE＝0 时),TIMx_PSC 的值将传入对应的影子寄存器。

TIMx_ARR＝0x06,预分频系数＝1(TIMx_PSC＝0)时,中心对齐计数示意图如图 7－11 所示。

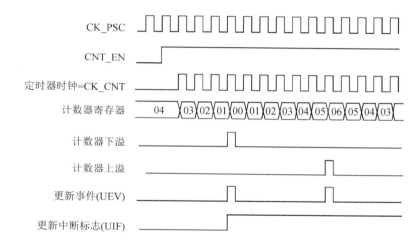

图 7－11 中心对齐示意图(TIMx_ARR＝0x06、预分频系数＝1(TIMx_PSC＝0))

在递增计数时,TIMx_CNT 从 0 加到 TIMx_ARR-1＝0x05 时,下一个计数时钟出现上溢,产生更新事件,并置位更新中断标志,如果允许中断,则定时器会向 CPU 产生中断请求信号。这时,TIMx_CNT 继续加 1 变为 TIMx_ARR＝0x06。然后 TIMx_CNT 开始递减,当减到 1 时,下一个计数时钟出现下溢,产生更新事件,并置位更新中断标志,如果允许中断,则定时器会向 CPU 产生中断请求信号。这时,TIMx_CNT 的计数初始值变为 0,再次开始递增计数,然后依次往返交替计数。

7.3　捕获/比较功能

STM32F407/GD32F407 微控制器的高级定时器和通用定时器有输入捕获通道和比较输出通道。

配合定时器计数功能,使用输入捕获通道,可以实现外部脉冲边沿检测,从而实现外部输入信号的频率测量、PWM 信号周期、占空比测量,以及霍尔传感器输出信号测量等,使用输入捕获通道 1 和输入捕获通道 2 的输入信号作为计数器的计数脉冲,可以进行光电正交编码器输出信号测量,从而实现电机转速的测量。

配合定时器计数功能,使用比较输出通道,可以实现 PWM 信号输出、6 步 PWM 信号生成,用于电机控制。(6 步 PWM 输出指的是当一个定时器需要互补输出时,可以预先设置输出比较模式位 OCxM(向 TIM_OCMode_Timing、TIM_OCMode_PWM1 等)、通道的使能位 CCxE、互补通道的使能位 CCxNE,当发生 COM 换相事件时,就可在中断函数中将预先设置位设置好,决定了下一步的配置。)

7.3.1　输入捕获/比较输出通道

每个输入捕获/比较输出通道均围绕一个捕获/比较寄存器(包括一个影子寄存器)、一个捕获输入阶段(数字滤波、多路复用和预分频器)和一个输出阶段(比较器和输出控制)构建而成。

1．输入捕获通道

输入捕获通道由滤波器(去除输入信号电平切换产生的抖动,防止误判)、边沿检测器、边沿检测方式选择开关(2 选 1)、输入捕获信号选择多路开关(3 选 1)及预分频器组成。输入阶段对相应的 TIx 输入进行采样,生成一个滤波后的信号 TIxF。然后,带有极性选择功能的边沿检测器生成一个信号 TLxFPx,经边沿检测方式选择开关可以选择上升捕获或下降捕获,该信号可用作从模式控制器的触发输入,也可用作捕获信号。三个捕获信号(以输入捕获通道)为例,分别是 TI1FP1、TI2FP2 和来自控制器的 TRC,经输入捕获信号选择多路开关输出 IC1,IC1 先进行预分频得到 ICxPS,ICxPS 触发定时器将 TIMx_CNT 中的值锁存到捕获/比较寄存器(TIMx_CCRx)。输入捕获通道 1 结构示意图如图 7-12 所示。

捕获/比较模块由一个预装载寄存器(TIMx_CCRx)和一个影子寄存器(TIMx_CCRx 影子寄存器)组成。程序始终可通过读写操作访问预装载寄存器。在捕获模式下,捕获实际发生在影子寄存器中,然后将影子寄存器的内容复制到预装载寄存器。此时,TIMx_CCRx 只读。

2．比较输出通道

比较输出通道由输出模式控制器、死区发生器(防止电动机驱动上下桥臂控制的开关状态切换时出现同时导通)和输出使能控制电路组成。

在比较模式下,预装载寄存器(TIMx_CCRx)的内容将被复制到影子寄存器(TIMx_CCRx),然后将影子寄存器的内容与计数器进行比较。根据不同的比较阶

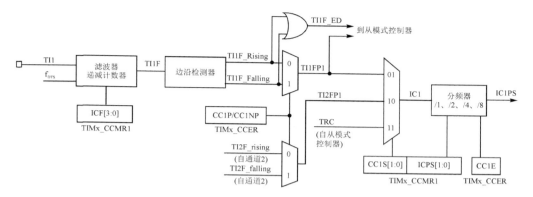

图 7 - 12　输入捕获通道 1 结构示意图

段,在比较输出通道引脚上产生持续时间和电平可控的信号。比较输出通道结构示意图如图 7 - 13 所示。输入捕获功能和比较输出功能不能同时使用。

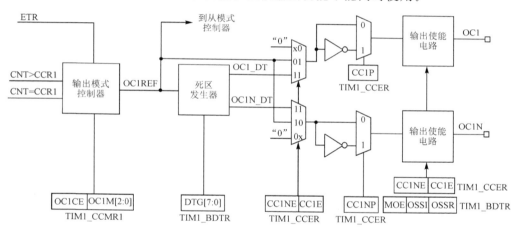

图 7 - 13　比较输出通道结构示意图

7.3.2　输入捕获模式

在输入捕获模式下,在相应的 ICx 信号检测到跳变沿后,可使用 TIM_CCRx 来锁存计数器的值。当发生捕获事件时,可将相应的 CCxIF 标志(TIM_SR)置 1,并发送中断或 DMA 请求(如果已使能)。如果在发生捕获事件时 CCxIF 标志已处于高位,则可将重复捕获标志 CCxOF(TIM_SR)置 1。可通过软件向 CCxOF 写入 0 来给 CCxIF 清零,也可读取存储在 TIM_CCRx 中的已捕获数据。向 CCxOF 写入 0 后会将其清零。

例：在使用输入捕获通道 1，当检测到 TI1 引脚上输入的信号出现上升沿时，将计数器的值捕获到 TIMx_CCR1。具体操作步骤如下。

1. 选择输入捕获模式，IC1 映射到 T1 上

TIMx_CCR1 必须连接到 TI1 输入，因此应向 TIMx_CCMRI 中的 CC1S 位写入 01。只要 CC1S 不等于 00（比较输出模式），就会将通道配置为输入捕获模式，且 TIMx_CCR1 将处于只读状态。

2. 设定输入信号边沿检测的滤波功能（防抖动）

定时器的信号，对所需的输入滤波时间进行编程（如果输入为 TIx 输入，则对 TIMx_CCMRx 中的 ICxF 位进行编程）。假设在信号边沿变化时，输入信号最多在 5 个内部时钟周期内发生抖动。因此，我们必须将滤波时间设置为大于 5 个内部时钟周期。在检测到 8 个具有新电平的连续采样（以 f_{DTS} 频率采样）后，可以确认 TI1 上的跳变沿。然后向 TIMx_CCMR1 中的 IC1F 位写入 0011。

3. 选择边沿触发方式

向 TIM_CCER 中的 CC1P 位和 CC1NP 位写入 0（上升沿触发，也可选择下降沿触发），选择 TI1 上的有效转换边沿。

4. 对输入预分频器进行编程

在本例中，我们希望在每次有效转换时都执行捕获操作，因此需要禁止预分频器（向 TIMx_CCMRI 中的 IC1PS 位写入 00，不分频）。

5. 使能输入捕获功能

将 TIMx_CCER 中的 CCIE 位置 1，允许将计数器的值捕获到捕获寄存器。

6. 设置捕获中断和 DMA 请求

如果需要，可通过将 TIMx_DIER 中的 CC1IE 位置 1 来使能相关中断请求，并且通过将该寄存器中的 CC1DE 位置 1 来使能 DMA 请求。

当捕获到输入信号发生有效跳变沿时：

（1）TIM_CCR1 会获取计数器的值；

（2）将 CCIF 标志置 1（中断标志）。如果至少发生了两次连续捕获，但 CC1IF 标志未被清零，这样 CC1OF 捕获溢出标志会被置 1；

（3）根据 CC1IE 位生成中断；

（4）根据 CC1IE 位生成 DMA 请求。

要处理重复捕获，建议在读出捕获溢出标志之前读取数据，这样可避免丢失在

读取捕获滥出标志之后与读取数据之前可能出现的重复捕获信息。

当连续两次捕获到同一输出信号的连续两个边沿跳变时,两次得到的计数器寄存器值分别为 C1 和 C2(假设定时器在计数期间没有溢出事件),那么这一输入信号的周期＝((C2－C1)/CK_CNT)/输入捕获通道预分频系数。

例,C1＝2000,C2＝4000,CK_CNT＝1MHz,输入捕获通道预分频系数＝1,那么,输入的信号周期＝(4000－2000)/10^6/1＝2 ms。

使用输入捕获功能,可以测量输入 PWM 信号的周期和占空比。其实现步骤与输入捕获模式基本相同,仅存在以下几个不同之处。

(1) 两个 ICx 信号被映射至同一个 TIx 输入。

(2) 这两个 ICx 信号在边沿处有效,但极性相反。

(3) 使用同一个输入信号的上升沿和下降沿,分别作为两个捕获模块的锁定触发信号。

(4) 选择两个 TIxFP 信号的其中一个作为触发输入,并将从模式控制器配置为复位模式。选择两个通道的其中一个滤波输出信号作为计数器复位触发源,两个 TIMx_CCRx 内锁定的值都是从 0 开始计数的,分别对应于信号的周期计数值和占空比计数值。

例如,可通过以下步骤对输入到 TI1 的 PWM 波的周期(位于 TIMx_CCR1 中)和占空比(位于 TIMx_CCR2 中)进行测量(取决于 CK_INT 频率和预分频器的值)。

(1) 选择 TIMx_CCR1 的有效输入:向 TIMx_CCMR1 中的 CC1S 位写入 01(选择 TI1)。

(2) 选择 THFP1 的有效极性(用于在 TIMxCCR1 中捕获和计数器清零):向 CCIP 位和 CC1NP 位写入 0(上升沿有效)。

(3) 选择 TIMx_CCR2 的有效输入:向 TIMx_CCMRI 中的 CC2S 位写入 10(选择 TI1)。

(4) 选择 TI1FP2 的有效极性(用于在 TIMx_CCR2 中捕获):向 CC2P 位和 CC2NP 位写入 1(下降沿有效)。

(5) 选择有效触发输入:向 TIMS_SMCR 中的 TS 位写入 101(选择 TI1FPI1)。

(6) 将从模式控制器配置为复位模式:向 TIMS_SMCR 中的 SMS 位写入 100。

(7) 使能捕获:向 TIMS_CCER 中的 CC1E 位和 CC2E 位写入 1。

PWM 波的周期测量示意图如图 7－14 所示。

根据以上的设置,在波形的上升沿将 TIMx_CNT 的值锁定到 TIMx_CCR1,并复位 TIMx_CNT 的值为 0。在波形的下降沿将计数器的值锁定到 TIMx_CCR2。其中,TIMx_CCR2 的值是输入信号高电平持续的时间,TIMx_CCR1 的值是输入信号的周期。根据计数器的计数频率,可以得到输入信号的周期和占空比。

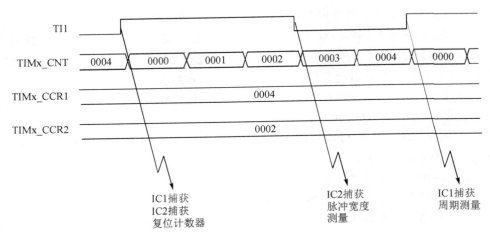

图 7-14　PWM 波的周期测量示意图

7.3.3　输出模式

1. 比较输出模式

比较输出功能用于控制输出波形,或指示已经过某一时间段。

当 TIMx_CCRx 与计数器相匹配时,产生比较输出功能。

(1) 为相应的输出引脚分配一个可编程值,该值由比较输出模式(TIMx_CCMRx 中的 OCxM 位)和输出极性(TIMx_CCER 中的 CCxP 位)定义。匹配时,根据 TIMx_CCMRr 中的 OCxM 位的设置情况,有以下 8 种模式:

OCxM=000:冻结模式,比较匹配时,不会产生任何操作;

OCxM=001:比较匹配时,将比较输出通道引脚设置为高电平。在没有新的设置情况下,保持高电平不变;

OCxM=010:比较匹配时,将比较输出通道引脚设置为低电平。在没有新的设置情况下,保持低电平不变;

OCxM=011:每次比较匹配时,将比较输出通道引脚电平反转;

OCxM=100:强制变为低电平,无须匹配;

OCxM=101:强制变为高电平,无须匹配;

OCxM=110:PWM 模式 1,在递增计数模式下,只要 TIMx_CNT<TIMx_CCR1,比较输出通道 1 便为有效状态,否则为无效状态。在递减计数模式下,只要 TIMx_CNT>TIMx_CCR1,比较输出通道 1 便为无效状态(OC1REF=0),否则为有效状态(OC1REF=1);

OCxM=111:PWM 模式 2,在递增计数模式下,只要 TIMx_CNT<TIMx_

CCR1,比较输出通道 1 便为无效状态,否则为有效状态。在递减计数模式下,只要 TIMx_CNT＞TIMx_CCR1,比较输出通道 1 便为有效状态否则为无效状态。

（2）将中断状态寄存器中的标志置 1（TMx_SR 中的 CCxIF 位）。

（3）如果相应中断使能位（TMx_DIER 中的 CCxIE 位）置 1,那么定时器将生成中断。

（4）如果相应 DMA 使能位（TIMx_DIER 的 CCxDE 位、TMx_CR2 的 CCDS 位用来选择 DMA 请求）置 1,那么定时器将发送 DMA 请求。

使用 TIMx_CCMRx 中的 OCxPE 位,可将 TMx_CCRx 配置为带或不带预装载寄存器（没有缓冲,更新 TIMx_CCRx 会马上更新相应的影子寄存器）。

比较输出模式配置的步骤如下：

① 选择计数时钟：配置时钟源和预分频器；

② 周期和比较值设置：在 TIMx_ARR 和 TIMx_CCRx 中写入所需数据；

③ 中断设置：如果要生成中断请求,则需将 CCxIE 位置 1；

④ 选择输出模式,并使能比较输出通道。例如：

当 CNT 与 CCRx 匹配时,写入 OCxM＝011 以翻转 OCx 输出引脚；

写入 OCxPE＝0 以禁止预装载寄存器；

写入 CCxP＝0 以选择高电平有效极性；

写入 CCxE＝1 以使能比较输出通道。

（5）使能计数器：通过将 TIMx_CR1 中的 CEN 位置 1 来使能计数器。

（6）更改输出波形：可通过软件随时更新 TIMx_CCRx 以控制输出波形,前提是未使能预加载寄存器（OCxPE＝0,否则仅当发生下一个更新事件时,才会更新 TIMx_CCRx 的影子寄存器）。

2. PWM 输出模式

PWM（Pulse Width Modulation,脉冲宽度调制）,简称脉宽调制。PWM 信号：周期内高电平占空比可调的信号。占空比：一个周期内高电平持续时间与一个周期时间的比值。PWM 波主要用于电机控制。图 7-15 中,一个是 50％占空比的波形,一个是 25％的占空比。

PWM 输出模式有 PWM 模式 1 和 PWM 模式 2 两种模式。

PWM 模式 1：将 TIMx_CCMRx 中的 OCxM 位段设置为 110。在递增计数模式下,只要 TIMx_CNT＜TIMx_CCR1,比较输出通道 1 便为有效状态,否则为无效状态；在递减计数模式下,只要 TIMx_CNT＞TIMx_CCR1,比较输出通道 1 便为无效状态（OC1REF＝0）,否则为有效状态（OC1REF＝1）。

PWM 模式 2：将 TIMx_CCMRx 中的 OCxM 位段设置为 111。在递增计数模式下,只要 TIMx_CNT＜TIMx_CCR1,比较输出通道 1 便为无效状态,否则为有效状态；在递减计数模式下,只要 TIMx_CNT＞TIMx_CCR1,比较输出通道 1 便为有效

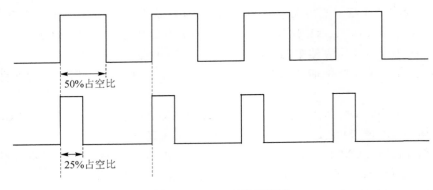

50%占空比

25%占空比

图 7 - 15　PWM 波示意图

状态,否则为无效状态。由两种模式的定义可知,TIMx_ARR 值决定了 PWM 波的周期,TIMx_CCRx 的值了决定了占空比。

PWM 输出的有效电平由 TIMx_CCER 的 CCxP 位来编程,既可以设为高电平有效(将 CCxP 位设置为 0),也可以设为低电平有效(将 CCxP 位设置为 1)。

根据计数器的递增计数模式、递减计数模式和中心对齐计数模式,可将 PWM 输出模式分为边沿对齐模式和中心对齐模式。

(1) 边沿对齐模式

将 TIM_CR1 中的 CMS 位设置为 00,选择边沿对齐模式,DIR 位可以是 0 或 1。

递增计数配置:以 PWM 模式 1 为例,只要 TIMx_CNT < TIMx_CCRx,PWM 参考信号 OCxREF 就为高电平,否则为低电平,如果 TIM_CCRx 中的比较值大于 TIM_ARR 中的自动重载值,则 OCxREF 保持为 1;如果比较值为 0,则 OCxREF 保持为 0。设置 TIMx_ARR-8 在不同的 TIMx_CCRx 比较值之下,边沿对齐模式输出 PWM 波形示意图如图 7 - 16 所示。

图 7 - 16 中,以 TIMx_CCRx = 4 为例,在 PWM 模式 1 下,当 TIMx_CNT < 4 时,OCxREF 为高电平,持续时间为 4 个计数周期;当 $4 \leqslant$ TIMx_CNT $\leqslant 8$ 时,OCxREF 为低电平,持续时间为 5 个计数周期;当计数溢出时,TIMx_CNT = 0,小于 4,OCxREF 又变为高电平。此后,根据匹配条件,OCxREF 电平交替更改。

递减计数配置:在 PWM 模式 1 下,只要 TIMx_CNT > TIMx_CCRx,OCxREF 就为低电平,否则其为高电平。

如果 TIMx_CCRx 中的比较值大于 TIMx_ARR 中的自动重载值,则 OCxREF 保持为 1。此模式下不可能产生 PWM 波形。

(2) 中心对齐模式

当 TIMx_CR1 中的 CMS 位不为 00 时,中心对齐模式生效,共有以下 3 种模式。

当 CMS = 01 时:中心对齐模式 1。计数器交替进行递增计数和递减计数。只有当计数器递减计数时,配置为输出的通道(TIMx_CCMRx 中的 CxS = 00)的输出比较中断标志才置 1。

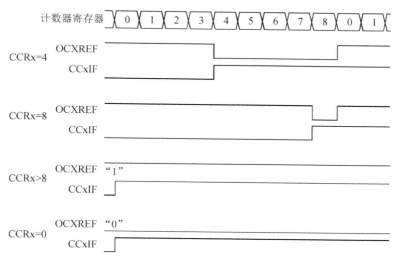

图 7-16 边沿对齐模式输出 PWM 波形示意图

当 CMS＝10 时：中心对齐模式 2。计数器交替进行递增计数和递减计数。只有当计数器递增计数时，配置为输出的通道（TIMx_CCMRx 中的 CxS＝00）的输出比较中断标志才置 1。

当 CMS＝11 时：中心对齐模式 3。计数器交替进行递增计数和递减计数。当计数器递增计数或递减计数时，配置为输出的通道（TIMx_CCMRx 中的 CxS＝00）的输出比较中断标志都会置 1。

当设置 TIMx_ARR＝8，TIMx_CCRx＝4 时，不同的 CMS 设置值，输出 PWM 波形和比较中断标志情况，如图 7-17 所示。

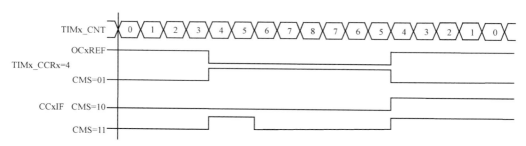

图 7-17 中心对齐模式输出 PWM 波形示意图

PWM 模式 1 下，当递增计数，TIM_CNT＜4 时或当递减计数，TIM_CNT≤4 时，OCxREF 都为高电平，持续时间为 8 个计数周期；当递增计数，TIM_CNT≥4 时或当递减计数，TIM_CNT＞4 时，OCxREF 都为低电平，持续时间为 8 个计数周期。此外，当 CMS 设置为不同值时，比较中断标志值 1 的时间点也不同。

7.3.4　编码器接口模式

编码器接口主要用于连接正交编码器及测量电机的转速和转向。光电编码器内部的 LED 发射的光,通过光栅到达光敏管,引起 A 相和 B 相电平变化。如果正转,则 A 相输出超前 B 相 90°;如果反转,则 A 相滞后 B 相 90°。每转一周,Z 相经过 LED 一次,输出一个脉冲,可作为编码器的机械零位。

编码器内光栅的数量决定了编码器的分辨率(线数),即每转一圈输出的 A 相和 B 相的脉冲数。例如,编码器的分辨率＝2 000P/R,表示每转一圈输出 2 000 个脉冲。常用光电编码器如图 7－18 所示。其中高级定时器 TIM1 和 TIM8、通用定时器 TIM2～TIM5 均集成了编码器接口功能。

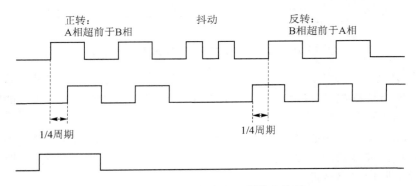

图 7－18　正交光电编码器输出波形

定时器的输入捕获通道 1(TI1)和输入捕获通道 2(TI2)分别连接到光电编码器的 A 相和 B 相输出线,通过定时器编码器接口功能可以实现电机转速和方向的测量。

定时器在编码器接口模式下,把输入捕获通道 TI1 和 TI2 的输入信号作为有方向选择的计数器时钟源(每个输入信号周期,计数器计数 4 次),通过计算特定时间(需要使用另外的定时器定时)内定时器计数次数(计数值是编码器输出脉冲周期数的 4 倍),并结合编码器的线数,可以得到转速。并且,根据 TIMx_CR1 的 DIR 位,可以确定转向。

编码器接口模式有如下 3 种模式:

编码器模式 1:TIMx_SMCR 的 SMS 位段设置为 001,计数器仅在 TI2 边沿处计数;

编码器模式 2:TIMx_SMCR 的 SMS 位段设置为 010,计数器仅在 TI1 边沿处计数;

编码器模式 3:TIMx_SMCR 的 SMS 位段设置为 011,计数器在 TI1 和 TI2 边沿处均计数。通过编程 TIMx_CCER 的 CC1P 和 CC2P 位,选择 TI1 和 TI2 极性。如果需要,还可对输入滤波器进行编程。CC1NP 和 CC2NP 必须保持低电平。

如果使能计数器(在 TIMx_CR1 的 CEN 位中写入 1),则计数器的时钟由 TI1FP1 或 TI2FP2 上的每次有效信号转换提供。TI1FP1 和 TI2FP2 是进行输入滤波器和极性选择后 TI1 和 TI2 的信号,如果不进行滤波和反相,则 TI1FP1＝TI1, TI2FP2＝TI2。定时器根据两个输入的信号转换序列,产生计数脉冲和方向信号。根据该信号转换序列,计数器相应递增或递减计数。同时,硬件对 TIMx_CR1 的 DIR 位进行相应修改。任何输入(TI1 或 TI2)发生信号转换时,都会计算 DIR 位,无论计数器是仅在 TI1 或 TI2 边沿处计数,还是同时在 TI1 和 TI2 处计数。

在编码器模式下,计数器会根据增量编码器的速度和方向自动进行修改,因此计数器内容始终表示编码器的位置。计数方向对应于定时器所连传感器的轴旋转方向。不同编码器模式下的计数方式如表 7 - 3 所列。

表 7 - 3　不同编码器模式下的计数方式

有效边沿	相反信号的电平 (TI1FP1 对应 TI2,TI2FP2 对应 TI1)	TI1FP1 信号		TI1FP2 信号	
		上升	下降	上升	下降
仅在 TI1 处计数	高	递减	递增	不计数	不计数
	低	递增	递减	不计数	不计数
仅在 TI2 处计数	高	不计数	不计数	递增	递减
	低	不计数	不计数	递减	递增
在 TI1 和 TI2 处均计数	高	递减	递增	递增	递减
	低	递增	递减	递减	递增

外部增量编码器可直接与 MCU 相连,无须外部接口逻辑。如果编码器输出是差分信号,需要使用比较器将编码器的差分输出转换为数字信号,这样大幅提高了抗噪声性能。编码器 Z 相与外部中断输入相连,其输出信号用以触发计数器复位。图 7 - 19 中,以计数器工作为例,说明了计数信号的生成和方向控制,也说明了选择双边沿时,如何对输入抖动进行补偿。当传感器进行正反转切换时,可能出现抖动现象。

设置定时器为编码器模式 3,相应的工作图如图 7 - 19 所示。需要配置的内容如下。

(1) TI1FP1 映射到 TI1 上:TIMx_CCMR1 的位段 CC1S＝01。

(2) TI1FP2 映射到 TI2 上:TIMx_CCMR1 的位段 CC2S＝01。

(3) 设定 TI1 输入信号极性和滤波功能:设定 TIMx_CCER 的位 CC1P＝0, CC1NP＝0,TI1FP1 未反相。设定 TIMx_CCMR1 位段 IC1F＝0000,无滤波功能, TI1FP1＝TI1。

(4) 设定 TI2 输入信号极性和滤波功能:设定 TIMx_CCER 的位 CC2P＝0,

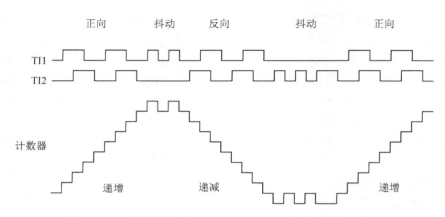

图 7 - 19　编码器接口模式,在 TI1 和 TI2 处均计数的示意图

CC2NP＝0,TI1FP2 未反相。设定 TIMx_CCMR1 位段 IC2F＝0000,无滤波功能,TI1FP2＝TI2。

（5）选择编码器模式:选择编码器模式 3,设置 TIMx_SMCR 的位 SMS＝011,两个输入在上升沿和下降沿均有效。

（6）使能定时器计数:设定 TIMx_CR1 的位 CEN＝1,使能计数器。

由图 7 - 19 可知:

（1）正转时,计数器递增计数。

TI1 高电平时,TI2 上升沿处,计数器递增计数。

TI1 低电平时,TI1 下降沿处,计数器递增计数。

TI2 高电平时,TI2 下降沿处,计数器递增计数。

TI2 低电平时,TI1 上升沿处,计数器递增计数。

（2）反转时,计数器递减计数。

TI1 高电平时,TI2 下降沿处,计数器递减计数。

TI1 低电平时,TI1 上升沿处,计数器递减计数。

TI2 高电平时,TI2 上升沿处,计数器递减计数。

TI2 低电平时,TI1 下降沿处,计数器递减计数。

定时器配置为编码器接口模式时,会提供传感器当前位置的相关信息。使用另一个配置为捕获模式的定时器测量两个编码器事件之间的周期,可获得动态信息（速度、加速度和减速度）。编码器的机械零位指示信号可以作为计数捕获信号。根据两个事件之间的时间间隔,还可定期读取计数器。也可以使用另一个定时器产生周期信号触发输入捕获通道的输入捕获功能,将计数器值锁存到对应的输入捕获寄存器。还可以通过实时时钟生成的 DMA 请求读取计数器值。

7.4　定时器实验

7.4.1　相关库函数介绍

与定时器相关的函数和宏都被定义在以下两个文件中。

头文件：stm32f4xx_tim. h/gd32f4xx_tim. h。

源文件：stm32f4xx_tim. c/gd32f4xx_tim. c。

1. 定时器时钟使能函数

定时器挂载在 APB1 和 APB2 总线上,例如：

```
1. RCC_APB1PeriphClockCmd(RCC_APB1Periph_TIM3, ENABLE);
```

因为使用到了比较输出通道的引脚,因此使能对应 GPIO 的时钟。例如,TIM3 的比较通道 3 使用引脚 PB0。

```
1. RCC_AHB1PeriphClockCmd(RCC_AHB1Periph_GPIOB,ENABLE);
```

2. 定时器初始化函数

```
1. void TIM_TimeBaslnit(TIM_TypeDef * TIMx, TIM_TimeBaselnitTypeDef * TIM_Time-
BaseInitStruct);
```

该函数用于初始化定时器基本定时单元相关功能。

参数 1：TIM_TyeDef * TIMx,定时器对象,是个结构体指针,表示形式是 TIM1～TIM14. 以宏定义形式定义在头文件中。例如：

```
1. #define TIM1 ((TIM_TypeDef * )TIM1_BASE)
```

TIM_TypeDef 是自定义结构体类型,成员是定时器的所有寄存器。

参数 1：TIM_TimeBaselnitTypeDef * TIMTimeBaseInitStruct,定时器时基初始化结构体指针。TIMTimeBaseInitStruct 是自定义的结构体类型,定义在头文件中。

```
1. typedefstruct
2. {
3.    uint16_tTIM_Prescaler;          //预分频系数
4.    uint16_tTIM_CounterMode;        //计数模式
5.    uint16_tTIM_Period;             //计数周期
```

```
6.    uint16_tTIM_ClockDivision;        //与死区长度及捕获采样频率相关
7.    uint8_tTIM_RepetitionCounter;  //重复计数次数
8.  }TIM_TimeBasecenitTypeDef;
```

成员 1:uintl6_t   TIM_Prescaler 预分频系数,用于初始化 TIMx_PSC,初始化值一般是实际分频值－1。

成员 2:uint16_t   TIM_CounterMode,计数模式,包括递增计数模式、递减计数模式及中心对齐计数模式,定义如下:

```
1.  # define TIM_CounterMode_Up              ((uint16_t)0x0000)    //递增计数模式
2.  # define TIM_CounterMode_Down            ((uint16_t)0x0010)    //递减计数模式
3.  # define TIM_CounterMode_CenterAligned1 ((uint16t)0x0020)     //中心计数模式 1
4.  # define TIM_CounterMode_CenterAligned2 ((uint16t)0x0040)     //中心计数模式 2
5.  # define TIMCounterMode_CenterAligned3  ((uint16_t)0x0060)    //中心计数模式 3
```

不同的中心对齐模式,定义了在使能比较输出功能时,比较中断标志位置位的位置。

成员 3:uint16_t   TIM_Period,计数周期,用于初始化 TIMx_ARR,定义的是一次溢出计数的次数。在递增、递减计数模式下,初始化值一般是实际溢出值－1。中心对齐计数模式溢出值与设定值一致。

成员 4:uint16_t   TIM_ClockDivision,与死区长度及捕获采样频率相关,定义的是定时器内部时钟源 CK_INT 的预分频系数。

```
1.  # defineTIM_CKD_DIV1              ((uint16_t)0x0000    //不分频
2.  # defineTIM_CKD_DIV2              ((uint16t)0x0100)    //2 分频
3.  # defineTIM_CKD_DIV4              ((uint16_0)0x0200)   //4 分频
```

成员 5:uint8_t   TIMRepetitionCounter,重复计数次数,对高级定时器 TIM1 和 TIM8 有用。例如,设置计数次数 = 10 000 次,预分频系数 = 9 000,递增计数模式。

```
1.  TIM_TimeBaseStructure.TIM_Period = 10000-1;
2.  TIMTimeBaseStructure.TIM_Prescaler = 9000-1;
3.  TIMTimeBaseStructure.TIM_ClockDivision = TIMCKDDIV1;
4.  TIM_TimeBaseStructure.TIM_CounterMode = TIM_CounterMode_Up;
5.  TIM_TimeBaseStructure.TIM_RepetitionCounter;
6.  TIM__TimeBaseInit(TIM3,&TIM_TimeBaseStructure);
```

如果使用定时器内部时钟,频率为 90 MHz,则定时器的计数脉冲频率 CKcCNT = 90 MHz/(8 999＋1) = 10 kHz,次计数溢出计数为 9 999＋1 次,即 10 000 次,持续时间为 10 000/10 kHz = 1 s。

3. 定时器使能函数

1. void TIM_Cmd(TIM_TypeDef * TIMx,FunctionalStateNewState);

该函数用于启动定时器计数。

参数 1：TIM_TypeDef * TIMx，定时器对象。

参数 2：FunctionalStateNewState，状态使能（ENABLE）或禁止（DISABLE）。

7.4.2　实验详解

为方便读者理解上述原理，下面将通过库函数对定时器知识进行更详细的实验教学，通过调节 PWM 参数，实现呼吸灯效果。使用到的实验设备主要包括：本书配套的开发板、PC 机、Keil MDK5.31 集成开发环境、J-Link 仿真器。

1. 硬件原理图

为使读者了解 STM32F407/GD32F407 的 PWM 使用方法及其相关的 API 函数，本实验利用函数操作通过调节 PWM 周期与占空比，实现呼吸灯效果。PWM 使用了微处理器的数字输出实现对模拟电路的控制，其被广泛应用于测量、通信、控制、变换等各种领域。

PWM 的控制方式就是对逆变电路开关元件的通断进行控制，是输出端得到一系列幅值相等但宽度不一致的脉冲，用这些脉冲来代替正弦波或所需要的波形。按一定的规律对各脉冲的宽度进行调制，即可改变逆变电路输出电压的大小，也可改变输出频率。PWM 原理图如图 7 - 20 所示。

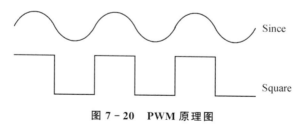

Since

Square

图 7 - 20　PWM 原理图

2. 实验流程

首先，将连接 PWM 的 GPIO 端口进行初始化；其次，设置有关 PWM 的参数。详细实验流程图如图 7 - 21 所示。

3. 实验步骤及结果

（1）初始化 PWM 相关 GPIO 配置

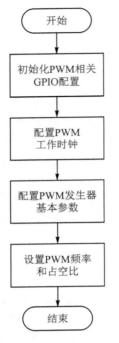

图 7-21 PWM 实验流程图

使用定时器 10 的 PWM 功能,输出占空比可变的 PWM 波,用来驱动 LED 灯,从而达到 LED 灯亮度由暗变亮又从亮变暗的功能,所以还需要完成对定时器的初始化。

首先初始化 TIM10 定时器为 PWM 模式,并接受两个参数,分别是自动重装值(arr)和预分频值(psc)。接着需要使能 TIM2 定时器和 GPIOF 的时钟,以使其可以正常工作;然后在函数内部定义三个结构体变量,并分别对各个结构体中的成员进行配置,以符合实验需求。

定义了一个结构体变量 GPIO_InitStructure,用于配置 GPIO 的相关参数。GPIO_Pin 中填入本次实验所需配置的端口号;GPIO_Mode 中填入本次引脚的方向模式为复用模式;GPIO_Speed 配置为 50 MHz(高速)输出类型,以得到满意的响应速度;GPIO_OType 中配置为推挽输出类型;最后 GPIO_PuPd 中填入上拉模式。完成配置后将该结构体传入库函数 GPIO_Init 完成引脚初始化。

```
1.    voidTIM_PWM_Init(u32 arr, u32 psc)
2.    {
3.        GPIO_InitTypeDef  GPIO_InitStructure;
4.        TIM_TimeBaseInitTypeDef  TIM_BaseStructure;
5.        TIM_OCInitTypeDef  TIM_OCInitStruct;
6.
7.        RCC_APB2PeriphClockCmd(RCC_APB2Periph_TIM10,ENABLE);
8.        RCC_AHB1PeriphClockCmd(RCC_AHB1Periph_GPIOF, ENABLE);
9.
10.       GPIO_PinAFConfig(GPIOF,GPIO_PinSource6,GPIO_AF_TIM10);
11.
12.       GPIO_InitStructure.GPIO_Pin = GPIO_Pin_6;
13.       GPIO_InitStructure.GPIO_Mode = GPIO_Mode_AF;
14.       GPIO_InitStructure.GPIO_Speed = GPIO_Speed_50MHz;
15.       GPIO_InitStructure.GPIO_OType = GPIO_OType_PP;
16.       GPIO_InitStructure.GPIO_PuPd = GPIO_PuPd_UP;
17.       GPIO_Init(GPIOF,&GPIO_InitStructure);
18.    }
```

(2)配置 PWM 发生器的基本参数

定义了一个结构体变量 TIM_BaseStructure,用于配置定时器基本参数。TIM_

Prescaler 中填入本次实验定时器的预分频值;TIM_CounterMode 中配置定时器为向上计数模式;TIM_Period 中填入定时器的自动重装值;最后 TIM_ClockDivision 配置时钟分频因子为 1。完成配置后将该结构体传入 TIM_BaseInit 库函数完成初始化。

定义了一个结构体变量 TIM_OCInitStruct,用于配置定时器输出比较通道的参数。TIM_OCMode 中填入定时器的输出比较模式为 PWM 模式;TIM_OutputState 使能输出比较通道;TIM_OCPolarity 配置输出比较极性为低电平;然后使能输出比较通道 1 的预装载寄存器、使能自动重装载寄存器;使能 TIM10 定时器;完成配置后将该结构体传入库函数 TIM_OC1Init 完成初始化。

```
19.     TIM_BaseStructure.TIM_Prescaler = psc;
20.     TIM_BaseStructure.TIM_CounterMode = TIM_CounterMode_Up;
21.     TIM_BaseStructure.TIM_Period = arr;
22.     TIM_BaseStructure.TIM_ClockDivision = TIM_CKD_DIV1;
23.     TIM_TimeBaseInit(TIM10,&TIM_BaseStructure);
24.
25.     TIM_OCInitStruct.TIM_OCMode = TIM_OCMode_PWM1;
26.     TIM_OCInitStruct.TIM_OutputState = TIM_OutputState_Enable;
27.     TIM_OCInitStruct.TIM_OCPolarity = TIM_OCPolarity_Low;
28.     TIM_OC1Init(TIM10,&TIM_OCInitStruct);
29.     TIM_OC1PreloadConfig(TIM10, TIM_OCPreload_Enable);
30.     TIM_ARRPreloadConfig(TIM10, ENABLE);
31.     TIM_Cmd(TIM10,ENABLE);
32.  }
```

（3）设置 PWM 频率和占空比

在主函数中,定义了一个 u16 类型的变量 ledval,用于存储 LED 的亮度值;定义了一个 u8 类型的变量 dir,用于指示 LED 亮度的增减方向;然后调用系统滴答定时器初始化函数,初始化了一个定时器,用于生成 PWM 信号,通过设置里面的 arr 和 psc 来输出不同频率的 PWM 输出。在 while 无限循环中,使 LED 亮度一直变亮;当 ledval 变量值大于 1 000 时,改变 dir 变量值,使灯逐渐变暗,确保 LED 亮度值在一定范围内变化,并且能够循环增减。最后 TIM_SetCompare1()函数,设置了定时器的比较值,这个值用于控制 PWM 占空比,进而控制 LED 的亮度。

```
1.   int main(void)
2.   {
3.     u16 ledval = 0;
4.     u8   dir = 1;
5.     NVIC_PriorityGroupConfig(NVIC_PriorityGroup_2);
6.     SysTick_Init();
7.     TIM_PWM_Init(500-1,84-1);
```

```
8.    while(1)
9.    {
10.     delay_ms(1);
11.     if(dir) ledval ++ ;
12.     else ledval -- ;
13.     if(ledval > 1000) dir = 0;
14.     if(ledval == 0) dir = 1;
15.     TIM_SetCompare1(TIM10,ledval);
16.   }
17. }
```

（4）硬件连接及功能验证

① 将开发板电源线连接好，并用 J-Link 仿真器连接实验平台和电脑；

② 给开发板上电，烧录实验代码，进行测试。

程序烧录完毕之后，按下开发板中复位键 RESET，LED 呈现呼吸灯效果。

7.4.3 拓展训练

1. 实验要求

（1）通过 PWM 使舵机旋转指定角度；

（2）通过 PWM 使直流电机以指定转速转动。

2. 外设模块介绍

（1）舵机

舵机是一种位置（角度）伺服的驱动器，适用于那些需要角度不断变化并可以保持的控制系统。其在高档遥控玩具，如飞机、潜艇模型、遥控机器人中已经得到了普遍应用。

舵机的输入线共有 3 条，VCC 为电源线，GND 为地线，PWM 为信号控制线，舵机外观如图 7-22 所示。

一般来讲，舵机主要由舵盘、减速齿轮组、位置反馈电位计、直流电机、控制电路等组成，舵机内部结构图如图 7-23 所示。

控制电路板接受来自信号线的控制信号，控制电机转动，电机带动一系列齿轮组，减速后传动至输出舵盘。舵机的输出轴和位置反馈电位计是相连的，舵盘转动的同时，带动位置反馈电位计，电位计将输出一个电压信号到控制电路板，进行反馈，然后控制电路板根据所在位置决定电机转动的方向和速度，从而达到目标停止。其工作流程为：控制信号→控制电路板→电机转动→齿轮组减速→舵盘转动→位置反馈电位计→控制电路板反馈。

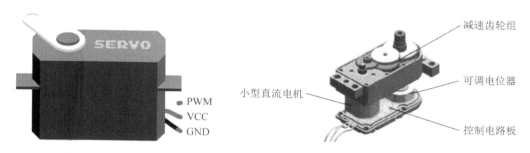

图 7 - 22 舵机外部接线图

图 7 - 23 舵机内部结构图

舵机的控制信号周期为 20 ms 的脉宽调制(PWM)信号,其中脉冲宽度从 0.5～2.5 ms,相对应的舵盘位置为 0～180°,呈线性变化。也就是说,给它提供一定的脉宽,它的输出轴就会保持一定对应角度上,无论外界转矩怎么改变,直到给它提供一个另外宽度的脉冲信号,它才会改变输出角度到新的对应位置上。舵机内部有一个基准电路,产生周期为 20 ms,宽度 1.5 ms 的基准信号,有一个比出较器,将外加信号与基准信号相比较,判断出方向和大小,从而生产电机的转动信号。由此可见,舵机是一种位置伺服驱动器,转动范围不能超过 180°,适用于那些需要不断变化并可以保持的驱动器中,比如说机器人的关节、飞机的舵面等。舵机输出转角与输入脉冲的关系如图 7 - 24 所示。

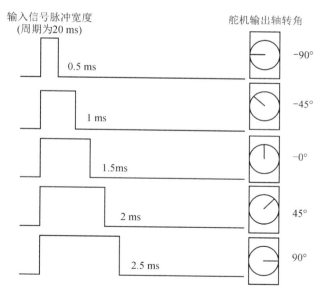

图 7 - 24 舵机输入输出原理图

(2)直流电机

直流电机是根据通电流的导体在磁场中会受力的原理来工作的,即电工基础中的左手定则。电动机的转子上绕有线圈,通入电流,定子作为磁场线圈也通入电流,产生定子磁场,通电流的转子线圈在定子磁场中,就会产生电动力,推动转子旋转。转子电流是通过整流子上的碳刷连接到直流电源的。

直流电动机是将直流电能转换为机械能的电动机。因其良好的调速性能而在电力拖动中得到广泛应用。直流电机管脚波形图如图 7-25 所示。直流电动机按励磁方式分为永磁、他励和自励 3 类,其中自励又分为并励、串励和复励 3 种。

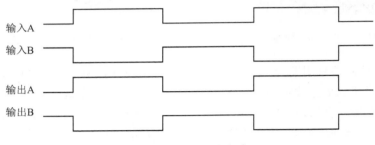

图 7-25　直流电机管脚波形图

7.5　思考与练习

1. STM32F407/GD32F407 有几个定时器?分别是哪些?

2. 嵌入式系统中,定时器的主要功能有哪些?

3. STM32F407/GD32F407 微控制器的定时器主要有哪些部件?

4. STM32F407/GD32F407 微控制器通用丁斯齐的常用工作模式有哪些?

5. 如何通过 TIMx_CR1 设置时钟分频系数、计数器计数方向?

6. 如何通过 TIMx_CR1 使能定时器?

7. 如何通过 TIMx_DIER 使能或除能更新中断使能?

8. 如何通过 TIMx_SR 读取更新中断标志?

9. STM32F407/GD32F407 微控制器通用定时器有哪几种计数方式?何时可以产生更新事件?

10. STM32F407/GD32F407 微控制器有哪几种输入捕获模式?分别有哪些特点?

11. 结合上述问题,探讨 STM32F407/GD32F407 微控制器的定时器使用差异。

第 8 章　中　断

8.1　中断的基本概念

在处理器中,中断是一个过程,即 CPU 在正常执行程序的过程中,遇到外部/内部的紧急事件需要处理,暂时中止当前程序的执行,转而去处理紧急的事件,待处理完毕后再返回被打断的程序处继续往下执行。中断在计算机多任务处理,尤其是实时系统中尤为重要,比如 μC/OS、FreeRTOS 等。中断能提高 CPU 的效率,同时能对突发事件做出实时处理。实现程序的并行化,实现嵌入式系统进程之间的切换。

引起中断的原因或者说发出中断请求的来源叫做中断源。根据中断源的不同,可以把中断分为硬件中断和软件中断两大类,而硬件中断又可以分为外部中断和内部中断两类。外部中断一般是指由计算机外设发出的中断请求,如键盘中断、打印机中断等。外部中断是可以屏蔽的中断,也就是说,利用中断控制器可以屏蔽这些外部设备的中断请求。内部中断是指因硬件出错(如突然掉电、奇偶校验错等)或运算出错(除数为零、运算溢出、单步中断等)所引起的中断。内部中断是不可屏蔽的中断。软件中断其实并不是真正的中断,它们只是可被调用执行的一般程序。例如:ROM BIOS 中的各种外部设备管理中断服务程序(键盘管理中断、显示器管理中断、打印机管理中断等)以及 DOS 的系统功能调用(INT 21H)等都是软件中断。

8.2　外部中断(EXTI)

外部中断事件控制器 EXTI 可以处理 23 个外部中断/事件请求信号(23 根 EXTI 线),用于向内核产生外部中断事件请求信号。每根 EXTI 线都可以单独进行配置,以选择请求类型(中断或事件)和相应的触发事件(上升沿触发、下降沿触发或双边沿触发)。此外,每根 EXTI 线都可以被单独屏蔽。挂起请求寄存器可以保持中断请求的状态。EXTI 的存在使得用户可以自定义一些紧急事件,从而及时地、有针对性地处理特殊事务。

外部中断事件控制器 EXTI 被设计用来处理 23 个外部中断或事件请求信号,这些信号是通过 23 根 EXTI 线传输的。这个数字代表了 EXTI 能够同时处理多个外部中断或事件，增强了系统的并行性和处理能力。每根 EXTI 线都是独立的，这意味着它们可以被单独配置，从而选择请求类型（中断或事件）以及相应的触发事件（上升沿触发、下降沿触发或双边沿触发）。这种灵活性使得系统可以根据不同的外部条件或事件来做出相应的响应。

此外，每根 EXTI 线也可以被单独屏蔽，这提供了一种额外的控制机制，使得系统可以在特定情况下忽略某些外部中断或事件。同时，挂起请求寄存器能够保持中断请求的状态，这有助于确保系统在处理某个中断请求时不会被其他中断打断。外部中断事件控制器 EXTI 的存在，使得用户可以自定义一些紧急事件，从而及时地、有针对性地处理特殊事务。这种能力增强了系统的灵活性和适应性，使其能够应对各种不同的应用需求。

以温度检测阀值检测电路为例，当温度超过设置的阈值时，外部中断事件控制器 EXTI 会发出一个电平切换信号。通过 EXTI 线，这个信号可以及时通知中央处理单元（CPU）处理这一事件。这种机制有助于提高系统对紧急事件响应的实时性，从而更好地保障系统的稳定性和可靠性。

总的来说，外部中断事件控制器 EXTI 是一个重要的组成部分，它在确保系统能够高效、可靠地处理各种外部中断和事件中发挥着关键作用。

8.2.1 EXTI 结构

STM32F407/GD32F407 系列微控制器的 EXTI 支持 23 个外部中断/事件请求信号。

（1）EXTI 线 0～15：对应 GPIO 的外部中断。

（2）EXTI 线 16：连接到 PVD 输出。

（3）EXTI 线 17：连接到 RTC 闹钟事件。

（4）EXTI 线 18：连接到 USBOTGFS 唤醒事件。

（5）EXTI 线 19：连接到以太网唤醒事件。

（6）EXTI 线 20：连接到 USBOTGHS（在 FS 中配置）唤醒事件。

（7）EXTI 线 21：连接到 RTC 入侵和时间戳事件。

（8）EXTI 线 22：连接到 RTC 唤醒事件。

其中，EXTI 线 0～15 的外部中断/事件请求信号在芯片外部产生，通过 GPIO 引脚输入。EXTI 线 16～22 的外部中断/事件请求信号由芯片内部的一些片上外设产生。外部中断向量表如表 8-1 所列。

表 8 - 1 外部中断向量表

位置	优先级	优先级类型	名称	说明	地址
1	8	可设置	PVD	连接到 EXTI 线的 PVD 中断	0x00000044
2	9	可设置	TAMP_STAMP	连接到 EXTI 线的入侵和时间戳中断	0x00000048
3	10	可设置	RTC_WKUP	连接到 EXTI 线的 RTC 唤醒中断	0x0000004C
6	13	可设置	EXTI0	EXTI 线 0 中断	0x00000058
7	14	可设置	EXTI1	EXTI 线 1 中断	0x0000005C
8	15	可设置	EXTI2	EXTI 线 2 中断	0x00000060
9	16	可设置	EXTI3	EXTI 线 3 中断	0x00000064
10	17	可设置	EXTI4	EXTI 线 4 中断	0x00000068
23	30	可设置	EXTI9_5	EXTI 线 9～5 中断	0x0000009C
40	47	可设置	EXTI15_10	EXTI 线 15～10 中断	0x000000E0
41	48	可设置	RTC_Alarm	连接到 EXTI 线的 RTC 闹钟（A 和 B）中断	0x000000E4
42	49	可设置	OTG_FS WKUP	连接到 EXTI 线的 USB OTG FS 唤醒中断	0x000001A0
62	69	可设置	ETH_WKUP	连接到 EXTI 线的以太网唤醒中断	0x00000138

其中，EXTI 线 9～5 共用一个向量位置，这几个在 EXTI 线上产生的中断请求共用一个中断通道；EXTI 线 15～10 共用一个向量位置，这几个在 EXTI 线上产生的中断请求共用一个中断通道。

EXTI 的结构图如图 8 - 1 所示。

EXTI 有两种功能，产生中断请求和触发事件。

1. 中断请求

请求信号通过图中的①②③④⑤的路径向 NVIC 产生中断请求。

图 8 - 1 中，①是 EXTI 线. ②是边沿检测电路，可以通过上升沿触发选择寄存器（EXTI_RTSR）和下降沿触发选择寄存器（EXTI_FTSR）选择输入信号检测的方式——上升沿触发、下降沿触发和上升沿下降沿都能触发（双沿触发）。③是一个或门，它的输入是边沿检测电路输出和软件中断事件寄存器（EXTI_SWIER），也就是说外部信号或人为的软件设置都能产生一个有效的请求。④是一个与门，在此它的作用是一个控制开关，只有中断屏蔽寄存器（EXTI_IMR）相应位被置位，才能允许请求信号进入下一步。⑤在中断被允许的情况下，请求信号将挂起请求寄存器（EXTI_PR）相应位置位，表示有外部中断请求信号。之后，挂起请求寄存器相应位置位，在条件允许的情况下，将通知 NVIC 产生相应中断通道的激活标志。

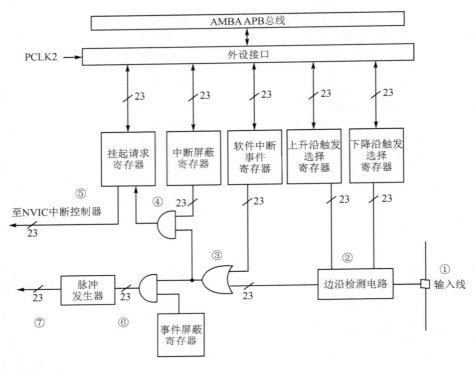

图 8-1 EXTI 的结构图

2. 触发事件

请求信号通过图中的①②③⑥⑦的路径产生触发事件。

图 8-1 中,⑥是一个与门,它是触发事件的控制开关,当事件屏蔽寄存器(EXTI_EMR)相应位被置位时,它将向脉冲发生器输出一个信号,使得脉冲发生器产生一个脉冲,触发某个事件。例如,可以将 EXTI 线 11 和 EXTI 线 15 分别作为 ADC 的注入通道和规则通道的启动触发信号。

8.2.2 GPIO 相关 EXTI 线

EXTI 线 0~15 的请求信号通过 GPIO 引脚输入到芯片内部。每一根 EXTI 线,由 Pxy(x 是 GPIO 端口号,y 是引脚号)作为输入引脚,引脚的选择由 SYSCFG_EXTICR1~SYSCFG_EXTICR4 来控制,EXTI 线 0~15 结构图如图 8-2 所示。

例如,EXTI 线 0 的输入引脚由 Px0 的一组引脚通过多路开关选择,可以是 PA0~PI0 的 9 个引脚中的任何一个。引脚的选择由 SYSCFG_EXTICR1 的 EXTI0 [3:0] 控制。

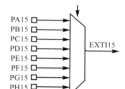

SYSCFG_EXTICR1寄存器中的EXTI0[3:0]位   SYSCFG_EXTICR1寄存器中的EXTI1[3:0]位   SYSCFG_EXTICR4寄存器中的EXTI15[3:0]位

图 8-2   EXTI 线 0~15 结构图

8.3　内部中断

8.3.1　定时器中断

在单片机中,定时器中断是一种常用的中断类型,用于实现周期性的任务或事件。定时器中断可以按照设定的时间间隔或定时器溢出事件触发,进而产生中断并执行相应的中断服务程序。常用的定时器包括 TIM1、TIM2、TIM3 等,每个定时器都有自己的时钟源、计数器和中断控制寄存器等。在使用定时器中断前,需要配置定时器的相关寄存器,包括时钟源、计数器分频系数、计数器自动重装值等。在定时器中断服务程序中,通常需要完成以下操作:

(1) 清除定时器中断标志位:在进入中断服务程序前,定时器中断标志位已经被置位,需要在中断服务程序中清除此标志位,否则定时器将一直触发中断。

(2) 执行相应的任务:根据需要,执行相应的任务或事件,例如更新 LED 状态、发送数据等。重新设置定时器计数值:如果需要周期性地执行相应的任务,需要重新设置定时器计数值和自动重装载值,使得定时器在下一个时间间隔内再次触发中断。

定时器中断可以实现周期性任务和精确计时功能。在嵌入式系统中,通常需要执行一些周期性任务,例如 LED 闪烁、按键扫描、温度采集等,这些任务可以通过定时器中断实现。定时器中断还可以用于实现精确计时,例如脉冲计数、频率测量等。通过使用定时器中断,可以避免在主循环中频繁检查定时器计数器是否达到设定值,从而降低 CPU 负载,提高系统效率。此外,定时器中断还可以在定时器比较匹配或捕获事件发生时触发,实现更加精确的定时功能。在实际应用中,可以根据需要选择不同的定时器和定时器中断触发方式。例如,如果需要实现 LED 闪烁功能,可以选择一个基本定时器,以计数器溢出中断方式触发中断,周期为 LED 闪烁的周期;如果需要实现 PWM 输出功能,可以选择一个高级定时器,以定时器比较匹配中断方式触发中断,周期为 PWM 波形的周期。

8.3.2 看门狗

STM32F407/GD32F407 配备两个看门狗单元模块,分别是独立看门狗和窗口看门狗。独立看门狗相对主系统来说是完全独立的,使用 LSI 时钟驱动。窗口看门狗作为主系统的一部分,其时钟源自 APB1 总线。这两个看门狗可以各自独立工作,也可以同时工作。

此外,在一些传统控制器平台上,当看门狗启动之后,便再难以对微控制器进行调试。因为当 CPU 被调试器暂停之后,由于看门狗得不到及时的刷新,就会引起溢出事件,产生复位信号,也就破坏了调试系统的正常运行。

1. 独立看门狗

STM32F407/GD32F407 的独立看门狗由内部专门的 32 kHz 低速时钟(LSI)驱动,即使主时钟发生故障,它也仍然有效。这里需要注意独立看门狗的时钟是一个内部 RC 时钟,所以并不是准确的 32 kHz,而是在 15~47 kHz 之间的一个可变化的时钟,只是我们在估算的时候,以 32 kHz 的频率来计算,看门狗对时间的要求不是很精确,所以,时钟有些偏差,都是可以接受的。

使用看门狗时,有几个寄存器是十分重要的。首先是关键字寄存器 IWDG_KR,该寄存器如图 8-3 所示。

31	30	29	28	27	26	25	24	23	22	21	20	19	18	17	16	15	14	13	12	11	10	9	8	7	6	5	4	3	2	1	0
Reserved																KEY[15:0]															
																w	w	w	w	w	w	w	w	w	w	w	w	w	w	w	w

图 8-3 关键字寄存器

图 8-3 中,位 31:16 保留,必须保持复位值。位 15:0 KEY[15:0]表示键值,只写位,读为 0000h。

在关键字寄存器(IWDG_KR)中写入 0xCCCC,开始启用独立看门狗;此时计数器开始从其复位值 0xFFF 递减计数。当计数器计数到末尾 0x000 时,会产生一个复位信号(IWDG_RESET)。

无论何时,只要关键字寄存器 IWDG_KR 中被写入 0xAAAA,IWDG_RLR 中的值就会被重新加载到计数器中从而避免产生看门狗复位 。IWDG_PR 和 IWDG_RLR 寄存器具有写保护功能。要修改这两个寄存器的值,必须先向 IWDG_KR 寄存器中写入 0x5555。将其他值写入这个寄存器将会打乱操作顺序,寄存器将重新被保护。重装载操作(即写入 0xAAAA)也会启动写保护功能。

接下来,我们介绍预分频寄存器(IWDG_PR),该寄存器用来设置看门狗时钟的分频系数,最低为 4,最高位 256,该寄存器是一个 32 位的寄存器,但是我们只用了最低 3 位,其他都是保留位。预分频寄存器如图 8-4 所示。

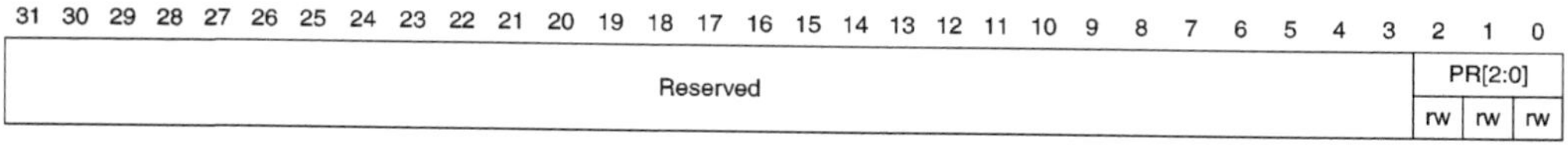

31 30 29 28 27 26 25 24 23 22 21 20 19 18 17 16 15 14 13 12 11 10 9 8 7 6 5 4 3 2 1 0

（表格：Reserved 占据高位，PR[2:0] 占据低 3 位，rw rw rw）

图 8-4 预分频寄存器

图 8-4 中,位 31:3 保留,必须保持复位值。位 2:0 PR[2:0]:预分频器。通过软件设置这些位来选择计数器时钟的预分频因子,如表 8-2 所列。若要更改预分频器的分频系数,IWDG_SR 的 PVU 位必须为 0。（读取该寄存器会返回 VDD 电压域的预分频器值。如果正在对该寄存器执行写操作,则读取的值可能不是最新的/有效的。因此,只有在 IWDG_SR 寄存器中的 PVU 位为 0 时,从寄存器读取的值才有效。）

表 8-2 预分频器的分频系数表

值	分频系数	值	分频系数
000	4 分频	100	64 分频
001	8 分频	101	128 分频
010	16 分频	110	256 分频
011	32 分频	111	256 分频

在介绍完 IWDG_PR 之后,我们介绍一下重装载寄存器 IWDG_RLR。该寄存器用来保存重装载到计数器中的值。该寄存器也是一个 32 位寄存器,但是只有低 12 位是有效的,该寄存器如图 8-5 所示。

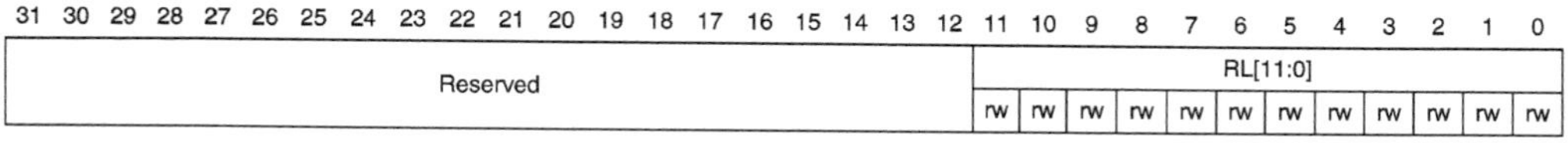

31 30 29 28 27 26 25 24 23 22 21 20 19 18 17 16 15 14 13 12 11 10 9 8 7 6 5 4 3 2 1 0

（表格：Reserved 占据高位，RL[11:0] 占据低 12 位，rw rw rw rw rw rw rw rw rw rw rw rw）

图 8-5 重装载寄存器

图 8-5 中,位 31:12 保留,必须保持复位值。位 11:0 RL[11:0]:看门狗计数器重载值。这个值由软件设置,每次对 IWDR_KR 寄存器写入值 AAAAh 时,这个值就会重装载到看门狗计数器中。之后,看门狗计数器便从该装载的值开始递减计数。超时周期由该值和时钟预分频器共同决定。若要更改重载值,IWDG_SR 中的 RVU 位必须为 0。（读取该寄存器会返回 VDD 电压域的重载值。如果正在对该寄存器执行写操作,则读取的值可能不是最新的/有效的。因此,只有在 IWDG_SR 寄存器中的 RVU 位为 0 时,从寄存器读取的值才有效。）只要对以上 3 个寄存器进行相应的设置,我们就可以启动独立看门狗。

2. 窗口看门狗

窗口看门狗(WWDG)通常被用来监测由外部干扰或不可预见的逻辑条件造成

的应用程序背离正常的运行序列而产生的软件故障。除非递减计数器的值在 T6 位 (WWDG->CR 的第 6 位) 变成 0 前被刷新, 看门狗电路在达到预置的时间周期时, 会产生一个 MCU 复位。在递减计数器达到窗口配置寄存器 (WWDG->CFR) 数值之前, 如果 7 位的递减计数器数值 (在控制寄存器中) 被刷新, 那么也将产生一个 MCU 复位。这表明递减计数器需要在一个有限的时间窗口中被刷新。他们的关系可以用图 8-6 来说明。

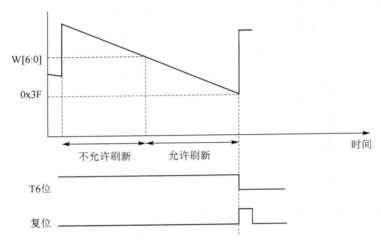

图 8-6　窗口看门狗工作示意图

窗口看门狗的超时公式如下:

$$T_{wwdg} = (4096 \times 2^{WDGTB} \times (T[5:0] + 1))/F_{pclk1}$$

其中:

T_{wwdg}: WWDG 超时时间 (单位为 ms);

F_{pclk1}: APB1 的时钟频率 (单位为 kHz);

WDGTB: WWDG 的预分频系数;

$T[5:0]$: 窗口看门狗的计数器低 6 位。

接下来, 我们介绍窗口看门狗的 3 个寄存器。首先介绍控制寄存器 (WWDG_CR), 该寄存器的如图 8-7 所示。

31	30	29	28	27	26	25	24	23	22	21	20	19	18	17	16
Reserved															

15	14	13	12	11	10	9	8	7	6	5	4	3	2	1	0
Reserved								WDGA	T[6:0]						
								rs	rw						

图 8-7　控制寄存器

可以看出,这里我们的 WWDG_CR 只有低 8 位有效,T[6:0]用来存储看门狗的计数器值,随时更新的,每个窗口看门狗计数周期($4096 \times 2^{\text{WDGTB}}$)减 1。当该计数器的值从 0X40 变为 0X3F 的时候,将产生看门狗复位。WDGA 位则是看门狗的激活位,该位由软件置 1,以启动看门狗,并且一定要注意的是该位一旦设置,就只能在硬件复位后才能清零了。

窗口看门狗的第二个寄存器是配置寄存器(WWDG_CFR),该寄存器如图 8 - 8 所示。

31	30	29	28	27	26	25	24	23	22	21	20	19	18	17	16
Reserved															

15	14	13	12	11	10	9	8	7	6	5	4	3	2	1	0
Reserved						EWI	WDGTB[1:0]		W[6:0]						
						rs	rw		rw						

图 8 - 8　配置寄存器

图 8 - 8 中,位 31:10 保留,必须保持复位值。位 9 EWI:提前唤醒中断置 1 后,只要计数器值达到 0x40 就会产生中断。此中断只有在复位后才由硬件清零。位 8:7 WDGTB[1:0]:定时器时基。位 6:0 W[6:0]:7 位窗口值。这些位包含用于与递减计数器进行比较的窗口值。

该位中的 EWI 是提前唤醒中断,也就是在快要产生复位的前一段时间(T[6:0]＝0X40)来提醒我们,需要进行喂狗了,否则将复位! 因此,我们一般用该位来设置中断,当窗口看门狗的计数器值减到 0X40 的时候,如果该位设置,并开启了中断,则会产生中断,我们可以在中断里面向 WWDG_CR 重新写入计数器的值,来达到喂狗的目的。注意这里在进入中断后,必须在不大于 1 个窗口看门狗计数周期的时间(在 PCLK1 频率为 42 MHz 且 WDGTB 为 0 的条件下,该时间为 97.52 μs)内重新写 WWDG_CR,否则,看门狗将产生复位!

最后我们要介绍的是状态寄存器(WWDG_SR),该寄存器用来记录当前是否有提前唤醒的标志。该寄存器仅有位 0 有效,其他都是保留位。当计数器值达到 40h 时,此位由硬件置 1。它必须通过软件写 0 来清除。对此位写 1 无效。即使中断未被使能,在计数器的值达到 0X40 的时候,此位也会被置 1。

8.3.3　异常和中断

异常和中断都是处理系统中突发事件的机制,请求处理器打断正常的程序执行流程,进入特定的处理或服务程序。

异常:意外操作引起,系统被动接受。与正在执行的指令有直接关系。

中断:向处理器主动申请。与正在执行的指令没有关系。然后会进入相应的中断异常模式执行相应的任务。

中断也是异常的一部分。系统异常如表 8 - 3 所列。

表 8 - 3　系统异常表

异常编号	异常类型	优先级	描述
1	复位	-3(最高)	复位
2	NMI	-2	不可屏蔽中断(外部 NMI 输入)
3	硬件错误	-1	所有的错误都可能会引发,前提是相应的错误处理未使能
4	MemManage 错误	可编程	存储器管理错误,存储器管理单元(MPU)冲突或访问非法位置
5	总线错误	可编程	总线错误。当高级高性能总线(AHB)接口收到从总线的错误响应时响应时产生(若未取指也被称作预取终止,数据访问则为数据终止)
6	使用错误	可编程	程序错误或试图访问协处理器导致的错误(Cortex-M3 和 Cortex-M4 处理器不支持协处理器)
7-10	保留	NA	NA
11	SVC	可编程	请求管理调用。一般用于 OS 环境且应用任务访问系统服务
12	调试监控	可编程	调试监控。在使用基于软件的调试方案时,断点和监视点灯调试事件的异常
13	保留	NA	NA
14	PendSV	可编程	可挂起的服务调用。OS 一般用该异常进行上下文切换
15	SYSTICK	可编程	系统节拍定时器。当其在处理器中存在时,由定时器外设产生可用于 OS 或简单的定时器外设
16	外部中断#0	可编程	可由片上外设或外设中断源产生
17	外部中断#1	可编程	可由片上外设或外设中断源产生
…	…		
255	外部中断#239	可编程	可由片上外设或外设中断源产生

8.4　嵌套中断向量控制器(NVIC)

Cortex-M 架构为用户提供了一项功能,可以根据他们的使用和需要对中断进行优先级排序。前 16 个异常不能设置优先级,因为它们是系统异常,系统不会让用户更改其中断的优先级。此外,这些中断只能在特权模式下访问。但是,用户中断(16～255)可由用户编程。这些中断,无论是软件还是硬件,都可以由用户确定优先级,NVIC 在处理它们之前解码中断优先级。该工具允许 Cortex-M 用户配置基于 Cortex-M 架构的微控制器,以用于各种应用。

NVIC 的作用是管理所有低优先级和高优先级中断,即使低优先级中断发生得更早,高优先级中断总是在低优先级中断之前执行。简而言之,NVIC 的作用就是对每个中断的优先级进行解码,并根据其中断号和优先级进行处理。

内嵌向量中断控制器(Nested Vectored Interrupt Controller,NVIC)和 Cortex-M4 内核紧密相连,能够支持嵌套和向量中断、自动保存和恢复处理器状态、动态改变优先级、简化和确定中断时间。Cortex-M4 内核支持 256 个中断,其中包含 16 个内核中断(异常)和 240 个核外中断,并且具有 256 级可编程的中断优先级,240 个核外中断由 Cortex-M4 内核的 NVIC 管理。芯片实际的设计没有用到这么多的中断,具体的数值由芯片生产商根据片上外设的数量和应用要求决定。Cortex-M4 内核具有强大的异常响应系统,把能够打断当前代码执行流程的事件分为异常和中断,并把它们用一个异常/中断向量表管理起来,编号为 0~15 的事件称为异常,编号为 16 以上的事件则称为核外中断。

中断向量表放在存储单元地址的最低部位 0000H 到 003FFH,占有 1 KB 的存储空间。中断向量表分成 256 组(类型码),每组由 2 个字(即 4 B)组成一个双字长的指针。每个双字指针指示一种中断类型,最多能识别 256 种不同类型的中断。

8.4.1 NVIC 的中断类型及中断管理方法

STM32/GD32 系列芯片对 Cortex-M4 内核的 NVIC 的使用进行了一些小的改动,减少了用于设置优先级的位数(Cortex-M4 内核使用 8 位来定义中断优先级)。只用了 4 位来表示中断的优先级。其异常优先级如表 8-4 所列。

表 8-4 STM32F407/GD32F407 微控制器异常优先级

优先级	优先级类型	名称	说明	地址
—	—	—	保留	0x00000000
−3	固定	Reset	复位	0x00000004
−2	固定	NMI	不可屏蔽中断。RCC 时钟安全系统,(CSS)连接到 NMI 向量	0x00000008
−1	固定	HardFault	所有类型的错误	0x0000000C
0	可编程	MemManage	存储器管理	0x00000010
1	可编程	BusFault	预取指失败,存储器访问失败	0x00000014
2	可编程	UsageFault	未定义的指令或非法状态	0x00000018
—	—	—	保留(4 个位置)	0x0000001C~0x0000002B
3	可编程	SVCall	通过 SWI 指令调用的系统服务	0x0000002C
4	可编程	Debug Monitor	调试监控器	0x00000030

优先级	优先级类型	名称	说明	地址
—	—	—	保留（1 个位置）	0x00000034
5	可编程	PendSV	可挂起的系统服务	0x00000038
6	可编程	SysTick	系统嘀嗒定时器	0x0000003C

在异常中，除 Reset、NMI 和 HardFault 异常的优先级固定不变外，其他异常的优先级都能更改，这可以通过 3 个系统处理器优先级寄存器（寄存器地址分别是0xE000ED18、0xE000ED1C、0xE000ED20）实现。

Cortex-M4 内核为每一个核外中断（240 个）分配了一个 8 位的中断优先级寄存器，但是意法半导体公司只是用了中断优先级寄存器的高 4 位，中断优先级寄存器的低 4 位保留，如表 8－5 所列。因此，STM32F4/GD32F4 系列微控制器只能定义 16个中断优先级。

表 8－5　STM32F407/GD32F407 微控制器中断优先级寄存器定义

位数	7	6	5	4	3	2	1	0
功能	定义优先级				保留			

表 8－6 中的优先级是在默认情况下定义的，编号越小，优先级越高。

表 8－6　STM32F407/GD32F407 微控制器中断优先级

位置	优先级	优先级类型	名称	说明	地址
0	7	可设置	WWDG	窗口看门狗中断	0x00000040
1	8	可设置	PVD	连接到 EXTI 线的可编程电压检测（PVD）中断	0x00000044
2	9	可设置	TAMP_STAMP	连接到 EXTI 线的入侵和时间戳中断	0x00000048
......					
79	85	可设置	CRVP	CRVP 加密全局中断	0x0000017C
80	86	可设置	HASH_RNG	哈希和随机数发生器全局中断	0x00000180
81	87	可设置	FPU	FPU 全局中断	0x00000184

8.4.2　中断优先级分组

1. 中断优先级分组

Cortex-M4 内核中定义了两个优先级的概念：抢占优先级和响应优先级，每个中断源都需要被指定这两种优先级,由两者的组合得到中断的优先级。为了能够定义每个中断的抢占优先级和响应优先级,Cortex-M4 内核使用了分组的概念。中断和复位控制寄存器(Application Interrupt and Reset Control Register,SCB_AIRCR)中的位段[10:8]用于定义中断优先级分组。SCB_AIRCR[10:8]3 个位定义了中断优先级寄存器 0~7 截断位置。例如,当 SCB_AIRCR[10:8]=0b010 时,系统会从中断优先级寄存器位 2 处进行截断,位 0~2 用于定义响应优先级,位 3~7 用于定义抢占优先级。这时,可以使用 3 位定义 0~7 级的响应优先级(8 级),使用 5 位定义 0~31级的抢占优先级(32 级),组合在一起共 256 级优先级。

由于 STM32F4/GD32F4 系列微控制器只使用了中断优先级寄存器的高 4 位,因此分组截断只能从中断优先级寄存器的位 3 处开始截断。这样一来,SCB_AIRCR[10:8]就只能取 0b011~0b111 这种分组,相应的分组情况如表 8 - 7 所列。

表 8 - 7　STM32F4/GD32F4 系列微控制器中断优先级分组

组	SCB_AIRCR	IPbit[7:4]分配情况	分配结果	优先级
0	0b111	0:4	0 位抢占优先级,4 位响应优先级	0 个位抢占优先级和 16 个响应优先级
1	0b110	1:3	1 位抢占优先级,3 位响应优先级	2 个位抢占优先级和 8 个响应优先级
2	0b101	2:2	2 位抢占优先级,2 位响应优先级	4 个位抢占优先级和 4 个响应优先级
3	0b100	3:1	3 位抢占优先级,1 位响应优先级	8 个位抢占优先级和 2 个响应优先级
4	0b011	4:0	4 位抢占优先级,0 位响应优先级	16 个位抢占优先级和 0 个响应优先级

例如,当 SCB_AIRCR[10:8]=0b100 时,可以定义 8 个抢占优先级(3 位)和2 个响应优先级(1 位),如表 8 - 8 所列。这时,在定义中断优先级时,抢占优先级从 0~7中选取,响应优先级从 0~1 中选取。

表 8 - 8　SCB_AIRCR[10:8]=0b100 时中断优先级寄存器示意

位数	7	6	5	4	3	2	1	0
功能	抢占优先级定义位			响应优先级定义位	保留			

需要注意的是,在应用程序中,如没有特殊的要求,中断优先级分组只需要设置1 次。

2. 中断优先级管理方法

每个中断的优先级由抢占优先级和响应优先级组成。NVIC 对中断优先级的管理方法如下。

（1）抢占优先级较高的中断可以打断正在进行的抢占优先级较低的中断，不同抢占优先级的中断可以实现中断的嵌套。

（2）抢占优先级相同的中断，响应优先级高的不可以打断响应优先级低的中断。

（3）在两个抢占优先级相同的中断同时发生的情况下，哪个中断响应优先级高，哪个中断就先执行。

（4）若两个中断的抢占优先级和响应优先级都一样，则哪个中断先发生，哪个中断就先执行。

（5）若两个中断的抢占优先级和响应优先级都一样，且同时请求，则根据异常/中断向量表中的排位顺序决定哪个中断先执行。

例如，假定设置中断优先级组为 2，然后设置：①中断 3（RTC 中断）的抢占优先级为 2，响应优先级为 1；②中断 6（外部中断 0）的抢占优先级为 3，响应优先级为 0；③中断 7（外部中断 1）的抢占优先级为 2，响应优先级为 0。

中断 3 和中断 7 的抢占优先级都为 2，中断 6 的抢占优先级为 3，因此中断 3 和中断 7 的优先级都高于中断 6。

中断 3 的响应优先级为 1，中断 7 的响应优先级为 0，因此中断 7 的优先级高于中断 3 的优先级。综上所述，这 3 个中断的优先级顺序由高到低依次为中断 7、中断 3、中断 6。

8.5 中断实验

8.5.1 相关库函数介绍

与 EXTI 相关的函数和宏都被定义在以下两个文件中。

头文件：stm32f4xx_exti. h/gd32f4xx_exti. h。

源文件：stm32f4xx_exti. c/gd32f4xx_exti. c。

1. 设置 GPIO 引脚与 EXTI 线的映射函数

```
void SYSCFG_EXTILineConfig(uint8_t EXTI_PortSourceGPIOx, uint8_t EXTI_PinSourcex);
```

参数 1：uint8_t EXTI_PortSourceGPIOx，选择的 GPIO 端口，以宏定义形式定义在头文件中。例如：

```
1.  # define EXTI_PortSourceGPIOA          ((uint8_t)0x00)
2.  # define EXTI_PortSourceGPIOB          ((uint8_t)0x01)
3.  # define EXTI_PortSourceGPIOC          ((uint8_t)0x02)
4.  # define EXTI_PortSourceGPIOD          ((uint8_t)0x03)
5.  # define EXTI_PortSourceGPIOE          ((uint8_t)0x04)
6.  # define EXTI_PortSourceGPIOF          ((uint8_t)0x05)
7.  # define EXTI_PortSourceGPIOG          ((uint8_t)0x06)
8.  # define EXTI_PortSourceGPIOH          ((uint8_t)0x07)
9.  # define EXTI_PortSourceGPIOI          ((uint8_t)0x08)
```

参数 2：uint8_t EXTI_PinSourcex，选择的引脚号，以宏定义形式定义在头文件中。例如：

```
1.  # define EXTI_PinSource0        ((uint8_t)0x00)
2.  # define EXTI_PinSource1        ((uint8_t)0x01)
3.  ……
4.  # define EXTI_PinSource14       ((uint8_t)0x0E)
5.  # define EXTI_PinSource15       ((uint8_t)0x0F)
```

例如，将 GPIOE 的 2 号引脚作为 EXTI 线 2 的信号输入引脚。

```
SYSCFG_EXTILineConfig(EXTI_PortSourceGPIOE, EXTI_PinSource2);
```

2. 初始化 EXTI 线（选择中断源、中断方式、触发方式、使能）函数

```
void EXTI_Init(EXTI_InitTypeDef * EXTI_InitStruct);
```

参数：EXTI_InitTypeDef * EXTI_InitStruct，EXTI 初始化结构体指针定义在头文件中。例如：

```
1.  typedef struct
2.  {
3.      uint32_t   EXTI_Line;                    //指定要配置的 EXTI 线
4.      EXTIMode_TypeDef EXTI_Mode;              //中断模式:事件或中断
5.      EXTITrigger_TypeDef EXTI_Trigger;        //触发方式:上升沿/下降沿/双边沿触发
6.      FunctionalState EXTI_LineCmd;            //使能或禁止
7.  }EXTI_InitTypeDef;
```

成员 1：uint32_t EXTI_Line 指定要配置的 EXTI 线，以宏定义形式定义在头文件中。例如：

```
1.  # define EXTI_Line0        ((uint32_t)0x00001)
2.  # define EXTI_Line22       ((uint32_t)0x00400000)
```

成员 2：EXTIMode_TypeDef　EXTI_Mode，模式（事件或中断）选择，以枚举形

式头文件中。例如：

```
1.  typedef enum
2.  {
3.    EXTI_Mode_Interrupt = 0x00;
4.    EXTI_Mode_Event = 0x04;
5.  }EXTIMode_TypeDef;
```

成员 3：EXTITrigger_TypeDef　EXTI_Trigger，选择触发方式，有三种方式：上升沿、下降沿和双边沿触发，以枚举形式定义在头文件中。例如：

```
1.  typedef enum
2.  {
3.    EXTI_Trigger_Rising = 0x08;
4.    EXTI_Trigger_Falling = 0x0C;
5.    EXTI_Trigger_Rising_Falling = 0x10;
6.  }EXTITrigger_TypeDef;
```

成员 4：FunctionalState　EXTI_LineCmd，使能（ENABLE）或禁止（DISABLE）选择的 EXTI 线。

例如，将 EXTI 线 8 设置为中断模式、下降沿触发、使能，程序代码如下：

```
1.  EXTI_InitStructure.EXTI_Line = EXTI_Line8;              //配置中断线为中断线 8
2.  EXTI_InitStructure.EXTI_Mode = EXTI_Mode_Interrupt;     //配置中断模式
3.  EXTI_InitStructure.EXTI_Trigger = EXTI_Trigger_Falling; //配置为下降沿触发
4.  EXTI_InitStructure.EXTI_LineCmd = ENABLE;               //配置中断线使能
5.  EXTI_Init(&EXTI_InitStructure);                         //配置
```

EXTI_Init()函数设置的是寄存器，有中断屏蔽寄存器、事件屏蔽寄存器、上升沿触发选择寄存器、下降沿触发选择寄存器。

3. 判断 EXTI 线的中断状态函数

```
ITStatus  EXTI_GetITStatus(uint32_t EXTI_Line);
```

参数：uint32_tEXTI_Line，需要检测的 EXTI 线。同 EXTI_InitTypeDef 结构体成员 1。

操作的是挂起请求寄存器。

共用中断通道的 EXTI 线 5～9 和 EXTI 线 10～15 分别共用一个中断服务程序（EXTI9_5IRQHandler 和 EXTI15_10IRQHandler）。因此，在相应的中断服务程序中必须检测中断状态，以判断是哪一个 EXTI 线触发的中断。

4. 清除 EXTI 线上的中断标志位函数

```
void EXTI_ClearITPendingBit(uint32_t EXTI_Line);
```

参数：uint32_t EXTI_Line，需要清除挂起标志的 EXTI 线，同 EXTI_InitTypeDef 结构体成员 1。

该函数操作的是挂起请求寄存器。

与定时器中断相关的函数和宏都被定义在以下两个文件中。

头文件：stm32f4xx_tim.h/gd32f4xx_tim.h。

源文件：stm32f4xx_tim.c/gd32f4xx_tim.c。

5. 定时器中断事件使能函数

```
void TIM_ITConfig(TIM_TypeDef * TIMx,uint16_t TIMIT,FunctionalState NewState);
```

参数 1：TIM_TypeDef * TIMx，定时器对象。

参数 2：uint16_t TIM_IT，中断事件，宏定义形式如下：

```
1.  # define TIM_IT_Update      ((uint16_t)0x0001)      //更新事件
2.  # define TIM_IT_CC1         ((uint16_t)0x0002)      //比较输出通道 1 比较事件
3.  # define TIM_IT_CC2         ((uint16_t)0x0004)      //比较输出通道 2 比较事件
4.  # define TIM_IT_CC3         ((uint16_t)0x0008)      //比较输出通道 3 比较事件
5.  # define TIM_IT_CC4         ((uint16_t)0x0010)      //比较输出通道 4 比较事件
6.  # define TIM_IT_COM         ((uint16_t)0x0020)      //比较输出通知事件
7.  # define TIM_IT_Trigger     ((uint16_t)0x0040)      //触发事件
9.  # define TIMIT_Break        ((uint16_t)0x0080)      //刹车事件
```

例如，使能定时器 TIM4 计数更新中断事件。

```
1.  TIM_ITConfig(TIM4,TIMIT_Update,ENABLE);
```

该函数使能 TIM4 溢出中断。

参数 3：FunctionalState NewState，状态，使能或禁止。

6. 获取定时器中断事件函数

```
1.  ITStatus TIM_GetTStatus(TIM_TypeDef * TIMx,uint16_t TIM_IT);
```

该函数可获取需要的定时器状态标志位，一般用于判断对应事件中断标志位是否被置位。

参数 1：TIM_TypeDef * TIMx，定时器对象。

参数 2：uint16_t TIM_IT，中断事件。

返回：置位或复位，SET 和 RESET。

例如，获取定时器 TIM3 的更新事件标志位置位情况。

```
1.  TIM_GetITStatus(TIM3,TIM_IT_Update)
```

获取 TIM3 的更新事件标志位置位情况，一般用在中断服务程序中。由于大部分定时器中断事件共用一个中断通道,因此在中断服务程序中必须检测是哪——一个事件触发的中断服务。

7. 清除定时器中断事件函数

退出中断服务程序前,必须软件清除中断事件标志位,防止反复触发中断。

```
1. void TIM_ClearITPendingBit(TIM_TypeDer * TIMx,uint16_t TIM_IT);
```

参数 1:TIM_TypeDef * TIMx,定时器对象。
参数 2:uint_16_t TIM_IT,中断事件。
例:

```
1. if(TIM_GetITStatus(TIM3,TIM_IT_Update)!= RESET)
2. {
/* 清除 TIM3 更新中断标志 */
3. TIM_ClearITPendingBit(TIM3,TIM_IT_Update);
/* 一些应用代码 */
4. }
```

使用 TIM_GetITStatus 获取中断事件标志位,判断是否被置位。如果判断成功,则说明中断服务程序是这一事件触发的,然后清除 TIM3 的更新事件标志位,并执行一些必要的应用代码。

8. 编写中断服务函数

如果使能了中断,则需要编写中断服务程序,相应服务程序的函数名已经在启动文件中定义好。例如,TIM2 的中断服务程序:

```
1. void TIM2_IRQHandler(void);
```

在中断服务程序中,需要做以下几件事。
(1)需要检测触发中断的事件源是否是程序预定义好的事件,使用到以下函数:

```
1. ITStatus TIM_GetITStatus(TIM_TypeDef * TIMx,uint16_t TIM_IT);
```

(2)如果中断事件源检测条件成立,则需要程序清除对应事件的中断标志位,使用到以下函数:

```
1. void TIM_ClearITPendingBit(TIMTypeDef * TIMx,uint16_t TIM_IT);
```

(3)编写中断服务程序需要执行的功能。
与 NVIC 相关的函数和宏都被定义在以下两个文件中。
头文件:core_cm4. h、misc. h。
源文件:misc. c。

9. 中断优先级分组函数

中断优先级分组函数用于中断优先级分组,操作的是 SCB_AIRCR 的位段[10:8]。

void NVIC_PriorityGroupConfig(uint32_t NVIC_PriorityGroup);

参数:uint32_t NVIC_PriorityGroup,分组用的屏蔽字,在 misc. h 文件中定义如下:

```
1. #define  NVIC_PriorityGroup_0 ((uint32_)0x700)/* 0 位抢占优先级,4 位响应优先级 */
2. #define  NVIC_PriorityGroup_1((uint32_t)0x600)/* 1 位抢占优先级,3 位响应优先级 */
3. #define  NVIC_PriorityGroup_2((uint32__t)0x500)/* 2 位抢占优先级,2 位响应优先级 */
4. #define  NVIC_PriorityGroup_3((uint32_t)0x400)/* 3 位抢占优先级,1 位响应优先级 */
5. #define  NVIC_PriorityGroup_4((uint32_t)0x300)/* 4 位抢占优先级,0 位响应优先级 */
```

例如,中断优先级寄存器定义优先级的高 3 位,抢占优先级占 1 位,响应优先级占 3 位。

NVIC_PriorityGroupConfig(NVIC_PriorityGroup_1);

这时,中断抢占优先级可以是 0~1,中断响应优先级可以是 0~7。

10. 中断优先级设置和使能函数

void NVIC_Init(NVIC_InitTypeDef * NVIC_InitStruct);

中断优先级设置和使能函数用于配置异常/中断向量表中一个中断的抢占优先级和响应优先级,以及是否使能中断。

参数:NVIC_InitTypeDef * NVIC_InitStruct 是一个 NVIC 初始化结构体指针,NVIC_InitTypeDef 是个结构体类型,定义在 misc. h 文件中,定义如下:

```
1. typedef struct
2. {
3.    uint8_t NVIC_IRQChannel;                         /* 中断通道号 */
4.    uint8_t NVIC_IRQChannelPreemptionPriority;       /* 抢占优先级 */
5.    uint8_t NVIC_IRQChannelSubPriority;              /* 响应优先级 */
6.    FunctionalState NVIC_IRQChannelCmd;              /* 使能或禁止 */
7. }NVIC_InitTypeDef;
```

结构体成员 1:uint8_t NVIC_IRQChannel,表示中断通道号,以枚举类型定义在头文件中。例如,EXTI0_IRQn=6,6 就是 EXTI0 在异常/中断向量表中的位置。

结构体成员 2:uint8_t NVIC_IRQChannelPreemptionPriority,表示抢占优先级,可直接根据优先级分组和应用需求赋值。

结构体成员 3:uint8_t NVIC_IRQChannelSubPriority,表示响应优先级,可直接

根据优先级分组和应用需求赋值。

结构体成员 4：FunctionalState NVIC_IRQChannelCmd，表示使能或禁止，可以是 ENABLE 或 DISABLE，定义在头文件中，定义如下：

```
typedef enum{DISABLE = 0,ENABLE = ! DISABLE}FunctionalState;
```

NVIC_lnit 函数配置的寄存器包括中断优先级控制的寄存器组、中断使能寄存器组、中断失能寄存器组、中断挂起寄存器组、中断解挂寄存器组、中断激活标志位寄存器组、软件触发中断寄存器。它们以结构体类型定义在 core_cm4. h 文件中，定义如下：

```
1.   typedef struct
2.   {
3.       _IO  uint32_t ISER[8];              /* 中断使能寄存器组 */
4.       uint32_t RESERVED0[24];
5.       _IO  uint32_t ICER[8];              /* 中断失能寄存器组 */
6.       uint32_t RSERVED1[24];
7.       _IO  uint32_t ISPR[8];              /* 中断挂起寄存器 */
8.       uint32_t RESERVED2[24];
9.       _IO  uint32_t ICPR[8];              /* 中断解挂寄存器组 */
10.      uint32_t RESERVED3[24];
11.      _IO  uint32_t IABR[8];              /* 中断激活标志位寄存器组 */
12.      uint32_t RESERVED4[56];
13.      _IO  uint8_t IP[240];               /* 中断优先级控制的寄存器组 */
14.      uint32_t RESERVED5[644];
15.      _IO  uint32_t STIR;                 /* 软件触发寄存器组 */
16.   }NVIC_Type;
```

8.5.2 实验详解

为方便读者理解上述原理，下面将通过库函数对 EXTI 进行实验教学，涉及的实验分别是 GPIO 按键中断实验；定时器中断实验。使用到的实验设备主要包括：本书配套的开发板、PC 机、KeilMDK5.31 集成开发环境、J-Link 仿真器。

1. GPIO 按键中断实验

（1）硬件原理图

为使读者了解 STM32F407/GD32F407 的 GPIO 使用及其相关的 API 函数，本实验利用函数编程实现外部中断输入，控制 LED 的亮灭变化。输入按键原理图见图 4-16。

（2）实验流程

首先，将相关的 GPIO 设置成外部输入中断功能，然后通过对应的外部中断函数去控制 LED 亮灭，详细实验流程图如图 8-9 所示。

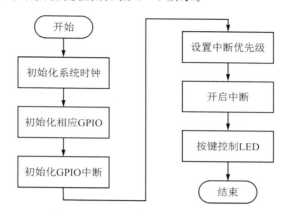

图 8-9 GPIO 按键中断实验流程图

（3）实验步骤及结果

详细步骤如下：

① 系统时钟及 GPIO 初始化

定义了一个外部中断配置的函数，用于配置中断所需的各种参数。首先使能 GPIOF、SYSCFG 时钟，然后定义了 3 个结构体 GPIO_InitStructure 、EXTI_InitStructure、NVIC_InitStructure，分别用于配置 GPIO、外部中断和中断向量表。

GPIO_InitStructure：配置 GPIO 模式为输入、上拉电阻，按键 S1 对应 GPIO 引脚为 Pin_8，完成配置后将该结构体传入库函数 GPIO_Init 完成引脚初始化。

以下为示例函数，演示如何配置外部中断所需的各种参数：

```
1.   void EXTI_Config(void)
2.   {
3.     EXTI_InitTypeDefEXTI_InitStructure;
4.     GPIO_InitTypeDefGPIO_InitStructure;
5.     NVIC_InitTypeDefNVIC_InitStructure;
6.
7.     RCC_AHB1PeriphClockCmd(RCC_AHB1Periph_GPIOF,ENABLE);      //使能 GPIOF 时钟
8.     RCC_APB2PeriphClockCmd(RCC_APB2Periph_SYSCFG,ENABLE);     //使能 SYSCFG 时钟
9.
10.    GPIO_InitStructure.GPIO_Mode = GPIO_Mode_IN;               //输入
11.    GPIO_InitStructure.GPIO_PuPd = GPIO_PuPd_UP;               //上拉
12.    GPIO_InitStructure.GPIO_Pin = GPIO_Pin_8;                  //S1 对应引脚
13.    GPIO_Init(GPIOF,&GPIO_InitStructure);                      //初始化 GPIO
14.
```

② GPIO 中断初始化

本段代码首先将 GPIOF 的 Pin_8 与外部中断线 8 关联,然后配置外部中断线为中断线 8,中断模式,触发方式为下降沿触发,使能外部中断线,完成配置后将该结构体传入库函数 EXTI _Init 完成引脚初始化。

```
15.    SYSCFG_EXTILineConfig(EXTI_PortSourceGPIOF,EXTI_PinSource8);//初始化中断线 8
16.
17.    EXTI_InitStructure.EXTI_Line = EXTI_Line8;              //配置中断线为中断线 8
18.    EXTI_InitStructure.EXTI_Mode = EXTI_Mode_Interrupt;     //配置中断模式
19.    EXTI_InitStructure.EXTI_Trigger = EXTI_Trigger_Falling; //配置为下降沿触发
20.    EXTI_InitStructure.EXTI_LineCmd = ENABLE;               //配置中断线使能
21.    EXTI_Init(&EXTI_InitStructure);                         //配置
```

③ 设置中断优先级

配置中断通道为外部中断线 9_5,配置抢占优先级、响应优先级,使能外部中断通道,完成配置后将该结构体传入库函数 NVIC _Init 完成初始化。

```
23.    NVIC_InitStructure.NVIC_IRQChannel = EXTI9_5_IRQn;      //外部中断 0
24.    NVIC_InitStructure.NVIC_IRQChannelPreemptionPriority = 0x0F;//抢占优先级
25.    NVIC_InitStructure.NVIC_IRQChannelSubPriority = 0x0F;   //响应优先级
26.    NVIC_InitStructure.NVIC_IRQChannelCmd = ENABLE;         //使能外部中断通道
27.    NVIC_Init(&NVIC_InitStructure);                         //配置 NVIC
28. }
```

④ 中断服务函数

在中断服务函数中,设置了一个标志位 Int_flag。如果有外部中断发生,即 S1 按下,那么 Int_flag=1,表示中断已经发生。用于在后续主程序中处理中断事件。

```
1. void EXTI9_5_IRQHandler(void)
2. {
3.    if(EXTI_GetITStatus(EXTI_Line8)!= RESET)//判断中断线中断状态是否发生
4.    {
5.      Int_flag = 1;
6.      EXTI_ClearITPendingBit(EXTI_Line8);//清除中断线上的中断标志位
7.    }
8. }
```

⑤ 按键控制 LED

首先定义了一个名为 Int_flag 的无符号字符变量,用于标志是否发生了外部中断。在主函数中,通过调用 SysTick_Init()、EXTI_Config()、LEDGpio_Init()来初始化系统滴答定时器、外部中断和 GPIO 引脚的初始化;在 while 无限循环中,如果 Int_flag 标志位被设置为了 1,表示发生外部中断,检查 GPIOF 引脚 8 的输出状态,如果为低电平(0),表示按钮按下,然后翻转 LED1~LED8 的状态;最后将标志位重置为 0,表示已经处理了中断。

```
1.   unsigned char Int_flag = 0;
2.   int main(void)
3.   {
4.     SysTick_Init();//系统滴答定时器初始化
5.     EXTI_Config();//配置外部中断 0
6.     LEDGpio_Init();//LED 灯 IO 口初始化
7.     while(1)
8.     {
9.       if(Int_flag == 1)
10.      {
11.        delay_ms(100);//延时消抖
12.        if(GPIO_ReadOutputDataBit(GPIOF,GPIO_Pin_8) == 0)
13.        {
14.          LED1_REVERSE;
15.          LED2_REVERSE;
16.          LED3_REVERSE;
17.          LED4_REVERSE;
18.          LED5_REVERSE;
19.          LED6_REVERSE;
20.          LED7_REVERSE;
21.          LED8_REVERSE;
22.        }
23.        Int_flag = 0;
24.      }
25.    }
26. }
```

⑥ 硬件连接及功能验证

(1)将开发板的电源线连接好,并用 J-Link 仿真器连接开发板和电脑;

(2)给开发板上电,烧录程序;进行测试。

程序烧录完成后,按下复位键 RESET。当按下板子上的按键 S1,每按一次,LED1~LED8 状态改变一次。

2. 定时器中断实验

(1)硬件原理图

编程实现 STM32F407/GD32F407xx 的定时器中断输入,控制 LED 的亮灭变化。输入按键原理图如图 4 - 16 所示,LED 端口号见表 6 - 2。

（2）实验流程

初始化通用定时器,编写相应的中断服务程序,进入定时中断改变 LED 状态,实现 LED 流水灯,本实验流程图如图 8 - 10 所示。

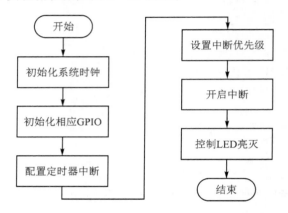

图 8 - 10　定时器中断实验流程图

（3）实验步骤及结果

① 系统时钟及 GPIO 初始化

该段代码在上述 GPIO 按键中断实验中已详细说明过,故此处不再重复赘述。

② 配置定时器中断和中断优先级

定义了 TIM2 定时器的初始化函数,使其每隔一定的时间产生一次更新事件。在函数中定义了两个结构体变量 TIM_TimeBaseStructure、NVIC_InitStructur,用于配置定时器的基本参数和中断向量表,具体实现如下:

首先设置中断优先级分组,这里设置为分组 1;在 NVIC_InitStructur 中,指定中断通道为 TIM2 的中断,抢占优先级为 0、响应优先级为 1,使能中断通道,完成配置后将该结构体传入库函数 NVIC_Init 完成初始化;在 TIM_TimeBaseStructure 中,配置计数器周期为 10 000,分频系数为 8 400,时钟分频系数为 1,计数器为向上计数模式,完成配置后将该结构体传入库函数 TIM_Init 完成初始化。然后使能预装载寄存器,预先清除 TIM2 的中断标志位,使能 TIM2 的溢出更新中断,使能 TIM2 开始计数。

以下是示例函数,演示如何配置定时器的基本参数:

```
1.    void TIM2_Configuration(void)
2.    {
3.        TIM_TimeBaseInitTypeDefTIM_TimeBaseStructure;
4.        NVIC_InitTypeDefNVIC_InitStructure;
5.        NVIC_PriorityGroupConfig(NVIC_PriorityGroup_1);
6.
7.        /* Timer2 中断 */
8.        NVIC_InitStructure.NVIC_IRQChannel = TIM2_IRQn;
```

```
9.      NVIC_InitStructure.NVIC_IRQChannelPreemptionPriority = 0;
10.     NVIC_InitStructure.NVIC_IRQChannelSubPriority = 1;
11.     NVIC_InitStructure.NVIC_IRQChannelCmd = ENABLE;
12.     NVIC_Init(&NVIC_InitStructure);
13.
14.     / * TIM2clockenable * /
15.     RCC_APB1PeriphClockCmd(RCC_APB1Periph_TIM2,ENABLE);
16.
17.     / * 基础设置 * /
18.     TIM_TimeBaseStructure.TIM_Period = 10000-1;              //计数值
19.     TIM_TimeBaseStructure.TIM_Prescaler = 8400-1;           //预分频
20.     TIM_TimeBaseStructure.TIM_ClockDivision = TIM_CKD_DIV1;
21.     TIM_TimeBaseStructure.TIM_CounterMode = TIM_CounterMode_Up;   //向上计数
22.     TIM_TimeBaseInit(TIM2,&TIM_TimeBaseStructure);
23.
24.     / * 使能预装载 * /
25.     TIM_ARRPreloadConfig(TIM2,ENABLE);
26.
27.     / * 预先清除所有中断位 * /
28.     TIM_ClearITPendingBit(TIM2,TIM_IT_Update);
29.
30.     / * 溢出配置中断 * /
31.     TIM_ITConfig(TIM2,TIM_IT_Update,ENABLE);
32.
33.     / * 允许 TIM2 开始计数 * /
34.     TIM_Cmd(TIM2,ENABLE);
35. }
```

③ 中断服务函数

如果有定时中断发生,LED1～LED8 状态翻转。

```
1.   void TIM2_IRQHandler(void)
2.   {
3.     if(TIM_GetITStatus(TIM2,TIM_IT_Update)!= RESET) //判断中断线中断状态是否发生
4.     {
5.       TIM_ClearITPendingBit(TIM2,TIM_IT_Update);//清除中断线上的中断标志位
6.       LED1_REVERSE;
7.       LED2_REVERSE;
8.       LED3_REVERSE;
9.       LED4_REVERSE;
10.      LED5_REVERSE;
11.      LED6_REVERSE;
12.      LED7_REVERSE;
```

```
13.        LED8_REVERSE;
14.    }
15. }
```

④ 定时控制 LED 亮灭

在主函数中,首先初始化 LED 灯的 GPIO 引脚,然后初始化 TIM 中断相关所有内容,最后在 while(1)的空循环中等待中断,当定时时间达到 1 s 触发溢出中断,LED1~LED8 状态改变一次。

```
1. int main(void)
2. {
3.    TIM2_Configuration();//TIM2 初始化
4.    LEDGpio_Init();//LED 灯 IO 口初始化
5.    while(1)
6.    {
7.        ;
8.    }
9. }
```

⑤ 硬件连接及功能验证

(a) 将开发板的电源线连接好,并用 J-Link 仿真器连接开发板和电脑;

(b) 给开发板上电,烧录程序;进行测试。

程序烧录完成后,按下复位键 RESET。当达到定时时间 1 s 后,触发中断,LED1~LED8 状态改变一次。

(这里的定时器定时时长 1 s 是这样计算出来的,定时器的时钟为 84 MHz,分频系数为 8 400,所以分频后的计数频率为 84 MHz/8 400＝10 kHz,,然后计数到 10 000,所以时长为 10 000/10 000＝1 s,也就是 1 000 ms。)

8.5.3 拓展训练

1. 多按键中断控制不同 LED 灯亮灭,设置中断优先级,验证中断冲突。

2. 通过按键中断,控制流水灯开关。

8.6 思考与练习

1. 什么是中断? 为什么要使用中断?

2. 中断分为哪两类? 有哪些特点?

3. 中断的处理过程是什么? 包含哪几个步骤?

4. EXIT 可以处理多少个外部中断/事件请求信号？

5. 看门狗有哪两种？分别有哪些特点？

6. 简述独立看门狗的作用。

7. 简述延时函数如何影响独立看门狗的喂狗。

8. 异常和中断有哪些区别？

9. 什么是中断优先级？什么是中断嵌套？

10. STM32F407/GD32F407 优先级分组方法中，什么是抢占优先级？什么是响应优先级？

11. 什么是中断向量表？它通常存放在存储器的哪个位置？

12. 中断 1 的抢占优先级为 1，响应优先级为 0；中断 2 的抢占优先级为 0，响应优先级为 1，两个中断同时发生时，哪个中断的优先级更高？

13. 中断服务函数和普通函数相比有何异同？

14. STM32F407 与 GD32F407 的中断控制器有何区别？

第 9 章　通用同步异步收发器(USART)

9.1　通信概述

9.1.1　并行通信和串行通信

数据传输可以通过两种方式进行:并行通信和串行通信。

1. 并行通信

在计算机和终端之间的数据传输通常是靠电缆或信道上的电流或电压变化实现的。如果一组数据的各数据位在多条线上同时被传输,这种传输方式称为并行通信,并行通信示意图如图 9-1 所示。

在并行通信中,数据的每个位都同时传输,以字或字节为单位进行并行处理。发送设备将数据位通过对应的数据线发送给接收设备,接收设备可以同时接收到这些数据,无须进行任何转换即可直接使用。并行通信的优点是传输速度快,处理简单。但其需要使用更多的通信线,使得成本较高。此外,在长距离传输过程中容易出现接收数据位不同步的问题,因此并行通信不适合进行长距离通信,主要应用于短距离通信。并行传输主要应用于微处理器内部的总线以及一些高速板级总线(如 PCI 总线)等高速通信领域。

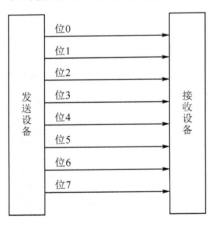

图 9-1　并行通信示意图

2. 串行通信

当串行数据传输时，数据是一位一位地在通信线上传输的，先将并行数据经并-串转换硬件转换成串行方式，再逐位经传输线到达接收设备，并在接收端将数据从串行方式重新转换成并行方式，以供接收方使用，串行通信示意图如图 9-2 所示。串行数据传输的速度要比并行传输慢，但由于使用硬件资源少，没有长距离传输数据位不同步问题，因此串行传输方式在嵌入式应用领域中使用得更加广泛，脱离电路板的长距离通信方式基本都是串行通信方式。例如，UART、USB、I^2C、SPI、CAN、以太网等都是采用串行通信方式。

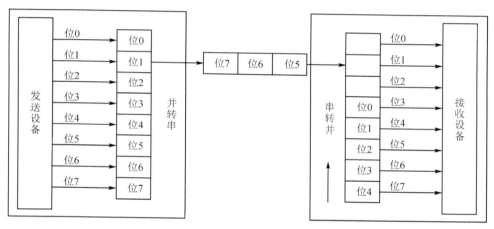

图 9-2　串行通信示意图

并行通信和串行通信之间的对比如表 9-1 所列。

表 9-1　并行通信和串行通信之间的对比

特性	串行	并行
通信距离	较长	较短
传输速率	慢	较快
成本	低	较高
抗干扰能力	较高	一般

9.1.2　单工通信、半双工通信、全双工通信

串行通信中，数据通常是在两个终端（如计算机和外设）之间进行传送，根据数据流的传输方向可分为 3 种基本传送方式：单工通信、半双工通信和全双工通信。3 种基本传送方式如图 9-3 所示。

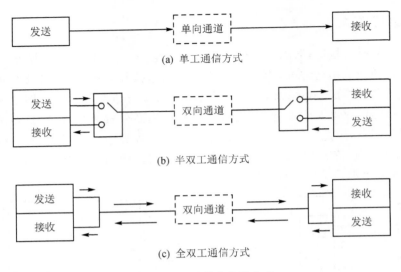

(a) 单工通信方式

(b) 半双工通信方式

(c) 全双工通信方式

图 9 - 3　3 种基本传送方式

1. 单工通信

单工通信只有一根数据线,通信只在一个方向上进行,通信是单向的。例如,电视、广播。

2. 半双工通信

半双工通信也只有一根数据线,与单工的区别是这根数据线既可作发送亦可作接收,虽然数据可在两个方向上传送,但通信双方不能同时收发数据。例如,对讲机、USB、I^2C。

3. 全双工通信

数据的发送和接收用两根不同的数据线,通信双方在同一时刻都能进行发送和接收,这一工作方式称为全双工通信。在这种方式下,通信双方都有发送器和接收器,发送和接收可同时进行,没有时间延迟。例如,UART、SPI、以太网。

9.1.3　同步通信和异步通信

串行通信还可以分为同步通信和异步通信两种方式。

1. 同步通信

同步通信要求接收端时钟频率和发送端时钟频率一致,发送端发送连续的数据流。在同步方式下,发送方除了发送数据,还要传输同步时钟信号,信息传输的双方用同一个时钟信号确定传输过程中每一位的位置。同步时钟信号一般由主设备提供。例如，SPI、I^2C。同步通信示意图如图 9 - 4 所示。

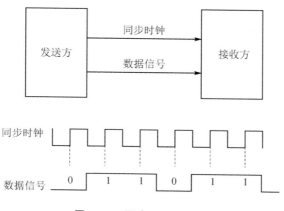

图 9 - 4　同步通信示意图

2. 异步通信

异步通信时不要求接收端时钟和发送端时钟同步，发送端发送完一个字节后，可经过任意长的时间间隔再发送下一个字节。

在异步通信中，发送方和接收方必须约定相同的帧格式，否则会造成传输错误。在异步通信方式中，发送方只发送数据帧，不传输时钟，发送方和接收方必须约定相同的传输率。当然双方实际工作速率不可能绝对相等，但是只要误差不超过一定的限度，就不会造成传输错误。

在异步通信中，两个数据字符之间的传输间隔是任意的，所以，每个数据字符的前后都要用一些数位来作为分隔位，组成一个完整数据帧。

异步通信的典型例子就是 UART。以标准的异步通信数据格式为例，一帧数据传输一开始，输出线由标识态变为"0"状态，从而作为起始位。起始位后面为 5～8 个有效数据位，有效数据位由低到高排列，即先传字符的低位，后传字符的高位。有效数据位后面可选校验位，校验位可以按奇校验设置，也可以按偶校验设置，或不设校验位。最后以逻辑的"1"作为停止位，停止位可为 1 位、1.5 位或者 2 位。如果传输完 1 个字符以后，立即传输下一个字符，那么后一个字符的起始位便紧挨着前一个字符的停止位，否则，输出线又会进入标识态。

异步通信示意图如图 9 - 5 所示。

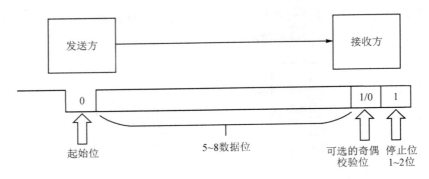

图 9 - 5　异步通信示意图

9.1.4　RS-232

在串行通信时,要求通信双方都采用一个标准接口,使不同的设备可以方便地连接起来进行通信。RS-232(又称 EIA RS232-C)是目前最常用的一种串行通信接口("RS232-C"中"-C"表示 RS232 的版本,所以与"RS232"简称是一样的)。RS-232是在 1970 年由美国电子工业协会(EIA)联合贝尔系统、调制解调器厂家及计算机终端生产厂家共同制定的用于串行通信的标准。RS-232 的全名是数据终端设备(DTE)和数据通信设备(DCE)之间串行二进制数据交换接口技术标准,该标准规定采用一个 25 个引脚的 DB-25 连接器,对连接器的每个引脚的内容加以规定,还对各种信号的电平加以规定。后来 IBM 的计算机将 RS-232 简化成了 DB-9 连接器,从而成为事实标准。而工业控制的 RS-232 接口一般只使用 RXD、TXD、GND 三条线。

一般的设备使用的都是 9 针的接口,分公口和母口。DB-9 接口引脚图如图 9 - 6所示。

DB-9 各个引脚的定义如表 9 - 2 所列。

表 9 - 2　DB-9 各个引脚的定义

引脚	简写	功能说明	引脚	简写	功能说明
1	CD	载波侦测	6	DSR	数据准备就绪
2	RXD	接收数据	7	RTS	请求发送
3	TXD	发送数据	8	CTS	清除发送
4	DTR	数据终端设备	9	RI	振铃指示
5	GND	地线			

RS-232 对电气特性、逻辑电平和各种信号线功能都做了规定。

在 TXD 和 RXD 上:

(1) 逻辑 1(MARK)=$-15 \sim -3$ V;

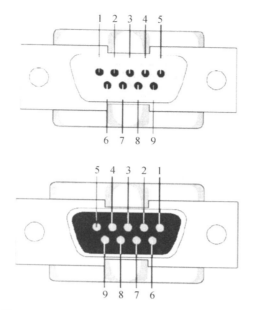

图 9 - 6　DB-9 接口引脚图(上为公口,下为母口)

(2) 逻辑 0(SPACE)=3~15 V;

在 RTS、CTS、DSR、DTR 和 DCD 等控制线上:

(1) 信号有效(接通,ON 状态,正电压)=3~15 V;

(2) 信号无效(断开,OFF 状态,负电压)=-15~-3 V。

-3~3 V 的电压处于模糊区电位,此部分电压将使得计算机无法正确判断输出信号的意义,可能得到 0,也可能得到 1,如此得到的结果是不可信的,在通信时的体现是会出现大量误码,造成通信失败。因此,实际工作时,应保证传输的电平在 3~15 V 或-15~-3 V。

RS-232 与 TTL 转换:RS-232 是用正负电压来表示逻辑状态,与 TTL 以高低电平表示逻辑状态的规定不同。因此,为了能够同计算机接口或终端的 TTL 器件连接,必须在 RS-232 与 TTL 电路之间进行电平和逻辑关系的变换。为了实现这种变换的方法可用分离原件,也可用集成电路芯片。目前使用集成电路转换器件,如 MAX232 芯片、SP232 芯片可完成 5V TTL←→RS-232 双向电平转换。由于 RS-232 电平容错范围比 TTL 电平的要大很多,因此,相对于 TTL 电平通信来讲,RS-232 电平通信的距离更远、可靠性更高,常用于早期的工业现场。RS-232 电平和 TTL 电平如图 9 - 7 所示。

RS-232 在实际的使用过程中的连接图如图 9 - 8 所示。

在实际使用中存在 2 种电气连接方式:TTL 电平直连和 RS-232 连接。TTL 电平直连和 RS-232 连接的示意图如图 9 - 9 所示。

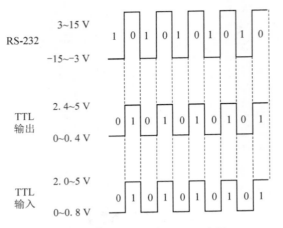

图 9 − 7 RS-232 电平和 TTL 电平

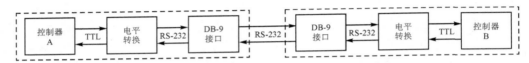

图 9 − 8 RS-232 在实际的使用过程中的连接图

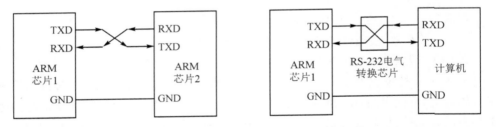

图 9 − 9 TTL 电平直连和 RS-232 连接示意图

TTL 和 RS-232 电气转换电路原理图如图 9 − 10 所示。

SP3232E 芯片有 2 个独立的转换通道,图中只使用到了 1 个通道,DB-9 接口使用的是母口。

RS-232 规定最大的负载电容为 2 500 pF,这个电容限制了通信距离和通信速率,由于 RS-232 的发送器和接收器之间具有公共信号地(GND),属于非平衡电压型传输电路,不使用差分信号传输,因此不具备抗共模干扰的能力,共模噪声会耦合到信号中,在不使用调制解调器(MODEM)时,RS-232 能够进行可靠数据传输的最大通信距离为 15 m。通信速率越大,有效通信距离越小。对于 RS-232 远程通信,必须通过调制解调器进行远程通信连接,或改为 RS-485 等差分传输方式。

RS-232 异步串口数据通信采用标准的数据帧格式,在通信双方约定相同的波特率、数据帧格式下,即可进行通信。一个异步串口数据帧由起始位、有效数据位、校

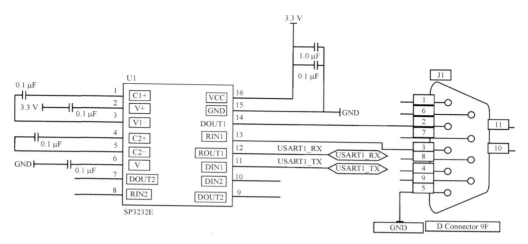

图 9－10　TTL 和 RS-232 电气转换电路原理图

验位（可选）及停止位组成，RS-232 数据帧格式如图 9－11 所示。

图 9－11　RS-232C 数据帧格式

（1）起始位：由 1 个逻辑 0 的数据位表示。

（2）停止位：由 0.5、1、1.5 或 2 个逻辑 1 的数据位表示。

（3）有效数据位：在起始位后紧接着的就是有效数据位，有效数据位的长度常被约定为 5 位、6 位、7 位或 8 位。

（4）校验位：可检验数据传输过程中是否出现错误，可选。

校验方法分为奇校验和偶校验。

奇校验：有效数据位和校验位中 1 的总数为奇数。

比如一个 8 位长的有效数据位为 01001100，此时总共有 3 个 1，为达到奇校验效果，校验位为 0，最后传输的数据将是 8 位的有效数据位加上 1 位的校验位总共 9 位。

在接收方检验接收到的 9 位数据中 1 的个数是否为奇数个，如果是的话，表示数据传输过程没有错误；反之，则表示数据传输过程出现了错误。

偶校验：有效数据位和校验位中 1 的总数为偶数。

例如，一个 8 位长的有效数据位为 01001100，此时总共有 3 个 1，为达到偶校验效果，校验位为 1，最后传输的数据将是 8 位的有效数据位加上 1 位的校验位总共 9 位。

在接收方检验接收到的 9 位数据中 1 的个数是否为偶数个，如果是的话，表示数据传输过程没有错误；反之，则表示数据传输过程出现了错误。

（5）波特率（bit/s）。波特率就是指每秒传输位数（包括起始位、停止位、有效数据位、校验位）。传输率也常叫作波特率。国际上规定了一个标准波特率系列，为300、600、1 200、2 400、4 800、9 600、19 200、38 400、115 200 等。大多数接口的波特率可以通过编程来指定。

9.2 USART 结构原理

9.2.1 USART 概述

通用同步异步收发器（USART）能够灵活地与外围设备进行全双工数据交换，满足外围设备对工业标准 NRZ 异步串行数据格式的要求。USART 通过小数波特率发生器提供了多种波特率。USART 支持同步单向通信和半双工单线通信；它还支持 LIN（局域互联网络）、智能卡协议与 IrDA（红外线数据协会）SIRENDEC 规范，以及调制解调器操作（CTS/TRS）。而且，USART 还支持多处理器通信。

USART 主要由引脚、数据通道、发送器、接收器等组成，USART 内部结构图如图 9-12 所示。

1. 引　脚

任何 USART 双向通信均需要至少两个引脚：接收数据输入引脚（RX 引脚）和发送数据输出引脚（TX 引脚）。

RX 引脚：就是串行数据输入引脚。使用过采样技术可区分有效输入数据和噪声，从而用于恢复数据。

TX 引脚：如果关闭发送器，该输出引脚模式由 GPIO 端口配置决定。如果使能了发送器但没有待发送的数据，则 TX 引脚处于高电平。在正常 USART 模式下，通过这些引脚以帧的形式发送和接收串行数据。

在同步模式下连接时需要以下引脚。

SCLK 引脚：发送器时钟输出引脚。该引脚用于输出发送器数据时钟，以便按照 SPI 主模式进行同步发送（起始位和停止位上无时钟脉冲，可通过软件向后一个数据位发送时钟脉冲）。RX 引脚可同步接收并行数据。这一点可用于控制带移位寄存器的外设（如 LCD 驱动器）。时钟相位和极性可通过软件编程。在智能卡模式下，SCLK 可向智能卡提供时钟。

在硬件流控制模式下需要以下引脚。

（1）nCTS 引脚：nCTS 表示清除已发送，nCTS 引脚用于在当前传输结束时阻止数据发送（高电平时）。

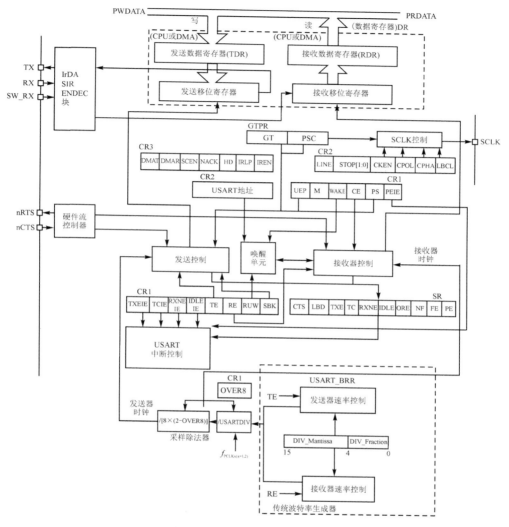

图 9-12　USART 内部结构图

如果使能 CTS 流控制（CTSE=1），则发送器会在发送下一帧前检查 nCTS 引脚。如果 nCTS 引脚有效（连接到低电平），则会发送下一个数据（假设数据已准备好发送，即 TXE=0）；否则不会进行发送。如果在发送过程中 nCTS 引脚变为无效，则在当前发送完成之后，发送器停止。

（2）nRTS 引脚：nRTS 表示请求已发送，nRTS 引脚用于指示 USART 已准备好接收数据（低电平时）。

如果使能 RTS 流控制（RTSE=1），只要 USART 接收器准备好接收新数据，nRTS 引脚就会变为有效（连接到低电平）。当接收寄存器已满时，nRTS 引脚会变为无效，表示发送过程会在当前帧结束后停止。

2. 数据通道

USART 有独立的发送和接收数据的通道。其中,发送通道主要由发送数据寄存器(TDR)和发送移位寄存器组成(并转串)。接收通道主要由接收数据寄存器(RDR)和接收移位寄存器组成(串转并)。

数据通道面向程序的是一个 USART 数据寄存器(USART_DR),其只有 9 位有效,可通过对 USART 控制寄存器 1(USART_CR1)中的 M 位进行编程来选择 8 位或 9 位的字长。

数据寄存器(DR)包含两个寄存器,一个用于发送(TDR),一个用于接收(RDR)。写 USART_DR,实际操作的是 TDR。读 USART_DR,实际操作的是 RDR。

当要发送数据时,写 USART_DR,即可启动一次发送。数据经发送移位寄存器将并行数据通过发送引脚(TXD 引脚)逐位发送出去;当确认接收到一个完整数据时,读 USART_DR,即可得到接收到的数据。

在使能校验位的情况下(USART_CR1 中的 PCE 位被置 1)进行发送时,由于 MSB 的写入值(位 7 或位 8,具体取决于数据长度)会被校验位取代,因此该值不起任何作用。在使能校验位的情况下进行接收时,从 MSB 位中读取的值为接收到的校验位。

3. 发送器

发送器控制 USART 的数据发送功能。发送数据由起始位、有效数据位、校验位和停止位组成。起始位一般为 1 位,有效数据位可以是 7 位或 8 位,校验位为 1 位,停止位可以是 0.5 位、1 位、1.5 位或 2 位。

1 位停止位:这是停止位数量的默认值。

2 位停止位:正常 USART 模式、单线模式和调制解调器模式支持该值。

0.5 位停止位:在智能卡模式下接收数据时使用。

1.5 位停止位:在智能卡模式下发送和接收数据时使用。

当 USART_CRI 发送使能位(TE)置 1 时,使能发送功能,写 USART_DR 启动一次发送,发送移位寄存器中的数据在 TX 引脚输出,首先发送 LSB。如果是同步模式的话,则相应的时钟脉冲在 SCLK 引脚输出。

当需要连续发送数据时,只有在当前发送数据完全结束后,才能进行一次新的数据。当 USART 状态寄存器(USART_SR)的 TC 位置 1 时,发送结束。可以通过软件检测或中断方式(需要将 USART_CR1 的 TCIE 位置 1)判断何时发送结束。

4. 接收器

接收器控制 USART 的数据接收过程。当 USART_CR1 的发送使能位(RE)置

1 时,使能接收功能。在 USART 接收期间,首先通过 RX 引脚移入数据的 LSB。当 USART_SR 的 RXNE 位置 1 时,移位寄存器的内容已传送到 RDR,数据接收结束。一般会将 USART_CR1 的 RXNEIE 位置 1,使能接收完成中断,在中断服务程序中通过读 USART_DR 获取接收到的数据。

接收器采用过采样技术(除了同步模式)来检测接收到的数据,这可以从噪声中提取有效数据。可通过编程 USARTCR1 中的 OVER8 位来选择采样方法,且采样时钟可以是波特率时钟的 16 倍或 8 倍。

8 倍过采样(OVER8=1):此时以 8 倍于波特率的采样频率对输入信号进行采样,每个采样数据位被采样 8 次。此时可以获得最高的波特率($f_{PCLK}/8$)。根据采样中间的 3 次采样(第 4、5、6 次)判断当前采样数据位的状态。8 倍过采样原理如图 9-13 所示。

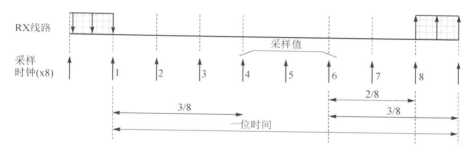

图 9-13　8 倍过采样原理

16 倍过采样(OVER8=0):此时以 16 倍于波特率的采样频率对输入信号进行采样,每个采样数据位被采样 16 次。此时可以获得最高的波特率($f_{PCLK}/16$)。根据采样中间的 3 次采样(第 8、9、10 次)判断当前采样数据位的状态。16 倍过采样原理如图 9-14 所示。

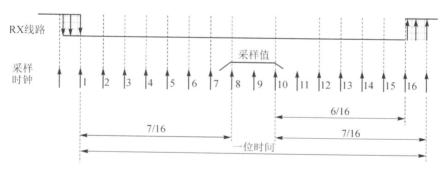

图 9-14　16 倍过采样原理

根据中间 3 位采样值判断当前采样数据位的状态,并设置 USART_SR 的 NE 位。USART 采样数据位状态如表 9-3 所列。

表 9-3 USART 采样数据位状态

采样值	NE 状态	接收的位值	采样值	NE 状态	接收的位值
000	0	0	100	1	0
001	1	0	101	1	1
010	1	0	110	1	1
011	1	1	111	0	1

9.2.2 波特率设置

波特率决定了 USART 数据通信的速率,通过设置波特率寄存器(USART_BRR)来配置波特率。

标准 USART 的波特率计算公式:

$$波特率 = \frac{f_{PCLK}}{8 \times (2\text{-OVER8}) \times USARTDIV}$$

式中,f_{PCLK} 是 USART 总线时钟;OVER8 是过采样设置;USARTDIV 是需要存储在 USART_BRR 中的数据。

USART_BRR 由以下两部分组成:USARTDIV 的整数部分:USART_BRR 的位 15:4,即 DIV_Mantissa[11:0];USARTDIV 的小数部分:USART_BRR 的位 3:0,即 DIV_Fraction[3:0]。一般根据需要的波特率计算 USARTDIV,然后换算成存储到 USART_BRR 的数据。

例:配置 USART1 的波特率为 115 200 bit/s,USART1 挂载在 APB2 上,系统时钟频率为 180 MHz,$f_{PCLK} = 90$ MHz,假设 OVER8=0(16 倍过采样),计算写入 USART_BRR 的数据。

$$USARTDIV = \frac{f_{PCLK}}{8 \times (2\text{-OVER8}) \times USARTDIV} = \frac{f_{PCLK}}{8 \times (2\text{-}0) \times 115200} = 48.828125$$

因此,DIV_Mantissa[11:0]=48=0x30,DIV_Fraction=$2^4 \times 0.828125 = 13.25 = 0x0D$(取整数部分 0),写入 USART_BRR 中的数据=0x30D。

9.2.3 USART 中断

USART 的所有中断事件被连接到相同的中断通道,可以触发 USART 的中断事件如下。发送期间:发送完成、清除已发送或发送数据寄存器为空。

接收期间:空闲线路检测、上溢错误、接收数据寄存器不为空、奇偶校验错误、LIN 断路检测、噪声标志(仅限多缓冲区通信)和帧错误(仅限多缓冲区通信)。

如果将相应的中断使能控制位置 1,则这些事件会生成中断,USART 的中断事件表如表 9 - 4 所列。

表 9 - 4　USART 的中断事件表

中断事件	事件标志	使能控制位
发送数据寄存器为空	TXE	TXEIE
CTS 标志	CTS	CTSIE
发送完成	TC	TCIE
准备好读取接收到的数据	RXNE	RXNEIE
检测到上溢错误	ORE	
检测到空闲线路	IDLE	IDLEIE
奇偶校验错误	PE	PEIE
断路标志	LBD	LBDIE
多缓冲区通信中的噪声标志、上溢错误和帧错误	NF 或 ORE 或 FE	EIE

9.2.4　DMA 控制

USART 能够使用 DMA 进行连续通信。接收缓冲区和发送缓冲区的 DMA 请求是独立的,它们分别对应于独立的 DMA 通道。

1. 使用 DMA 进行发送

将 USART 控制寄存器 3(USART_CR3)中的 DMAT 位置 1 可以使能 DMA 模式进行发送。一旦使能了 USART 的 DMA 功能,当 TXE 位置 1 时,控制器会将数据自动从 SRAM 区加载到 USART_DR,启动发送过程。所有数据的发送不需要通过程序干涉。

2. 使用 DMA 进行接收

将 USART_CR3 中的 DMAR 位置 1 可以使能 DMA 模式进行接收。一旦使能了 USART 的 DMA 功能,当接收数据时,将 RXNE 位置 1,控制器会将数据会从 USART_DR 自动加载到 SRAM 区域。整个数据的接收过程不需要程序的干涉。

9.3　USART 实验

9.3.1　相关库函数介绍

与 DMA 相关的函数和宏都被定义在以下两个文件中。

头文件:stm32f4xx_usart.h/gd32f4xx_usart.h。

源文件:stm32f4xx_usart.c/gd32f4xx_usart.c。

1. USART 初始化函数

初始化函数如下所示:

```
void USART_Init(USART_TypeDef * USARTx,USART_InitTypeDef * USART_InitStruct);
```

初始化函数有以下两个函数。

参数 1:USARTTypeDef * USARTx,USART 对象,是一个结构体指针,表示形式是 USART1、USART2、USART3、USART4、USART5、USART6 和 US-ART8,以宏定义形式定义在头文件中。例如:

```
#define USART1((USART_TypeDef * ) USART1_BASE)
```

USART_TypeDef 是自定义结构体类型,成员是 DMA 数据流的所有寄存器。

参数 2:USART_InitTypeDef * USART_InitStruct,USART 初始化结构体指针。USART_InitTypeDef 是自定义的结构体类型,定义在头文件中。

```
1.  typedef struct
2.  {
3.      uint32_t USART_BaudRate;                //波特率
4.      uint16_t USART_WordLength;              //有效数据位
5.      uint16_t USART_StopBits;                //停止位
6.      uint16_t USART_Parity;                  //校验方式
7.      uint16_t USART_Mode;                    //串口模式
8.      uint16_t USART_HardwareFlowControl;     //硬件流控
9.  }USART_InitTypeDef;
```

成员 1:uint32_t USART_BaudRate,波特率,用户自定义即可。

成员 2:uint16_t USART_WordLength,有效数据位,有 8 位和 9 位,定义如下:

```
1.  #define USART_WordLength_8b     ((uint16_)0x0000)      //8 位有效数据
2.  #define USART_WordLength_9b     ((uint16_)0x1000)      //9 位有效数据
```

常用 8 位有效数据位。

成员 3:uint16_t USART_StopBits 停止位,有 0.5 位、1 位、1.5 位和 2 位,定义如下:

```
1.  #define USART_StopBits_1     ((uint16_t)0x0000)   //1 位停止位
2.  #define USART_StopBits_0_5   ((uint16_t)0x1000)   //0.5 位停止位
3.  #define USART_StopBits_2     ((uint16_t)0x2000)   //2 位停止位
4.  #define USART_StopBits_1_5   ((uint16_t)0x3000)   //1.5 位停止位
```

常用 1 位停止位。

成员 4：uint16_t USART_Parity，校验方式，有奇校验、偶校验和不使用校验，定义如下：

```
1. #define USART_Parity_No      ((uint16_t)0x0000)   //不使用校验
2. #define USART_Parity_Even    ((uint16_t)0x0400)   //偶校验
3. #define USART_Parity_Odd     ((uint16_t)0x0600)   //奇校验一般不使用校验位
```

成员 5：uint16_t USART_Mode，串口模式，有发送模式、接收模式和收发模式，定义如下：

```
1. #define USART_Mode_Rx        ((uint16_t)0x0004)   //接收模式
2. #define USART_Mode_Tx        ((uint16_t)0x0008)   //发送模式
```

因为发送通道和接收通道是独立的，因此，可以同时使能。此时，只需要将接收模式定义和发送模式定义使用或操作符并在一起，即 USART_Mode_Rx | USART_Mode_Tx。

成员 6：uint16_t USART_HardwareFlowControl，硬件流控，有 4 种方式，定义如下：

```
1. #define USART_HardwareFlowControl_None   ((uint16_t)0x0000)   //不使用硬件流控
2. #define USART_HardwareFlowControl_RTS    ((uint16_t)0x0100)   //仅使用 RTS 流控
3. #define USART_HardwareFlowControl_CTS    ((uint16_t)0x0200)   //仅使用 CTS 流控
4. #define USART_HardwareFlowControl_RTS_CTS((uint16_t)0x0300)   //使用 RTS 和 CTS 流控
```

一般不使用硬件流控。

2. USART 使能函数

```
void USART_Cmd(USART_TypeDef * USARTx,FunctionalState NewState);
```

该函数用于使能或禁止串口功能。

参数 1：USART_TypeDef * USARTx，USART 对象，同 USART 初始化函数参数 1。

参数 2：FunctionalState NewState，使能或禁止，表示 ENABLE 或 DISABLE：

```
typedef enum{DISABLE = 0,ENABLE = ! DISABLE}FunctionalState;
```

3. USART 中断使能函数

```
void USART_ITConfig(USART_TypeDef * USARTx,uint16_tUSART_IT,FunctionalState New-
State);
```

参数 1：USART_TypeDef * USARTx，USART 对象，同 USART 初始化函数参数 1。

参数 2：uint16_t USART_IT，中断事件标志，宏定义形式如下：

```
1.  # define USART_IT_PE       ((uint16_t)0x0028)    //奇偶校验错误标志
2.  # define USART_IT_TXE      ((uint16_t)0x0727)    //发送数据寄存器为空标志
3.  # define USART_IT_TC       ((uint16_t)0x0626)    //发送完成标志
4.  # define USART_IT_RXNE     ((uint16_t)0x0525)    //读取数据寄存器不为空标志
5.  # define USART_IT_ORE_RX   ((uint16_t)0x0325)    //使能 RXNEIE 时的上溢标志
6.  # define USART_IT_IDLE     ((uint16_t)0x0424)    //检测到空闲线路标志
7.  # define USART_IT_LBD      ((uint16_t)0x0846)    //LIN 断路检测标志
8.  # define USART_IT_CTS      ((uint16_t)0x096A)    //CTS 标志
9.  # define USART_IT_ERR      ((uint16_t)0x0060)    //错误中断
10. # define USART_IT_ORE_ER   ((uint16_t)0x0360)    //使能 EIE 时的上溢标志
11. # define USART_IT_NE       ((uint16_t)0x0260)    //检测到噪声标志
12. # define USART_IT_FE       ((uint16_t)0x0160)    //帧错误标志
```

例如，使能 USART1 接收完成中断。

```
USART_ITConfig(USART1,USART_IT_RXNE,ENABLE);
```

参数 3：FunctionalState NewState，状态，使能或禁止。

```
FlagStatus USART_GetFlagStatus(USART_TypeDef * USARTx,uint16_tUSART_FLAG);
```

该函数可获取需要的 USART 状态标志位，一般用于判断对应事件标志位是否被置位。

参数 1：USART_TypeDef * USARTx，USART 对象，同 USART 初始化函数参数 1。

参数 2：uint16_t USART_FLAG，事件标志，宏定义形式如下：

```
1.  # define USART_FLAG_CTS    ((uint16_t)0x0200)    //CTS 标志
2.  # define USART_FLAG_LBD    ((uint16_t)0x0100)    //LIN 断路检测标志
3.  # define USART_FLAG_TXE    ((uint16_t)0x0080)    //发送数据寄存器为空标志
4.  # define USART_FLAG_TC     ((uint16_t)0x0040)    //发送完成标志
5.  # define USART_FLAG_RXNE   ((uint16_t)0x0020)    //读取数据寄存器不为空标志
6.  # define USART_FLAG_IDLE   ((uint16_t)0x0010)    //检测到空闲线路标志
7.  # define USART_FLAG_ORE    ((uint16_t)0x0008)    //上溢错误标志
8.  # define USART_FLAG_NE     ((uint16_t)0x0004)    //检测到噪声标志
9.  # define USART_FLAG_FE     ((uint16_t)0x0002)    //帧错误标志
10. # define USART_FLAG_PE     ((uint16_t)0x0001)    //奇偶校验错误标志
```

返回：置位或复位，表示为 SET 和 RESET。

例如，判断 USART1 的 TXE 标志位是否置位。

```
if(USART_GetFlagStatus(USART1,USART_FLAG_TXE)!= RESET)
```

TXE 标志位被置位表示发送数据寄存器的内容已传输到移位寄存器。

4. 获取 USART 中断事件标志函数

```
ITStatus USART_GetITStatus(USART_TypeDef * USARTx,uint16_tUSART_IT);
```

该函数可获取需要的 USART 中断状态标志位，一般用于判断对应事件中断标志位是否被置位。

参数 1：USART_TypeDef * USARTx，USART 对象，同 USART 初始化函数参数 1。

参数 2：uint16_t USART_IT 中断事件标志，同 USART 中断使能函数参数 2。

返回：置位或复位，表示 SET 和 RESET。

例如，判断 USARTI 的 RXNEIE 使能位和 RXNE 标志位是否置位。

```
if(USART_GetITStatus(USART1,USART_IT_RXNE)!= RESET){}
```

获取中断事件标志位时，会同时检测相应的中断使能位，只有两者都被置位的情况下，才能返回 SET 状态；反之，返回 RESET 状态。

5. 清除 USART 中断事件函数

退出中断服务程序前，必须软件清除中断事件标志位，防止反复触发中断。

```
void USART_ClearITPendingBit(USART_TypeDef * USARTx,uint16_t USART_IT);
```

参数 1：USART_TypeDef * USARTx，USART 对象，同 USART 初始化函数参数 1。

参数 2：uint16_t USART_IT，中断事件，同 USART 中断使能函数参数 2。

例如，获取 USART1 的 RXNE 标志位状态，确认后，清除这一标志。

```
1.  if(USART_GetITStatus(USART1,USART_IT_RXNE)!= RESET)
2.  {
3.      /* 清除 USART1 的 RXNE 中断标志 */
4.      USART_ClearITPendingBit(USART1,USART_IT_RXNE);
5.      //一些应用代码
6.  }
```

通过对 USART_DR 执行写入操作可将 TXE 标志位清零。

通过对 USART_DR 执行读入操作可将 RXNE 标志位清零。

6. 发送数据函数

使用串口功能时，往 USART_DR 写一个数据，启动一次发送过程。一般是一个字节。

```
void USART_SendData(USART_TypeDef * USARTx,uint16_tData);
```

参数 1：USART_TypeDef ＊ USARTx，USART 对象，同 USART 初始化函数参数 1。

参数 2：uint16_t Data，将要发送的数据。

7. 接收数据函数

使能串口功能时，从 USART_DR 读一个数据出来，一般是一个字节。

```
uint16_t USART_ReceiveData(USART_TypeDef * USARTx);
```

参数 1：USART_TypeDef ＊ USARTx，USART 对象，同 USART 初始化函数参数 1。

返回：读取 USART_DR 得到的数据。

9.3.2　实验详解

串口应用主要处理数据的接收和发送。

发送：使用常用软件查询法实现，也可以使用中断和 DMA 方法实现。

接收：使用常用中断法实现，也可以使用 DMA 方法实现。

为方便读者理解上述内容，下面将通过库函数对 USART 进行更详细的实验教学。使用到的实验设备主要包括：本书配套的开发板、PC 机、Keil MDK5.31 集成开发环境、J-Link 仿真器、跳线帽（或杜邦线）。

1. 串口通信实验

（1）硬件原理图

本实验所使用硬件原理图如图 4-32 所示。

（2）实验流程

首先，将相关的 GPIO 设置成 USART 功能，然后配置串口参数，最后在串口中断里面接收数据，并重新发送接收到的数据，实现串口自收发功能，本实验流程图如图 9-15 所示。

（3）实验步骤及结果

① 系统时钟初始化

本段代码是配置微控制器的中断控制器（NVIC），以便处理 USART3 串口通信的中断。首先，定义了一个名为 NVIC_InitStructure 的结构体变量，用于配置 NVIC 的初始化参数。接着，通过 NVIC_PriorityGroupConfig 函数设置 NVIC 的中断优先级分组，这里选择了分组 2。然后，指定了要使能的中断通道为 USART3（USART3_IRQn）。设置了中

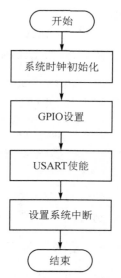

图 9-15　串口通信
实验流程图

断的响应优先级为 0 和抢占优先级为 0,表示该中断的优先级最高。最后,通过
NVIC_Init 函数使能 USART3 的中断,并将相应的中断配置参数应用到 NVIC 中,
以便正确处理 USART3 中断。

```
1.  NVIC_InitTypeDef      NVIC_InitStructure;
2.
3.  NVIC_PriorityGroupConfig(NVIC_PriorityGroup_2);
4.
5.  //使能 USARTx Interrupt
6.  NVIC_InitStructure.NVIC_IRQChannel = USART3_IRQn;
7.  NVIC_InitStructure.NVIC_IRQChannelPreemptionPriority = 0;   //响应优先级 0
8.  NVIC_InitStructure.NVIC_IRQChannelSubPriority = 0;          //抢占优先级 0
9.  NVIC_InitStructure.NVIC_IRQChannelCmd = ENABLE;            //使能 IRQ 通道
10. NVIC_Init(&NVIC_InitStructure);                           //初始化 NVIC 中断
```

② GPIO 设置

本段代码是针对微控制器的 GPIO 配置,用于将 GPIOC 端口的 PC10 和 PC11
引脚作为 USART3 串口通信的 TX(发送)和 RX(接收)引脚。首先,通过启用 GPI-
OC 的时钟,然后配置 PC10 和 PC11 的输出类型为推挽输出、上拉电阻、速度为
2 MHz,并将它们初始化。接着,通过 GPIO_PinAFConfig 函数将 PC10 和 PC11 引
脚配置为 USART3 的复用功能,以便与 USART3 串口通信模块关联,从而允许通
过这两个引脚进行串口通信。这样的配置是为了确保 USART3 可以正常地发送和
接收数据。

```
1.  GPIO_InitTypeDef      GPIO_InitStructure;
2.
3.  RCC_AHB1PeriphClockCmd(RCC_AHB1Periph_GPIOC, ENABLE);
    //开启 GPIO_C 的时钟
4.
5.  GPIO_InitStructure.GPIO_OType = GPIO_OType_PP;       //推挽复用输出
6.  GPIO_InitStructure.GPIO_PuPd  = GPIO_PuPd_UP;        //上拉
7.  GPIO_InitStructure.GPIO_Speed = GPIO_Speed_2MHz;
8.  GPIO_InitStructure.GPIO_Pin   = GPIO_Pin_11 | GPIO_Pin_10;
9.  GPIO_Init(GPIOC, &GPIO_InitStructure);              //初始化 PC10、PC11
10.
11. GPIO_PinAFConfig(GPIOC, GPIO_PinSource10, GPIO_AF_USART3);
    //PC10 复用为 USART3
12. GPIO_PinAFConfig(GPIOC, GPIO_PinSource11, GPIO_AF_USART3);
    //PC11 复用为 USART3
```

③ UART 使能

首先,对一个名为 Uart3 的结构体中的几个成员进行初始化,包括 ReceiveFin-
ish、RXlenth、Time 和 Rxbuf。然后,通过启用 USART3 的时钟(RCC_

APB1PeriphClockCmd 函数），开启串口 3 的时钟。接下来，通过配置结构体 US-ART_InitStructure 的成员，设置 USART3 的波特率为 115 200，字长为 8 位数据格式，一个停止位，无奇偶校验位，不使用硬件流控制，同时开启收发模式。随后，通过 USART_Init 函数对 USART3 进行初始化，并通过 USART_Cmd 函数使能 US-ART3 串口。最后，通过 USART_ITConfig 函数使能 USART3 的接收中断，以便在接收到数据时触发相应的中断服务程序。

```
1.   USART_InitTypeDef  USART_InitStructure;
2.   Uart3.ReceiveFinish = 0;
3.   Uart3.RXlenth = 0;
4.   Uart3.Time = 0;
5.   Uart3.Rxbuf = ReceiveBuffer;
6.
7.   RCC_APB1PeriphClockCmd(RCC_APB1Periph_USART3, ENABLE);
     //开启串口 3 的时钟
8.
9.   USART_InitStructure.USART_BaudRate  = 115200;
     //波特率设置位 115200
10.  USART_InitStructure.USART_WordLength = USART_WordLength_8b;
     //字长为 8 位数据格式
11.  USART_InitStructure.USART_StopBits  = USART_StopBits_1；  //一个停止位
12.  USART_InitStructure.USART_Parity    = USART_Parity_No；   //无奇偶校验位
13.  USART_InitStructure.USART_HardwareFlowControl = USART_HardwareFlowControl_None;
14.  USART_InitStructure.USART_Mode = USART_Mode_Tx | USART_Mode_Rx;
     //收发模式
15.
16.  USART_Init(USART3, &USART_InitStructure);              //初始化串口
17.  USART_Cmd(USART3, ENABLE);                             //使能串口 3
18.  USART_ITConfig(USART3, USART_IT_RXNE, ENABLE);
19.
20.  USART_Cmd(USART3, ENABLE);                             //使能 USART
```

④ 设置系统中断

这段代码是 USART3 串口接收中断服务程序。当 USART3 接收到数据时，通过检查接收中断标志位，清除标志后将接收到的数据存储在 Uart3.Rxbuf 数组中，同时更新接收计数器 Uart3.RXlenth，并将 Uart3.Time 设置为 3。

```
1.   void USART3_IRQHandler(void)
2.   {
3.    if (USART_GetITStatus(USART3, USART_IT_RXNE) != RESET)
4.    {
5.      USART_ClearITPendingBit(USART3,USART_IT_RXNE);
6.
```

```
7.        Uart3.Rxbuf[Uart3.RXlenth++] = USART_ReceiveData(USART3);
8.        Uart3.Time = 3;
9.     }
10. }
```

⑤ 硬件连接及功能验证

（a）将开发板电源线连接好，并用 J-Link 仿真器连接实验平台和电脑；

（b）跳线：JP1，JP2 短接到 232，用串口线连接板子和电脑；

（c）打开串口调试助手，波特率 115 200，8 个数据位，1 个停止位，无校验位，无流控制；

（d）给开发板上电，烧录实验代码，进行测试。

（e）程序烧录完毕之后，按下开发板中复位键 RESET，串口调试助手的输出显示栏中出现"USART3 test"、"Input data"文字。

（f）在串口调试助手的发送框内输入任意字符串，点击发送，串口调试助手能够收到单片机发来的完全相同的字符串，并在串口调试助手的输出显示栏显示出来，如图 9 - 16 所示。

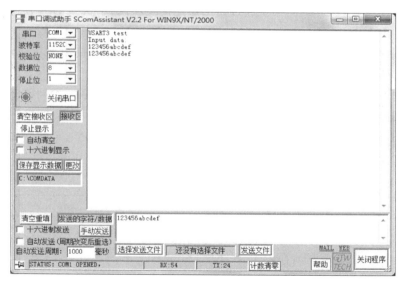

图 9 - 16　串口助手显示界面

9.3.3　拓展训练

1. 实验要求

（1）使用 Wi-Fi 模块与单片机通信；

（2）使用 GPS 模块与单片机通信（选做）。

2. 相关知识补充

（1）Wi-Fi 模块介绍

Wi-Fi 作为当今使用最广的无线网络通信技术，在生产生活中得到了极为广泛的运用。其通过无线电波，使设备进行网络连接，取代了传统通过网线连接设备实现网络连接的方法。基于 Wi-Fi 等无线通信技术，物联网等现代信息产业蓬勃发展。通过 Wi-Fi 进行信息传输以及进行与之相关联的大数据分析等，可以实现对工业数据的实时监测，对工业流程进行诊断，实现更高效、更安全的生产。

本书所使用的 Wi-Fi 模块为 ESP8266，其是一款超低功耗的 UART-WiFi 透传模块，拥有业内极富竞争力的封装尺寸和超低能耗技术，专为移动设备和物联网应用设计，可将用户的物理设备连接到 Wi-Fi 无线网络上，进行互联网或局域网通信，实现联网功能。

ESP8266 模块支持 STA/AP/STA＋AP 三种工作模式。

- STA 模式：ESP8266 模块通过路由器连接互联网，手机或电脑通过互联网实现对设备的远程控制。
- AP 模式：ESP8266 模块作为热点，实现手机或电脑直接与模块通信，实现局域网无线控制。
- STA＋AP 模式：两种模式的共存模式，即可以通过互联网控制可实现无缝切换，方便操作。

本实验将 Wi-Fi 配置成客户端，使 ESP8266 在 STA 模式下工作。用到的 AT 指令如下：

- AT＋ CWJAP 加入 AP：

AT＋CWMODE 选择 Wi-Fi 应用模式	
设置指令 AT＋CWJAP ＝＜ssid＞,＜ pwd ＞	响应 OK ERROR
	参数说明 ＜ssid＞字符串参数，接入点名称 ＜pwd＞字符串参数，密码最长 64 字节 ASCII

● AT＋CIPSTART 建立 TCP 连接或注册 UDP 端口号：

AT＋CIPSTART 建立 TCP 连接或注册 UDP 端口号	
设置指令 单路连接 （＋CIPMUX＝0） AT＋CIPSTART＝ ＜type＞，＜addr＞，＜port＞	响应 如果格式正确且连接成功，返回 OK 否则返回 ERROR 如果连接已经存在，返回 ALREAY CONNECT
多路连接 （＋CIPMUX＝1） AT＋CIPSTART＝ ＜id＞＜type＞，＜addr＞，＜port＞	参数说明 ＜id＞ 0-4 连接的 id 号 ＜type＞字符串参数，表明连接类型 "TCP"建立 tcp 连接 "UDP"建立 UDP 连接 ＜addr＞ 字符串参数，远程服务器 IP 地址 ＜port＞远程服务器端口号

用 AT 指令将 Wi-Fi 配置成 STA 模式、连接服务器 Wi-Fi、设置单连接、建立 TCP 连接。

（2）Wi-Fi 模块使用步骤

① 关闭手机 Wi-Fi，打开手机流量，打开手机热点。

② 打开手机网络调试助手：tcp server→配置→开启服务器（见图 9－17）。

③ 将 J-Link 仿真器连接到 Wi-Fi 节点上的 JTAG 口。

④ 给实验平台上电，双击打开"\程序源码\基于 WIFI 的 TCP 客户端实验\Project"下的 TEST 程序。

⑤ 修改 WIFI.h 中的 Wi-Fi 名称和 Wi-Fi 密码，IP 地址和端口号，修改完成后编译下载程序。Wi-Fi 名称和 Wi-Fi 密码为无线热点名称和密码，IP 地址和端口号分别为手机 IP 地址和设置的端口号。

⑥ 重新给 Wi-Fi 节点上电，按下按键 RESET，液晶显示"正在初始化 Wi-Fi 模块…"。

⑦ 液晶屏上显示"Wi-Fi 模块初始化成功"，Wi-Fi 模块初始化成功并且连接到了服务器（见图 9－18）。

⑧ 按下按键 S1，手机网络调试助手上显示 ON；按下按键 S2，手机网络调试助手上显示 OFF。

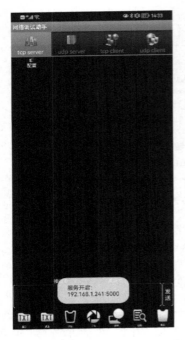

图 9-17　手机网络调试助手显示界面

图 9-18　已连接设备

9.4　思考与练习

1. 简述 USART 的工作原理。

2. 什么叫并行通信和串行通信？各有什么特点？

3. 什么叫异步通信和同步通信？各有什么特点？

4. 如何通过 USART_CR1 设置串口的奇偶校验位？如何通过 USART_CR1 使能串口？

5. 如何通过 USART_CR2 设置串口的停止位？

6. USART_DR 包含两个寄存器，分别是 TDR 和 RDR，这两个寄存器的作用分别是什么？

7. 如果某一串口的波特率是 11 520，应该向 USART_BRR 写什么？

8. 串口的一帧数据发送完成后，USART_SR 哪个位会发生变化？

9. 什么叫波特率？串行通信对波特率有什么影响？

10. 使用 DMA 发送、接收数据时，分别使哪个位置 1？

11. 请分析 STM32F407 与 GD32F407 的 USART 是否有区别？

第 10 章　I²C 控制器

10.1　I²C 协议

I²C(Inter-Integrated Circuit)协议由飞利浦公司开发,它支持设备之间的短距离通信。由于 I²C 通信需要的引脚少、硬件实现简单、可扩展性强,现在被广泛地使用在系统内多个集成电路(IC)间的通信。I²C 最早是飞利浦公司在 1982 年开发设计并用于自己的芯片上的,开始只允许 100 kHz、7 bit 标准地址。1992 年,I²C 的第一个公共规范发行,增加了 400 kHz 的快速模式及 10 bit 扩展地址。在 I²C 的基础上,1995 年 Intel 提出了 System Management Bus(SMBus),它用于低速设备通信,SMBus 把时钟频率限制在 10 kHz～100 kHz,但 I²C 可以支持 0 kHz～5 MHz 的设备:普通模式(100 kHz)、快速模式(400 kHz)、快速模式(1 MHz)、高速模式(3.4 MHz)和超高速模式(5 MHz)。

10.1.1　I²C 物理层

I²C 通信总线可连接多个 I²C 通信设备,支持多个通信主机和多个通信从机。I²C 通信只需要 2 条双向总线:一条数据线 SDA(Serial Data Line,串行数据线),一条时钟线 SCL(Serial Clock Line,串行时钟线)。SDA 用于传输数据,SCL 用于同步数据收发。SDA 传输数据的方式是大端传输(先传 MSB),每次传输 8 bit,即 1 字节。I²C 通信支持多主控,任何时间点只能有一个主控。每个连接到总线的设备都有一个独立的地址,共 7 bit,主机正是利用该地址对设备进行访问。

I²C 器件的 SDA 引脚和 SCL 引脚是开漏电路形式,因此,SDA 和 SCL 总线都需要连接上拉电阻,当总线空闲时,两条总线均为高电平。

连接到总线上的任意器件输出低电平都会将总线信号拉低,即各器件的 SDA 和 SCL 信号线在总线上都是"线与"的关系。当多个主机同时使用总线时,需要用仲裁方式决定哪个设备占用总线,不然数据将会产生冲突。串行的 8 位双向数据传输率在标准模式下可达 100 kbit/s,快速模式下可达 400 kbit/s,高速模式下可达 3.4 Mbit/s(目前大多数 I²C 设备还不支持高速模式)。I²C 总线示意图如图 10－1

所示。

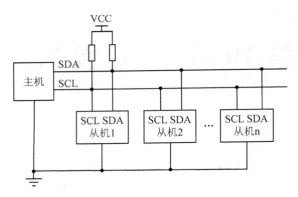

图 10-1 I^2C 总线连接示意图

10.1.2 I^2C 协议层

协议层定义了 I^2C 的通信协议。一个完整的 I^2C 数据传输包含开始信号、器件地址、读写控制、器件内访问地址、有效数据、应答信号和结束信号。

1. I^2C 总线的位传输

数据传输：当 SCL 为高电平时，SDA 必须保持稳定，SDA 上传输 1 位数据。

数据改变：当 SCL 为低电平时，SDA 才可以改变电平。

I^2C 位传输时序图如图 10-2 所示。

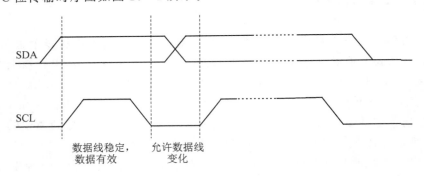

图 10-2 I^2C 位传输时序图

2. I^2C 总线的开始信号和结束信号

开始信号：当 SCL 为高电平时，SDA 由高电平向低电平跳变，开始传送数据。开始信号由主机产生。

结束信号：当 SCL 为高电平时，SDA 由低电平向高电平跳变，结束传送数据。结束信号也只能由主机产生。

I²C 总线开始信号和结束信号时序图如图 10-3 所示。

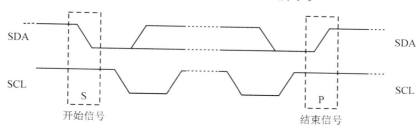

图 10-3　I²C 总线开始信号和结束信号时序图

3. I²C 总线的字节格式

发送到 SDA 上的每个字节必须是 8 位，每次传输可以发送的字节数量不受限制，数据从最高有效位（MSB）开始传输。接收器在每成功接收一个字节后都会返回发送器一个应答位。如果从机要完成一些其他功能（如一个内部中断服务程序）才能接收或发送下一个完整的字节，则可以使 SCL 保持低电平，从而迫使主机进入等待状态。当从机准备好新的字节数据传输时，释放 SCL，数据传输便继续进行。

4. I²C 应答信号

在主机发送完每一个字节数据后，释放 SDA（保持高电平），被寻址的接收器在成功接收每个字节后，必须产生一个应答 ACK（从机将 SDA 拉低，使它这个时钟脉冲的高电平期间保持稳定的低电平）。当从机接收不到数据或通信故障时，从机必须使 SDA 保持高电平，主机产生一个结束信号终止传输或者产生重复开始信号开始新的传输。

SDA 上发送的每个字节必须为 8 位，其后必须跟一个应答位。I²C 总线上的所有数据都以 8 位字节传送的，发送器每发送一个字节，就在时钟脉冲 9 期间释放数据线，由接收器反馈一个应答信号。当应答信号为低电平时，规定为有效应答位（ACK），表示接收器已经成功地 SDA 上发送的每个字节必须为 8 位，其后必须跟一个应答位。I²C 总线上的所有数据都是以 8 位字节传送的，发送器每发送一个字节，就在时钟脉冲 9 期间释放数据线，由接收器反馈一个应答信号。当应答信号为低电平时，规定为有效应答位（ACK），表示接收器已经成功地收了该字节；当应答信号为高电平时，规定为非应答位（NACK），一般表示接收器接收该字节没有成功。

应答 ACK 要求接收器在第 9 个时钟脉冲之前的低电平期间将 SDA 拉低，并且确保在该时钟的高电平期间为稳定的低电平。如果接收器是主机，则在它收到最后一个字节后，发送一个 NACK 信号，以通知从机发送器结束数据发送，并释放 SDA，以便主机接收器发送一个结束信号。

传输过程中每次可以发送的字节数量不受限制。首先传输的是数据的最高有效位(MSB)。如果从机要在完成一些其他功能之后才能接收或发送下一个完整的数据字节,则可以使 SCL 保持低电平,从而迫使主机进入等待状态。当从机准备好接收下一个数据字节,并且释放 SCL 后,数据传输继续。

I^2C 总线必须由主器件控制,即必须由主机产生开始信号、结束信号和时钟信号。在时钟信号为高电平时,SDA 上的数据必须保持稳定,SDA 上的数据状态仅在时钟信号为低电平时才可以改变,而当 SCL 为高电平时,SDA 上数据的改变被用来表示开始条件和停止条件。需要说明的是,当主机接收数据时,在最后一个数据字节,必须发送一个非应答信号(NACK),使从机释放 SDA,以便主机产生一个结束信号来终止总线的数据传送。I^2C 总线应答时序图如图 10-4 所示。

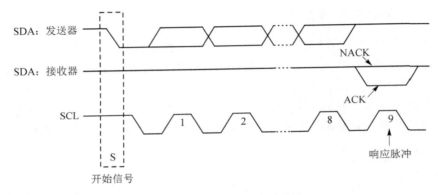

图 10-4 I^2C 总线应答时序图

5. I^2C 总线的仲裁机制

SDA 的仲裁也是建立在总线具有"线与"逻辑功能的原理上的。节点在发送 1 位数据后,比较总线上所呈现的数据与自己发送的是否一致。是,继续发送;否则,退出竞争。SDA 的仲裁可以保证 I^2C 总线系统在多个主节点同时企图控制总线时通信正常进行并且数据不丢失。总线系统通过仲裁只允许一个主节点可以继续占据总线。

当 SCL 为高电平时,仲裁在 SDA 上发生。在其他主机发送低电平时,产生高电平的主机将会断开它的数据传输线,因为总线上的电平与它自己的电平不同("线与"连接)。

假设主机 1 要发送的数据 DATA1 为"101……",主机 2 要发送的数据 DATA2 为"1001……",总线被启动后,两个主机在每发送一个数据位时,都要对自己的输出电平进行检测,只要检测的电平与自己发出的电平一致,它们就会继续占用总线。在这种情况下总线还是得不到仲裁。当主机 1 发送第 3 位数据"1"时(主机 2 发送

"0"），由于"线与"的结果 SDA 上的电平为"0"，这样当主机 1 检测自己的输出电平时，就会测到一个与自身不相符的"0"电平。这时主机 1 只好放弃对总线的控制权，主机 2 则成为总线的唯一主宰者。

6. 从机地址和子地址

在开始条件（S）后，主机发送一个从机地址（或称为器件地址），指该器件在 I²C 总线上被主机寻址的地址，地址共有 7 位，紧接着的第 8 位是数据的读写标志位（0 表示写，1 表示读）。数据传输一般由主机产生停止位（P），但是如果主机仍希望在总线上通信，它可以产生重复开始信号和寻址另一个从机，而不是首先产生一个结束信号。在这种传输中，可以有不同的读/写格式组合。I²C 总线从机地址构成如图 10−5 所示。

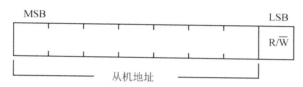

图 10−5　I²C 总线从机地址构成

带有 I²C 总线的器件除了有从机地址，还可能有子地址，它是指该器件内部不同器件或存储单元的编址。例如，带 I²C 接口的 EEPROM 就是拥有子地址器件的典型代表。

7. 主机发送数据流程

（1）主机在检测到总线为空闲状态（即 SDA、SCL 均为高电平）时，发送一个开始信号（S），开始一次通信。

（2）主机接着发送一个命令字节。该字节由 7 位的器件地址和 1 位读写控制位 R/W̄ 组成（此时 R/W̄ = 0）。

（3）相对应的从机收到命令字节后向主机回馈 ACK 信号（ACK=0）。

（4）主机收到从机的 ACK 信号后，开始发送操作器件内部存储空间的子地址或子地址的高 8 位。例如，AT24C02 EEPROM 器件内部存储空间访问只需要 8 位地址。而 AT24C256 EEPROM 器件内部容量较大，子地址需要 16 位，那么这一个子地址就是 16 位子地址的高 8 位。

（5）从机成功接收后，返回一个 ACK 信号。

（6）主机收到 ACK 信号后再发送下一个数据字节或子地址的高 8 位。

（7）从机成功接收后，返回一个 ACK 信号。

（8）主机的一次发送通信，其发送的数据数量不受限制，当主机发送完最后一个数据字节并收到从机的 ACK 信号后，通过向从机发送一个结束信号（P）结束本次通信并释放总线。从机收到结束信号后也退出与主机之间的通信。I²C 总线主机发送数据流程（8 位从机地址）如图 10 - 6 所示。

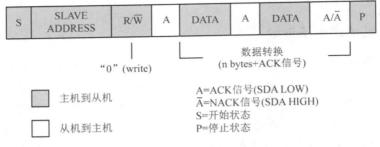

图 10 - 6 I²C 总线主机发送数据流程（8 位从机地址）

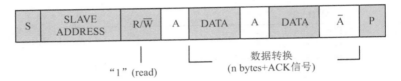

图 10 - 7 I²C 总线主机发送数据流程（16 位从机地址）

主机通过发送地址码与对应的从机建立了通信关系,而挂接在总线上的其他从机虽然同时收到了地址码,但因为与其自身的地址不相符,因此不参与主机的通信。主机在每一次发送后都是通过从机的 ACK 信号了解从机的接收状况,如果主机检测不到有效的 ACK 信号,则重发数据或进入到错误处理机制。

8. 主机接收数据流程

（1）主机在检测到总线为空闲状态（即 SDA、SCL 均为高电平）时,发送一个开始信号,开始一次通信。

（2）主机接着发送一个命令字节。该字节由 7 位的器件地址和 1 位读写控制位 R/$\overline{W}$ 组成（此时 R/$\overline{W}$＝0）

（3）相对应的从机收到命令字节后向主机回馈 ACK 信号（ACK＝0）。

（4）接着,主机开始接收从机发送过来的数据,在主机成功接收数据后,如果需要再次接收数据的话,则主机需要向从机发送一个 ACK 信号。接收数据的数量不限。

（5）主机接收到最后一个数据的话,主机向从机发送一个 NACK 信号。

（6）从机发送一个结束信号结束本次通信并释放总线。从机收到结束信号后也退出与主机之间的通信。

10.2 I²C 控制器概述

10.2.1 I²C 控制器主要特性

STM32F407/GD32F407 微控制器集成了 3 个 I²C 控制器(内部集成电路),用作微控制器和 I²C 串行总线之间的通信。I²C 控制器具备多主模式功能,可以控制所有 I²C 总线特定的序列、协议、仲裁和时序,支持标准模式和快速模式,并与 SMBus 2.0 兼容。I²C 控制器的用途包括 CRC 生成和验证、SMBus(系统管理总线)及 PMBus(电源管理总线)。

I²C 控制器主要特性如下。

(1)具备多主模式功能,同一接口既可用作主模式也可用作从模式。

(2)7 位/10 位寻址及广播呼叫的生成和检测。

(3)支持不同的通信速度,标准速度和快速速度。

(4)产生状态标志、错误标志。

(5)兼容 SMBus2.0 和 PMBuS。

10.2.2 I²C 控制器结构

STM32F407/GD32F407 微控制器的 I²C 控制器的内部构造如图 10-8 所示。

I²C 控制器通过 SCL 和 SDA 两个引脚完成与外部的通信,I²C 控制器可以在 4 种模式下工作:从发送器模式、从接收器模式、主发送器模式和主接收器模式。

在默认情况下,I²C 控制器在从模式下工作。接口在生成起始位后会自动由从模式切换为主模式,并在出现仲裁丢失或生成停止位时从主模式切换为从模式,从而实现多主模式功能。

10.2.3 I²C 控制器主模式

在主模式下,I²C 接口会启动数据传输(发送起始信号和器件地址,地址始终在主模式夏传送),并生成时钟信号(SCL),将需要发送的数据写入数据寄存器,并通过数据移位寄存器和数据控制逻辑(输出),将数据一位接一位发送到 SDA 数据线。通信的时钟由主机的时钟控制逻辑生成,可以在标准速度或快速速度模式下工作。通信的工作模式由控制寄存器(CR1 和 CR2)的不同配置控制,状态寄存器体现通信过程中产生的一系列状态,根据不同的工作模式和通信状态,控制逻辑负责实现完整

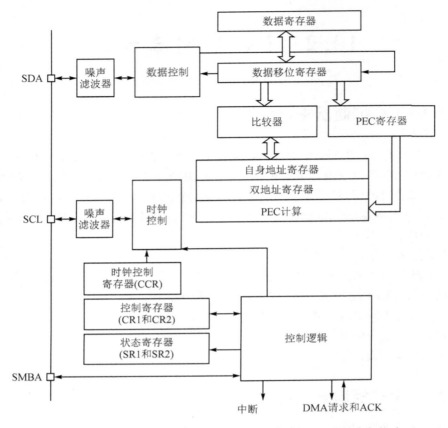

图 10－8　STM32F4xx/GD32F407 微控制器的 I²C 控制器的内部构造

的通信过程。串行数据传输始终在出现起始位时开始,在出现停止位时结束。起始位和停止位均在主模式下由软件生成。

　　I²C 控制器自动检测从机发送回来的 ACK 信号,并置位状态寄存器相应的状态位,程序通过检测状态寄存器(SR1 和 SR2)的状态位,判断数据是否发送成功。

1.　主发送器模式

　　I²C 控制器产生开始信号(S),然后通过检测 EV5 事件,判断是否启动成功。

　　在满足 EV5 事件后,主机发送器件地址＋$\overline{W}$,然后通过检测 EV6 事件,判断是否发送器件地址成功。在满足 EV6 事件后,主机发送数据,然后通过检测 EV8 事件,判断是否发送数据成功。在发送完最后一个数据后,主机发送结束信号(P)结束通信过程。

　　主发送器模式下 I²C 通信示意图如图 10－9 所示。

　　图 10－9 中:S＝起始位,Sr＝重复起始位,P＝停止位,A＝应答。

7位主发送器

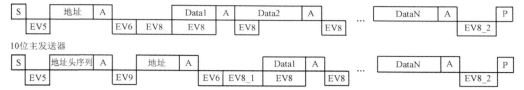

10位主发送器

图 10-9　主发送器模式下 I²C 通信示意图

EVx＝事件(如果 ITEVFEN＝1,则出现中断)。

EV5:SB＝1,通过先读取 SR1 寄存器再将地址写入 DR 寄存器来清零。EV6:ADDR＝1,通过先读取 SR1 寄存器再读取 SR2 寄存器来清零。

IEV8_1:TxE＝1,移位寄存器为空,数据寄存器为空,在 DR 中写入 Data1。

EV8:TxE＝1,移位寄存器非空,数据寄存器为空,该位通过对 DR 寄存器执行写操作清零。EV8_2:TxE＝1,BTF＝1,程序停止请求。TxE 和 BTF 由硬件通过停止条件清零。

EV9:ADD10＝1,通过先读取 SR1 寄存器再写入 DR 寄存器来清零。

2. 主接收器模式

I²C 控制器产生开始信号,然后通过检测 EV5 事件,判断是否启动成功。

在满足 EV5 事件后,主机发送器件地址＋$\overline{W}$,然后通过检测 EV6 事件,判断是否发送器件地址成功。

在满足 EV6 事件后,主机准备接收从机发送过来的数据,然后通过检测 EV7 事件,判断是否接收数据成功。如果接收的不是最后一个数据的话,则主机发送 ACK 信号给从机。

如果接收的是最后一个数据的话,则主机发送一个 NACK 信号,并发送结束信号,结束通信。

EV7:正在进行通信(BUSY＝1),主/从模式（MSL＝1）,数据寄存器非空(RXNE＝1)。

主接收器模式下 I2C 通信示意图如图 10-10 所示。

7位主接收器

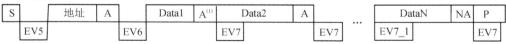

图 10-10　主接收器模式下 I²C 通信示意图

10.2.4 I²C 控制器从模式

在从模式下,根据写入自身地址寄存器的地址(从模式下的器件地址),I²C 控制器通过比较器能够识别主机发送过来的地址是否和其自身地址(7 位或 10 位)一致。在地址匹配的情况下,根据读写控制状态,通过数据控制逻辑可以接收(写)或发送(读)数据。

1. 从发送器模式

在检测到开始信号后,I²C 控制器通过检测 EV1 事件,判断主机发送过来的器件地址是否和本机地址一致。

在满足 EV1 事件后,从机发送一个 ACK 信号给主机,将数据发送给主机,并通过检测 EV3 事件,判断是否发送数据成功。

在发送完最后一个数据后,从机检测到 NACK 信号和结束信号,结束通信。

EV1:ADDR=1,通过先读取 SR1 再读取 SR2 来清零。

EV3-1:TxE=1,移位寄存器为空,数据寄存器为空,在 DR 中写入 Data1。

EV3:TxE=1,移位寄存器非空,数据寄存器为空,通过对 DR 执行写操作来清零。

EV3-2:AF=1,通过在 SR1 寄存器的 AF 位写入"0"将 AF 清零。

从发送器模式下 I²C 通信示意图如图 10-11 所示。

7位从发送器

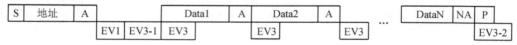

图 10-11 发送器模式下 I²C 通信示意图

2. 从接收器模式

在检测到开始信号后,I²C 控制器通过检测 EV1 事件,判断主机发送过来的器件地址是否和本机地址一致。

在满足 EV1 事件后,从机发送一个 ACK 信号给主机,并准备接收主机发送过来的数据,通过检测 EV2 事件,判断是否接收数据。

在检测结束信号后,结束通信。

EV1:ADDR=1,通过先读取 SR1 再读取 SR2 来清零

EV2:数据寄存器 RxNE=1,通过读取 DR 寄存器清零

EV4:STOPF=1,通过先读取 SR1 寄存器再写入 CR1 寄存器来清零

图 10 - 12　从接收器模式下 I²C 通信示意图

10.2.5　I²C 控制器中断

I²C 控制器有 2 个中断向量：一个中断由成功的地址/数据字节传输事件触发；另一个中断由错误状态触发。

I²C 控制器支持多种中断事件的请求，便于实时响应一些紧急事务。为了提高 CPU 利用率，通常在 I²C 控制器处于从模式时，使用中断方式来响应一系列事务的处理。例如，从模式下的数据接收、发送、停止及错误等。I²C 控制器中断事件如表 10 - 1 所列。

表 10 - 1　中断事件表

中断事件	事件标志	使能控制位
发送起始位（主模式）	SB	ITEVFEN
地址已发送（主模式）或地址匹配（从模式）	ADDR	
10 位地址的头段已发送（主模式）	ADD10	
已收到停止位（从模式）	STOPF	
完成数据字节传输	BTF	
接收缓冲区非空	RXNE+	ITEVFEN 和 ITBUFEN
发送缓冲区为空	TXE	
总线错误	BERR	ITERREN
仲裁丢失（主模式）	ARLO	
应答失败	AF	
上溢/下溢	OVER	
PEC 错误	PECERR	
超时/Tlow 错误	TIMEOUT	
SMBus 报警	SMBALERT	

10.3　软件模拟 I²C 协议程序配置

由于 I²C 总线占用的 I/O 仅需要 2 根，在很多的实际使用过程中，会使用 GPIO

引脚来模拟 I^2C 的 SDA 引脚和 SCL 引脚,并使用程序来实现 I^2C 协议时序。

软件模拟 I^2C 协议的优点如下:

(1) 不需要专门的硬件 I^2C 的控制器。

(2) 引脚可以任意分配,方便 PCB 布线。

(3) 软件修改灵活。

缺点:由于采用软件指令会产生时间的延时,不能用于一些时间要求较高的场合。

10.3.1 I^2C 引脚初始化

1. 引脚工作模式初始化

对于 I^2C 主机来讲,SCL 在整个通信过程中为输出模式。

```
1.   void I2C_GPIO_Configuration(void)
2.   {
3.     GPIO_InitTypeDef  GPIO_InitStructure;
4.     RCC_AHB1PeriphClockCmd(RCC_AHB1Periph_GPIOG,ENABLE);   //使能 GPIO 时钟
5.     GPIO_InitStructure.GPIO_Pin = GPIO_Pin_2|GPIO_Pin_4;
6.     GPIO_InitStructure.GPIO_Mode = GPIO_Mode_OUT;          //输出模式
7.     GPIO_InitStructure.GPIO_OType = GPIO_OType_PP;         //输出推挽
8.     GPIO_InitStructure.GPIO_Speed = GPIO_Speed_50MHz;
9.     GPIO_InitStructure.GPIO_PuPd = GPIO_PuPd_NOPULL;       //无上拉或下拉
10.    GPIO_Init(GPIOG,&GPIO_InitStructure);                 //初始化 GPIO
11.    I2C_Stop();
12.  }
```

对于 I^2C 主机来讲,SDA 在整个通信过程中,输出数据时为输出模式,接收数据或检测 ACK 信号时为输入模式。

将 SDA 设置为输入模式。

```
1.   void I2C_SDA_Input(void)
2.   {
3.     GPIO_InitTypeDef GPIO_InitStructure;
4.
5.     GPIO_InitStructure.GPIO_Pin = PIO_Pin_4;
6.     GPIO_InitStructure.GPIO_PuPd = GPIO_PuPd_UP;    //I2C总线必须接上拉电阻
7.     GPIO_InitStructure.GPIO_OType = GPIO_OType_PP;
8.     GPIO_InitStructure.GPIO_Mode = GPIO_Mode_IN;    //输入模式
9.     GPIO_Init(GPIOG,&GPIO_InitStructure);
10.    I2C_Cmd(I2C2,ENABLE);
```

```
11.  }
```

将 SDA 设置为输出模式。

```
1.   void I2C_SDA_Output(void)
2.   {
3.     GPIO_InitTypeDef GPIO_InitStructure;
4.
5.     GPIO_InitStructure.GPIO_Pin = GPIO_Pin_4;
6.     GPIO_InitStructure.GPIO_PuPd = GPIO_PuPd_UP;        //I²C总线必须接上拉电阻
7.     GPIO_InitStructure.GPIO_OType = GPIO_OType_PP;
8.     GPIO_InitStructure.GPIO_Mode = GPIO_Mode_OUT;       //输出模式
9.     GPIO_InitStructure.GPIO_Speed = GPIO_Speed_50MHz;
10.    GPIO_Init(GPIOG,&GPIO_InitStructure);
11.  }
```

I²C 引脚初始化,并将总线置为空闲状态。

2. I²C 引脚读/写控制

为了方便后续使用,将 I²C 引脚的读/写控制都用宏定义实现。

```
1.  #define   SCL_LGPIO_ResetBits(GPIOG,GPIO_Pin_2)     //SCL 输出高电平
2.  #define   SCL_HGPIO_SetBits(GPIOG,GPIO_Pin_2)       //SCL 输出低电平
3.  #define   SDA_LGPIO_ResetBits(GPIOG,GPIO_Pin_4)     //SDA 输出高电平
4.  #define   SDA_HGPIO_SetBits(GPIOG,GPIO_Pin_4)       //SDA 输出低电平
5.  #define   SDA_READ()  GPIO_ReadInputDataBit(GPIOG,GPIO_Pin_4)
     //输入 SDA 状态
```

10.3.2　软件模拟开始信号和结束信号

开始信号:当 SCL 为高电平时,SDA 由高电平向低电平跳变,开始传送数据。开始信号由主机产生。

```
1.   void I2C_Start(void)
2.   {
3.     SDA_H;                    //拉高数据线
4.     SCL_H;                    //拉高时钟线
5.     I2C_delay();              //延时

6.     SDA_L;                    //产生下降沿
7.     I2C_delay();              //延时
```

```
8.    SCL_L;                    //拉低时钟线
9.    I2C_delay();              //延时
10. }
```

结束信号：当 SCL 为高电平时，SDA 由低电平向高电平跳变，结束传送数据。结束信号也只能由主机产生。

```
1. void I2C_Stop(void)
2. {
3.    SCL_H;                    //拉高时钟线
4.    SDA_L;                    //拉低数据线
5.    I2C_delay();              //延时

6.    SDA_H;                    //产生上升沿
7.    I2C_delay();              //延时
8. }
```

10.3.3 软件模拟检测 ACK 信号

在主机每发送一个数据到总线，并且从机每成功接收到数据之后，都会响应给主机一个 ACK 信号(0)，主机根据检测到的总线上的电平，判断通信是否成功(0 表示成功，1 表示失败)。

```
1.  unsigned char I2C_Wait_Ack(void)
2.  {
3.       unsigned char ucErrTime = 0;
4.       I2C_SDA_Input();          //SDA 设置为输入
5.       SDA_H;
6.       delay_us(1);
7.       SCL_H;
8.       delay_us(1);
9.       while(SDA_READ())
10.   {
11.     ucErrTime ++ ;
12.     if(ucErrTime>250)
13.       {
14.       I2C_Stop();
15.       Return 1;
16.       }
17.   }
18. SCL_L;
19. return0;
```

```
20. }
```

10.3.4　软件模拟产生 ACK 和 NACK 信号

在主机成功接收到从机发送过来的数据后,如果主机需要继续接收数据,则主机需要返回给从机一个 ACK 信号;如果主机接收到最后一个数据,则主机返回给从机一个 NACK 信号。

在程序中,定义了一个无符号字符型变量 ack。当 ack 变量为 1 时,SDA 为高电平,使主机产生一个 NACK 信号;当 ack 变量为 0 时,SDA 为低电平,使主机产生 ACK 信号。

```
1.    void I2C_SendACK(unsigned char ack)
2.    {
3.        if (ack == 1)
4.        {
5.        SDA_H;                  //主机产生一个高电平
6.        }
7.        else
8.        {
9.        SDA_L;                  //主机产生一个低电平
10.       }
11.     SCL_H;                  //拉高时钟线
12.     I2C_delay();            //延时
13.     SCL_L;                  //拉低时钟线
14.     I2C_delay();            //延时
15.  }
```

10.3.5　软件模拟发送一个字节数据

在数据传输过程中,当 SCL 为高电平时,SDA 必须保持稳定,SDA 上传输 1 位数据。当 SCL 为低电平时,SDA 才可以改变电平。I²C 发送一个字节。

```
1.    void I2C_SendByte(unsigned char dat)
2.    {
3.    unsignedchar i;
4.    for (i = 0; i < 8; i++)     //8 位计数器
5.        {
6.        if (dat & 0x80)
7.        {
```

```
8.              SDA_H;              //送数据口
9.          }
10.     else
11.     {
12.        SDA_L;
13.     }
14.   dat << = 1;                  //移除数据的最高位
15.   SCL_H;                       //拉高时钟线
16.   I2C_delay();                 //延时
17.   SCL_L;                       //拉低时钟线
18.   I2C_delay();                 //延时
19.   }
20.   I2C_ReceiveACK();
21. }
```

10.3.6　软件模拟接收一个字节数据

读一个字节，当 ACK＝1 时，发送 ACK 信号；当 ACK＝0 时，发送 NACK 信号。

```
1.  unsignedchar I2C_ReceiveByte(void)
2.  {
3.    unsigned char i;
4.    unsigned char dat = 0;
5.    I2C_SDA_Input();              //SDA 设置为输入
6.    for (i = 0; i < 8; i + + )    //8 位计数器
7.    {
8.      dat << = 1;
9.      SCL_H;                      //拉高时钟线
10.     I2C_delay();                //延时
11.     if (SDA_READ())
12.     {
13.       dat | = 1;                //读数据
14.     }
15.     SCL_L;                      //拉低时钟线
16.     I2C_delay();                //延时
17.   }
18.   I2C_SDA_Output();
19.   return dat;
20. }
```

10.4　I²C 实验

10.4.1　相关库函数介绍

与 I²C 相关的函数和宏都定义在以下两个文件中。

头文件：stm32f4xx_i2c.h/gd32f4x_i2c.h

源文件：stm32f4xx_i2c.c/gd32f4x_i2c.c

1. 初始化函数

```
void I2C_Init(I2C_TypeDef * I2Cx,I2C_InitTypeDef * I2C_InitStruct);
```

参数 1：I2C_TypeDef *　I2Cx，I²C 应用对象，一个结构体指针，表示形式是 I2C1、I2C2，以宏定义形式定义在头文件中。

参数 2：I2C_InitTypeDef *　I2C_InitStruct，I²C 应用对象初始化结构体指针，以自定义的结构体形式定义在头文件中。例如：

```
1. typedef struct
2. {
3.     uint32_t I2C_ClockSpeed;              //时钟模式
4.     uint16_t I2C_Mode;                    //工作模式
5.     uint16_t I2C_DutyCycle;               //时钟信号低电平/高电平的占空比
6.     uint16_t I2C_OwnAddress1;             //自身器材地址,从机时使用
7.     uint16_t I2C_Ack;                     //ACK 应答模式
8.     uint16_t I2C_AcknowledgedAddress;     //I²C 寻址模式
9. }I2C_InitTypeDef;
```

2. I²C 使能函数

```
void I2C_Cmd(I2C_TypeDef * I2Cx,FunctionalState NewState);
```

参数 1：I²C 应用对象，同 I²C 初始化函数参数 1。

参数 2：FunctionalState NewState，使能或禁止 I²C。

ENABLE：使能 I²C。

DISABLE：禁止 I²C。

例如，使能 I2C2。

```
void I2C_Cmd(I2C2 ,ENABLE);
```

3. I²C ACK 应答使能函数

```
void I2C_AcknowledgeConfig(I2C_TypeDef * I2Cx, FunctionalState NewState);
```

参数 1:I²C 应用对象,同 I²C 初始化函数参数 1。
参数 2:FunctionalState NewState,使能或禁止 I²C ACK 应答功能。
ENABLE:使能 I²C ACK 应答功能。
DISABLE:禁止 I²C ACK 应答功能。
例如,使能 I2C2 ACK 应答功能:

```
void I2C_Cmd(I2C2, ENABLE);
```

4. I²C 检测通信事件函数

```
ErrorStatus I2C_CheckEvent(I2C_TypeDer * I2Cx,uin32_t I2C_EVENT);
```

参数 1:I²C 应用对象,同 I²C 初始化参数 1。
参数 2:uini32_t I2C_EVENT,定义通信事件,有 EV1～EV9 事件,它们分别定义了不同的 I²C 通信状态。例如,EV8 为主机接收到字节数据事件。

```
#define I2C_EVENT_SLAVE_TRANSMITTER_ADDRESS_MATCHED ((uint32_t)0x00060082)
```

其他的定义参见头文件中的定义。
例如,等待 I2C2 主机发送完字节(EV8)。

```
while(! I2C_CheckEvent(I2C2,I2C_EVENT_MASTER_BYTE_TRANSMITTED))
```

返回:成功或失败,ErrorStatus 是一个枚举类型,定义如下:

```
typedef enum {ERROR = 0,SUCCESS = ! ERROR} ErrorStatus;
```

5. I²C 控制器产生开始信号函数

```
void I2C_GenerateSTART(I2C_TypeDef * I2Cx,FunctionalState NewState);
```

参数 1:I²C 应用对象,同 I²C 初始化参数 1。
参数 2:FunctionalState NewState,是否产生 I²C 开始信号。
ENABLE:产生 I²C 开始信号。
DISABLE:不产生 I²C 开始信号。
例如,I2C2 控制器产生开始信号。

```
I2C_GenerateSTART(I2C2,ENABLE);
```

6. I²C 控制器产生结束信号函数

```
void I2C_GenerateSTOP(I2C_TypeDef * I2Cx, FunctionalState NewState);
```

参数 1：I²C 应用对象，同 I²C 初始化参数 1。

参数 2：FunctionalState NewState，是否产生 I²C 结束信号。

ENABLE：产生 I²C 结束信号。

DISABLE：不产生 I²C 结束信号。

例如，I2C2 控制器产生结束信号。

```
void I2C_GenerateSTOP(I2C2, ENABLE);
```

7. I²C 控制器发送 7 位寻址地址函数

```
void I2C_Send7bitAddress(I2C_TypeDef * I2Cx, uint8_t Address, uint8_t I2C_Direc-
                         tion);
```

参数 1：I²C 应用对象，同 I²C 初始化参数 1。

参数 2：uint8_t Address，主机寻址用的 7 位地址。

参数 3：uint8_t I2C_Direction，读或写模式（对主机来讲），定义如下：

```
1. #define  I2C_Direction_Transmitter  ((uint8_t)0x00)   //发送或写模
2. #define  I2C_Direction_Receiver     ((uint8_t)0x01)   //接受或读模式
```

例如，I2C2 控制器作为主机，向地址为 0xA0 的从机发送一个写请求。

```
void I2C_Send7bitAddress(I2C2, 0xA0, I2C_Direction_Transmitter);
```

8. I²C 控制器发送一个字节的数据函数

```
void I2C_SendData(I2C_TypeDef * I2Cx, uint8_t Data);
```

参数 1：I²C 应用对象，同 I²C 初始化参数 1。

参数 2：uint8_t Data，要发送的数据，写入 I²C 数据寄存器。

例如，I2C2 控制器发送一个数据 0x55。

```
void I2C_SendData(I2C2, 0x55);
```

9. I²C 控制器接收一个字节的数据函数

```
uint8_t I2C_ReceiveData(I2C_TypeDef * I2Cx);
```

参数 1：I²C 应用对象，同 I²C 初始化参数 1。

返回：接收到的数据，读 I²C 数据寄存器。

例如，从 I2C2 控制器读一个接收到的数据，赋值给变量 A。

10. I²C 控制器获取最新的通信事件函数

```
uint32_t I2C_GetLastEvent(I2C_TypeDef * I2Cx);
```

该函数一般常用于 I²C 从机模式的事件中断服务程序,判断 I²C 中断的触发事件。

参数 1:I²C 应用对象,同 I²C 初始化函数参数 1。

返回:I²C 通信事件,EV1~EV9,具体定义详见头文件。

例如,获取 I2C2 控制器的最新通信事件,复制给变量 Status。

```
Status = I2C_GetlastEvent(I2C2);
```

10.4.2 实验详解

为方便读者理解上述原理,下面将通过库函数对 I²C 进行实验教学,涉及的实验为数码管显示数字 0~9 和矩阵式键盘读取按键值。使用到的实验设备主要包括:本书配套的开发板、PC 机、KeilMDK5.31 集成开发环境、J-Link 仿真器。

1. 数字 0~9 数码管显示实验

(1) 硬件原理图

为使读者了解 STM32F407xx/GD32F407xx 的 I²C 使用及其相关的 API 函数,本编程实现 STM32F407xx/GD32F407xx 的通过 I²C 接口,控制 CH455 芯片实现数码管点显示 0~9。数码管矩阵键盘模块原理图见图 4-52。

(2) 实验原理及流程

通过对 8 段数码管不同引脚输入相应电流,可以使指定引脚实现点亮操作。每个数码管的每一个段码,通过 CH455 进行动态扫描驱动,顺序为 DIG0 至 DIG3。且其可通过设置显示占空比实现 8 级亮度控制。CH455 内部具有 4 个 8 位的数据寄存器,用于保存 4 个字数据,分别对应于 CH455 所驱动的 4 个数码管或者 4 组每组 8 个的发光二极管。数据寄存器中字数据的位 7~位 0 分别对应各个数码管的小数点和段 G~段 A,对于发光二极管阵列,则每个字数据的数据位唯一地对应一个发光二极管。当数据位为 1 时,对应的数码管的段或者发光管就会点亮;当数据位为 0

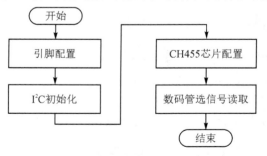

图 10-13 数码管显示实验流程图

时,则对应的数码管的段或者发光管就会熄灭。例如,第 3 个数据寄存器的位 0 为
1,所以对应的第 3 个数码管的段 A 点亮。

（3）实验步骤及结果

① 引脚配置

这段代码用于配置微控制器的外部中断,将 GPIOG 端口的第 5 引脚（Pin 5）配
置为外部中断线 5,当该引脚上发生下降沿时触发中断。通过初始化相关的 GPIO
和中断参数,确保系统能够在引脚状态变化时正确地响应和处理外部中断事件。

```
1.   void Alarm_GPIO_Configuration(void)
2.   {
3.     EXTI_InitTypeDef    EXTI_InitStructure;
4.     GPIO_InitTypeDef    GPIO_InitStructure;
5.     NVIC_InitTypeDef    NVIC_InitStructure;
6.
7.     RCC_AHB1PeriphClockCmd(RCC_AHB1Periph_GPIOG, ENABLE);    //使能 I/O 时钟
8.     RCC_APB2PeriphClockCmd(RCC_APB2Periph_SYSCFG, ENABLE);   //使能 SYSCFG 时钟
9.
10.    GPIO_InitStructure.GPIO_Mode = GPIO_Mode_IN;             //输入
11.    GPIO_InitStructure.GPIO_PuPd = GPIO_PuPd_UP;             //设置上接
12.    GPIO_InitStructure.GPIO_Pin = GPIO_Pin_5;               //I/O 口为 0
13.    GPIO_Init(GPIOG, &GPIO_InitStructure);
14.
15.    SYSCFG_EXTILineConfig(EXTI_PortSourceGPIOG, EXTI_PinSource5);
                                                               //初始化中断线
16.
17.    EXTI_InitStructure.EXTI_Line = EXTI_Line5;              //配置中断线为中断线 0
18.    EXTI_InitStructure.EXTI_Mode = EXTI_Mode_Interrupt;     //配置中断模式
19.    EXTI_InitStructure.EXTI_Trigger = EXTI_Trigger_Falling; //配置为下降沿触发
20.    EXTI_InitStructure.EXTI_LineCmd = ENABLE;               //配置中断线使能
21.    EXTI_Init(&EXTI_InitStructure);
22.
23.    NVIC_InitStructure.NVIC_IRQChannel = EXTI9_5_IRQn;
24.    NVIC_InitStructure.NVIC_IRQChannelPreemptionPriority = 0x0F;
25.    NVIC_InitStructure.NVIC_IRQChannelSubPriority = 0x0F;
26.    NVIC_InitStructure.NVIC_IRQChannelCmd = ENABLE;
27.    NVIC_Init(&NVIC_InitStructure);
28.  }
```

② I²C 初始化

本段代码是用于配置微控制器上的 GPIO 引脚,实现对 I²C 通信中的两个引脚
的初始化。通过启用 GPIOG 端口的时钟和设置相关的 GPIO 参数,将 GPIOG 的引

脚 2 和引脚 4 配置为通用输出模式,输出推挽,上拉电阻,并初始化 GPIO。该函数的最后调用了 I2C_Stop() 函数,可能用于在配置完成后执行一些 I²C 通信的初始化或停止操作。这样的配置通常在使用 I²C 总线进行通信时需要进行,以确保 I²C 引脚的正确状态和电气特性。

```
1.  void I2C_GPIO_Configuration(void)
2.  {
3.    GPIO_InitTypeDef  GPIO_InitStructure;
4.    RCC_AHB1PeriphClockCmd(RCC_AHB1Periph_GPIOG, ENABLE);
5.    GPIO_InitStructure.GPIO_Pin = GPIO_Pin_2|GPIO_Pin_4;   //LED 对应引脚
6.    GPIO_InitStructure.GPIO_Mode = GPIO_Mode_OUT;          //通用输出模式
7.    GPIO_InitStructure.GPIO_OType = GPIO_OType_PP;         //输出推挽
8.    GPIO_InitStructure.GPIO_Speed = GPIO_Speed_50MHz;      //100MHz
9.    GPIO_InitStructure.GPIO_PuPd = GPIO_PuPd_UP;
10.   GPIO_Init(GPIOG, &GPIO_InitStructure);                 //初始化 GPIO
11.
12.   I2C_Stop();
13. }
```

③ CH455 芯片配置

```
1.  void init_CH455( void )    //初始化 CH455
2.  {
3.    I2C_GPIO_Configuration();
4.    Alarm_GPIO_Configuration();
5.  }
```

④ 数码管选信号读取

本段嵌入式 C 代码首先进行了系统滴答定时器、按键和 LED 的初始化,然后通过调用 init_CH455() 初始化了数字显示器驱动芯片 CH455,并打开了数字显示和键盘的 8 段显示方式。在无限循环中,通过 CH455_Write 函数循环发送 BCD_decode_tab 数组中的数字 0 到 9 给 CH455 进行显示,并通过 delay_ms 函数在每次显示之间添加了 500 ms 的延迟,实现了循环显示数字的功能。

```
1.  int main(void)
2.  {
3.    u8i;
4.    u8showH[2],showL[2];
5.
6.    SysTick_Init();                   //系统滴答定时器初始化
7.    KEYGpio_Init();                   //按键 I/O 口初始化
```

```
8.      LEDGpio_Init( );                    //初始化 LED
9.      init_CH455( );                      //初始化
10.     CH455_Write( CH455_SYSON );         //开启显示和键盘,8 段显示方式
11.
12.     //发显示数据
13.     while(1)
14.     {
15.     CH455_Write(CH455_DIG0 |BCD_decode_tab[0]);
16.     delay_ms( 500 );
17.     CH455_Write(CH455_DIG0 |BCD_decode_tab[1]);
18.     delay_ms( 500 );
19.     CH455_Write(CH455_DIG0 |BCD_decode_tab[2]);
20.     delay_ms( 500 );
21.     CH455_Write(CH455_DIG0 |BCD_decode_tab[3]);
22.     delay_ms( 500 );
23.     CH455_Write(CH455_DIG0 |BCD_decode_tab[4]);
24.     delay_ms( 500 );
25.     CH455_Write(CH455_DIG0 |BCD_decode_tab[5]);
26.     delay_ms( 500 );
27.     CH455_Write(CH455_DIG0 |BCD_decode_tab[6]);
28.     delay_ms( 500 );
29.     CH455_Write(CH455_DIG0 |BCD_decode_tab[7]);
30.     delay_ms( 500 );
31.     CH455_Write(CH455_DIG0 |BCD_decode_tab[8]);
32.     delay_ms( 500 );
33.     CH455_Write(CH455_DIG0 |BCD_decode_tab[9]);
34.     delay_ms( 500 );
35.     }
36. }
```

⑤ 硬件连接及功能验证

（a）实验平台电源线连接好,将数码管矩阵键盘模块接入控制类模块接口,并用 J-Link 仿真器连接实验平台和电脑；

（b）给开发板上电,烧录程序；进行测试。

程序烧录完成后,按下板子上的复位键 RESET,模块数码管 DIG0 循环显示 "0~9"。

2. 矩阵式键盘读取按键值

（1）硬件原理图

本编程实现 STM32F407/GD32F407 的通过 I²C 接口,控制 CH455 芯片实现矩阵键盘点按操作。数码管矩阵键盘模块原理图见图 4 - 52。

（2）实验原理及流程

在键盘扫描期间，DIG3～DIG0 引脚用于列扫描输出，SEG6～SEG0 引脚都带有内部下拉电阻，用于行扫描输入。对应按键编址如表 10-2 所列。

表 10-2　矩阵键盘按键编址表

编址	DIG3	DIG2	DIG1	DIG0
SEG0	07H	06H	05H	04H
SEG1	0FH	0EH	0DH	0CH
SEG2	17H	16H	15H	14H
SEG3	1FH	1EH	1DH	1CH
SEG4	27H	26H	25H	24H
SEG5	2FH	2EH	2DH	2CH
SEG6	37H	36H	35H	34H
SEG0＋SEG1	3FH	3EH	3DH	3CH

在键盘扫描期间，DIG3～DIG0 引脚按照 DIG0 至 DIG3 的顺序依次输出高电平，其余引脚输出低电平；SEG6～SEG0 引脚的输出被禁止，当没有键被按下时，SEG6～SEG0 都被下拉为低电平；当有键被按下时，例如连接 DIG1 与 SEG4 的键被按下，则当 DIG1 输出高电平时 SEG4 检测到高电平。如果 CH455 检测到有效的按键，则记录下该按键代码，并通过 INT♯ 引脚产生低电平有效的键盘中断，此时单片机可以通过串行接口读取按键代码，本实验流程图如图 10-14 所示。

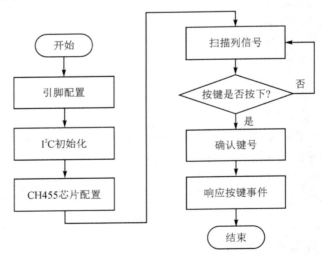

图 10-14　矩阵键盘流程图

（3）实验步骤及结果

① 引脚配置

② I²C 初始化

③ CH455 芯片配置

①②③部分如上述实验所示。

④ 扫描列信号

本段代码是用于通过 I²C 通信从 CH455 键盘解码器中读取按键数据的函数。在函数中,首先通过调用 I2C_Start()函数产生 I²C 总线的启动信号,然后通过 I2C_SendByte()发送 CH455 的 I²C 地址和读取标志位。接着,通过调用 I2C_Receive-Byte()函数接收 CH455 返回的按键数据。最后,通过 I2C_Stop()函数发送 I²C 总线的停止信号,完成一次数据读取。函数返回读取到的按键数据。整体而言,该函数实现了通过 I²C 通信从 CH455 键盘解码器中读取按键数据的过程。

```
1.  u8 CH455_Read(void)                    //读取按键
2.  {
3.      u8 keycode;
4.      I2C_Start();                        //启动总线
5.      I2C_SendByte((u8)(CH455_GET_KEY>>7)&CH455_I2C_MASK|0x01|CH455_I2C_ADDR);
6.      keycode = I2C_ReceiveByte();        //读取数据
7.      I2C_Stop();                         //结束总线
8.      return keycode;
9.  }
```

⑤ 确认键号

本段代码是一个用于通过 I²C 通信协议从 CH455 键盘解码器中读取按键值的函数。函数首先调用 I2C_Start()启动 I²C 总线,然后通过 I2C_SendByte()发送 CH455 的 I2C 地址和读取标志。接着,函数使用 I2C_ReceiveByte()接收从 CH455 返回的按键值。最后,通过 I2C_Stop()停止 I²C 总线,并将读取到的按键值返回给调用该函数的地方。在这个函数中,使用的数据类型 u8 表示无符号 8 位整数。整个函数实现了基本的 I²C 通信过程,用于与 CH455 键盘解码器进行数据交互。

```
1.   u8 CH455_Read(void)                    //读取按键
2.   {
3.       u8 keycode;
4.       I2C_Start();                        //启动总线
5.       I2C_SendByte((u8)(CH455_GET_KEY>>77)&
6.       CH455_I2C_MASK|0x01|CH455_I2C_ADDR);
7.       keycode = I2C_ReceiveByte();        //读取数据
8.       I2C_Stop();                         //结束总线
9.       return keycode;
10.  }
```

⑥ 响应按键事件

本段代码实现了一个无限循环,不断地读取 CH455 键盘解码器返回的按键值,并根据按键值进行相应的操作。在 ♯ifdef USE_CH455_KEY 和 ♯endif 之间的部分,首先通过 CH455_Read 函数读取键盘值,然后对键盘值进行处理,将其映射为相应的操作。具体地,通过一系列的条件判断,将读取到的按键值映射到范围在 1 到 16 之间的整数 i,然后根据 i 的值设置显示的数码管的内容,最后通过 CH455_Write 函数将数码管进行更新。接着,在内层的 while(1) 循环中,检测是否有按键一直被按下,如果是,则进行特殊的显示效果(这里是闪烁),直到按键被释放。整体来说,这段代码通过不断检测并处理键盘输入,实现了一个交互式的显示系统。

```
1.    while(1)
2.    {
3.    # ifdef USE_CH455_KEY
4.        ch455_key = 0xff;
5.        while( ch455_key == 0xff );
6.
7.        i = ch455_key & 0x3f;                    //按键值
8.        if( i <= 7 )
9.        {
10.           i = i-3;
11.       }else if( 12 <= i & i <= 15 )
12.       {
13.           i = i-7;
14.       }else if( 20 <= i & i <= 23 )
15.       {
16.           i = i-11;
17.       }else
18.       {
19.           i = i-15;
20.       }
21.
22.       if( i<10 )
23.       {
24.           showH[0] = BCD_decode_tab[0];
25.           showL[0] = BCD_decode_tab[i];
26.       }else
27.       {
28.           showH[0] = BCD_decode_tab[i/10];
29.           showL[0] = BCD_decode_tab[i-10];
30.       }
31.       //数码管显示之间的移位操作
32.       CH455_Write( CH455_DIG3 |showL[0] );
```

```
33.     CH455_Write( CH455_DIG2 |showH[0] );
34.     CH455_Write( CH455_DIG1 |showL[1] );
35.     CH455_Write( CH455_DIG0 |showH[1] );
36.

37.     //判断按键有没有释放
38.     while(1)
39.     {
40.         i = CH455_Read( );          //读按键数值
41.         if( i & 0x40 )              //按键按下没有释放
42.         {
43.             //闪烁
44.             CH455_Write( CH455_DIG3 );
45.             CH455_Write( CH455_DIG2 );
46.             delay_ms(50);
47.             CH455_Write( CH455_DIG3 |showL[0] );
48.             CH455_Write( CH455_DIG2 |showH[0] );
49.             delay_ms(50);
50.         }
51.         else                        //按键已经释放
52.         {
53.             break;
54.         }
55.     }
56.     # endif
57. }
```

⑦ 硬件连接及功能验证

（a）实验平台电源线连接好，将数码管矩阵键盘模块接入控制类模块接口，并用 JLink 仿真器连接实验平台和电脑；

（b）给开发板上电，烧录程序；进行测试。

程序烧录完成后，按下板子上的复位键 RESET，模块数码管显示"0123"，且亮度随时间变化，并最终显示"0000"。

10.4.3　拓展训练

1. 数码管显示 AbCd。

2. 数码管显示时钟。

3. 通过按键操作，使数码管显示不同内容。

10.5 思考与练习

1. I^2C 接口由哪几根线组成？它们分别有什么作用？
2. I^2C 的时序由哪些信号组成？
3. I^2C 的主要特征有哪些？
4. I^2C 控制器主要特性有哪些？
5. 简要说明 I^2C 的主要结构和原理。
6. 简述 I^2C 控制器主模式和从模式的异同。
7. 如何设置 I^2C 主模式和从模式？
8. STM32F407 与 GD32F407 的 I^2C 是否有区别？

第 11 章　SPI 控制器

11.1　SPI 协议概述

　　SPI 是原 Motorola 公司首先提出的全双工四线同步串行外围接口,采用主从模式(Master-Slave)架构,支持单、主、多从模式应用,时钟由 Master 控制,在时钟移位脉冲下,数据按位传输,高位在前,低位在后(MSB first)。SPI 接口有 2 根单向数据线,为全双工通信。SPI 主机和从机连接示意图如图 11-1 所示。

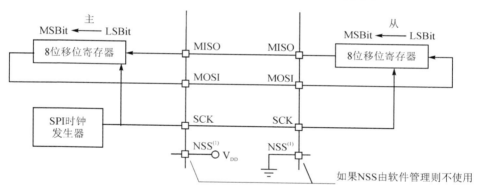

图 11-1　SPI 主机和从机连接示意图

　　4 线 SPI 器件有 4 个信号:时钟(SPI CLK,SCLK)信号、主机输出从机输入(MOSI)信号、主机输入从机输出(MISO)信号、片选(CS/NSS)信号。

　　产生时钟信号的器件称为主机。主机和从机之间传输的数据与主机产生的时钟同步。同 I^2C 接口相比,SPI 接口支持更高的时钟频率。用户应查阅产品数据手册以了解 SPI 接口的时钟频率规格。SPI 接口只能有一个主机,但可以有一个或多个从机。主机和多从机之间的 SPI 连接示意图如图 11-2 所示。

　　来自主机的片选信号用于选择从机,它通常是一个低电平有效信号,拉高时从机与 SPI 总线断开连接。当使用多个从机时,主机需要为每个从机提供单独的片选信号。MOSI 和 MISO 是数据信号线,MOSI 是将数据从主机发送到从机的信号线,MISO 是将数据从从机读取到主机的信号线。

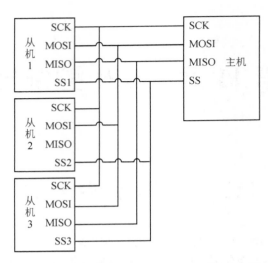

图 11-2　主机和多从机之间的 SPI 连接示意图

11.1.1　SPI 数据传输

MOSI、MISO、SPI 主机和 SPI 从机内部的数据寄存器构成一个数据串行传输的环路,在时钟的控制下实现数据的环形传输。

由此可知,当主机需要向从机写数据时,主机的 8 位移位寄存器把需要写的数据通过 MOSI 传输给从机的 8 位移位寄存器,然后从机把数据读走。但是,这时从机的 8 位移位寄存器中的内容也会通过 MISO 传输回主机。也就是说,主机和从机的 8 位移位寄存器的内容进行了交换。当需要读数据的时候,读操作和写操作是一样的,只不过这时主机可以写一个任意的数据,把从机 8 位移位寄存器的目标内容交换到主机,以实现读操作。

要想开始 SPI 通信,主机必须发送时钟信号,并通过使能片选信号选择从机。片选信号通常是低电平有效信号。在 SPI 通信期间。数据的发送(串行移出到 MOSI 上)和接收(采样或读入 MISO 上的数据)同时进行。

11.1.2　SPI 通信的时钟极性和时钟相位

在 SPI 通信中,主机可以选择时钟极性和时钟相位。在空闲状态,SPI 控制寄存器 1(SPI_CR1)的 CPOL 位设置时钟极性。空闲状态是指传输开始时 CS 为高电平且在向低电平转变,以及传输结束时 CS 为低电平且在向高电平转变,SPI 控制寄存器 1 的 CPHA 位选择时钟相位。根据 CPHA 位的状态,使用时钟上升沿或下降沿来采样/移位数据。

1．时钟极性

SPI 的时钟极性,表示当总线空闲时时钟的极性,其电平的值是低电平 0 还是高电平 1,取决于:

CPOL＝0,时钟空闲时候的电平是低电平,当时钟有效的时候,为高电平;

CPOL＝1,时钟空闲时候的电平是高电平,当时钟有效的时候,为低电平。

2．时钟相位

时钟相位对应着数据采样是在第 1 个边沿(空闲状态电平切换到相反电平)还是第 2 个边沿,0 对应着第 1 个边沿,1 对应着第 2 个边沿。

CPHA＝0,表示第 1 个边沿。

对于 CPOL＝0,时钟空闲的时候是低电平,第 1 个边沿就是从低变到高,所以是上升沿;

对于 CPOL＝1,时钟空闲的时候是高电平,第 1 个边沿就是从高变到低,所以是下降沿。

CPHA＝1,表示第 2 个边沿。

对于 CPOL＝0,时钟空闲的时候是低电平,第 2 个边沿就是从高变到低,所以是下降沿;

对于 CPOL＝1,时钟空闲的时候是高电平,第 2 个边沿就是从低变到高,所以是上升沿。

11.1.3　4 种 SPI 模式

主机必须根据从机的要求选择时钟极性和时钟相位。根据 CPOL 位和 CPHA 位的选择,有 4 种 SPI 模式可用。表 11－1 显示了这 4 种 SPI 模式。

表 11－1　通过 CPOL 位和 CPHA 位选择 SPI 模式

SPI 模式	CPOL 位	CPHA 位	空闲时时钟极性	采样/移位数据时的时钟相位
0	0	0	低电平	第 1 个边沿,数据在上升沿采样,在下降沿移出
1	0	1	低电平	第 2 个边沿,数据在下降沿采样,在上升沿移出
2	1	0	高电平	第 1 个边沿,数据在下降沿采样,在上升沿移出
3	1	1	高电平	第 2 个边沿,数据在上升沿采样,在下降沿移出

图 11－3～图 11－4 分别为 4 种 SPI 模式下的通信示例。在实际的使用过程中,用户需要参阅产品数据手册选择匹配器件的时序。

图 11－3 为 SPI 模式 0 和 SPI 模式 2 的时序图。CPOL＝0 时,SPI 处于模式 0,表示时钟的空闲状态为低电平。CPHA＝0,数据在第 1 个边沿(上升沿)采样,并且

数据在接下来时钟信号的下降沿移出；当 CPOL＝1 时，SPI 处于模式 2，在此模式下，表示时钟的空闲状态为高电平。CPHA＝0，数据在第 1 个边沿（下降沿）采样，并且数据在接下来时钟信号的上升沿移出。

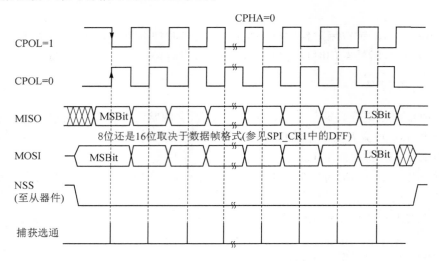

图 11-3　当 CPHA＝0 时的时序图

图 11-4 为 SPI 模式 1 和 SPI 模式 3 的时序图。当 CPOL＝0 时，SPI 处于模式 1，表示时钟的空闲状态为低电平。在此模式下，CPHA＝1，数据在第 2 个边沿（下降沿）采样，并且数据在接下来时钟信号的上升沿移出。当 CPOL＝1 时，SPI 处于模式 3，在此模式下，表示时钟的空闲状态为高电平，CPHA＝1，数据在第 2 个边沿（上升沿）采样，并且数据在接下来时钟信号的下降沿移出。

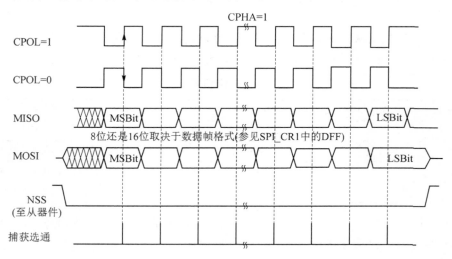

图 11-4　当 CPHA＝1 时的时序图

11.2　SPI 控制器

11.2.1　SPI 控制器主要特性

STM32F407/GD32F407 微控制器内部有 6 个 SPI 控制器,它们可与外部器件进行半双工/全双工的同步串行通信。SPI 控制器可配置为主模式,为外部从器件提供通信时钟(SCK),也能在多主模式配置下工作。SPI 控制器有很多用途,包括基于双线的单工同步传输,其中一条可作为双向数据线,或使用 CRC 校验实现可靠通信。SPI 控制器主要特性如下。

(1) 支持全双工同步传输;

(2) 具有 8 位或 16 位传输帧格式选择;

(3) 支持最高的 SCK 时钟频率($f_{\mathrm{PCLK}}/2$);

(4) 具有主模式、从模式、多主模式功能;

(5) 具有可编程的时钟极性和时钟相位;

(6) 可编程数据顺序,可配置为先输出 MSB 或 LSB;

(7) 具有可触发中断的专用发送和接收标志;

(8) 具有 DMA 功能。

11.2.2　SPI 控制器结构

SPI 控制器结构图如图 11 - 5 所示。

STM32F4/GD32F4 系列芯片有多个 SPI 外设,它们的 SPI 通信引脚(MOSI 引脚、MISO 引脚、SCLK 引脚及 NSS 引脚)通过 GPIO 引脚复用映射实现,具体的引脚映射关系须查原理图或芯片操作手册。

通过波特率发生器设置控制寄存器 1(SPI_CR1)中的 BR[0:2]位,将 SPI 通信速率配置为总线时钟的 2～256 分频。SPI1、SPI4、SPI5、SPI6 挂载在 APB2 总线上,最高通信速率达 45 Mbit/s,SPI2、SPI3 挂载在 APB1 总线上,最高通信速率为22.5 Mbit/s。

SPI 的 MOSI 引脚及 MISO 引脚都连接到移位寄存器上,当发送数据的时候,写SPI 的数据寄存器(SPI_DR),把数据填充到发送缓冲区,移位寄存器将发送缓冲区中的数据逐位通过数据线发送出去。当从外部接收数据的时候,移位寄存器把数据线采样到的数据逐位存储到接收缓冲区中,通过读 SPI_DR,可以获取接收缓冲区中的内容。

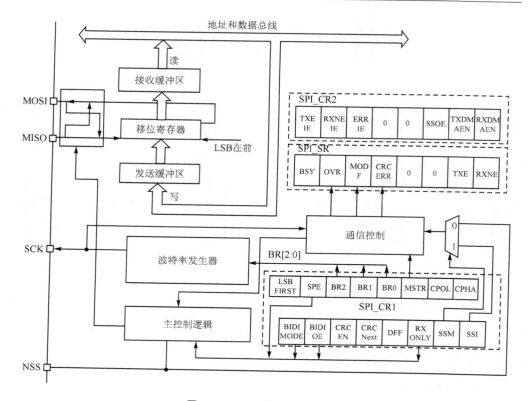

图 11-5　SPI 控制器结构图

　　控制逻辑的工作模式根据控制寄存器(SPI_CR1 和 SPI_CR2)的参数而改变,基本的控制参数包括 SPI 模式、波特率、LSB 先行、主从模式、单双向模式等。在 SPI 控制器工作时,主控制逻辑和通信控制单元,会根据通信状态修改状态寄存器(SPI_SR)。通过读取 SPI_SR 相关的寄存器位,就可以了解 SPI 的工作状态,并根据要求,产生 SPI 中断信号、DMA 请求及控制,以合理控制后续通信过程。

　　在实际应用中,一般不使用 SPI 外设的标准 NSS 信号线,而是使用普通的 GPIO,软件控制它的电平输出,从而产生通信开始和结束信号。

　　数据帧长度可以通过 SPI_CR1 的 DFF 位配置成 8 位或 16 位模式,并通过配置 LSBFIRST 位可选择 MSB 先行还是 LSB 先行。通过 SPI_CR1 中的 CPOL 位和 CPHA 位,可以用软件选择 4 种可能的时序关系。

11.2.3　SPI 主机配置

　　在 SPI 主模式配置下,在 SCLK 引脚上输出串行时钟给 SPI 从机。配置步骤如下。

（1）设置 BR[2:0]位以定义串行时钟波特率。

（2）选择 CPOL 位和 CPHA 位，设置时钟相位和时钟极性（4 种关系中的一种，参见图 11-3～图 11-4）。

（3）设置 DFF 位以定义 8 位或 16 位数据帧格式。

（4）配置 SPI_CR1 中的 LSBFIRST 位以定义 MSB 先行还是 LSB 先行。

（5）如果 NSS 引脚配置成输入，则在 NSS 硬件模式下，NSS 引脚在整个字节发送序列期间都连接到高电平信号；在 NSS 软件模式下，将 SPI_CR1 中的 SSM 位和 SSI 位置 1。如果 NSS 引脚配置成输出，则应将 SSOE 位置 1。

（6）MSTR 位和 SPE 位必须置 1。

在此配置中，MOSI 引脚为数据输出，MISO 引脚为数据输入。

发送数据：在发送缓冲区中写入字节时，SPI 控制器开始发送数据。当移位寄存器中的数据都串行输出之后，数据从发送缓冲区传输到移位寄存器，并将 TXE 标志置 1，并且在 SPI_CR2 中的 TXEIE 位置 1 时生成中断。仅当 TXE 标志为 1 时，才可以对发送缓冲区执行写操作。

接收数据：对于接收器，在数据传输完成时，移位寄存器中的数据将传输到接收缓冲区，并且 RXNE 位置 1。如果 SPI_CR2 中的 RXNEIE 位置 1，则生成中断。在出现最后一个采样时钟边沿时，RXNE 位置 1，移位寄存器中接收的数据字节被复制到接收缓冲区。通过读取 SPI_DR 获取接收到的数据，并将 RXNE 位清零。

11.2.4　SPI 从机配置

在从模式配置中，从 SCK 引脚上接收主机的串行时钟。SPI_CR1 的 BR[2:0]位设置的值不会影响数据传输率。SPI 从模式配置步骤如下：

（1）设置 DFF 位，以定义 8 位或 16 位数据帧格式。

（2）选择 CPOL 位和 CPHA 位，设置时钟相位和时钟极性（4 种关系中的一种，参见图 11-3～图 11-4）。要实现正确的数据传输，必须以相同方式在从机和主机中配置。

（3）配置 SPI_CR1 的 LSBFIRST 位以定义 MSB 先行还是 LSB 先行，数据帧格式必须与主机的数据帧格式相同。

（4）在 NSS 硬件模式下，NSS 引脚在整个字节发送序列期间都必须连接到低电平。在 NSS 软件模式下，将 SPI_CR1 中的 SSM 位置 1，将 SSI 位清零。

（5）将 MSTR 位清零，并将 SPE 位置 1。

在此配置中，MOSI 引脚为数据输入，MISO 引脚为数据输出。

发送数据：数据字节在写周期内被并行加载到发送缓冲区，当从机接收到时钟信号和数据的高有效位时，开始发送数据。SPI_SR 中的 TXE 标志在数据从发送缓冲区传输到移位寄存器时置 1，并且在 SPI_CR2 中的 TXEIE 位置 1 时生成中断。

从机的数据发送是在主机的控制下进行的。在时钟控制下,通过 MOSI 数据线的驱动,把从机的移位寄存器中的数据逐位加载到 MISO 数据线,并传输至主机的移位寄存器。

接收数据:对于接收器,在数据传输完成时,移位寄存器中的数据将传输到接收缓冲区,并且 RXNE 标志(SPI_SR)置 1。如果 SPI_CR2 中的 RXNEIE 位置 1,则生成中断。通过读取 SPI_DR 获取接收到的数据,并将 RXNE 位清零。

在主机发送时钟前使能 SPI 从机,否则,数据传输可能会不正常。在主时钟的第 1 个边沿到来之前或者正在进行的通信结束之前,从机的数据寄存器就需要准备就绪。在使能从机和主机之前,将通信时钟的极性设置为空闲时的时钟电平。

11.2.5 主模式的全双工发送和接收过程

主模式的全双工发送和接收过程如图 11-6 所示。

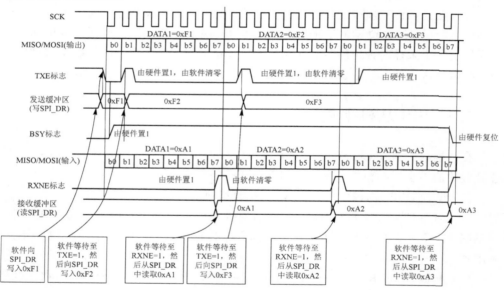

图 11-6 主模式的全双工发送和接受模式

软件必须按照以下步骤来发送和接收数据:

(1)通过将 SPE 位置 1 来使能 SPI。

(2)将第 1 个要发送的数据写入 SPI_DR(此操作会将 TXE 标志清零)。

(3)等待至 TXE=1,然后写入要发送的第 2 个数据项。然后等待至 RXNE=1,读取 SPI_DR 以获取接收到的第 1 个数据(此操作会将 RXNE 位清零)。对每个要发送/接收的数据重复此操作,直到第 $n-1$ 个接收的数据为止。

（4）等待至 RXNE＝1，然后读取最后接收的数据。

（5）等待至 TXE＝1，然后等待至 BSY＝0，再关闭 SPI。

可以使用在 RXNE 或 TXE 标志所产生的中断对应的各个中断子程序来完成数据的收发过程。

11.2.6　SPI 状态标志

软件可通过以下 3 种状态标志监视 SPI 总线的状态。

（1）TXE 标志：当此标志置 1 时，表示发送缓冲区为空，可以将待发送的下一个数据加载到缓冲区。对 SPI_DR 执行写操作时，将清零 TXE 标志。

（2）RXNE 标志：此标志置 1 时，表示接收缓冲区存在有效的已接收数据。读取 SPI_DR 时，将清零 RXNE 标志。

（3）BSY 标志：该标志由硬件置 1 和清零（对此标志执行写操作没有任何作用）。BSY 标志用于指示 SPI 通信的状态。当 BSY 标志置 1 时，表示 SPI 正忙于通信。在主模式下的双向通信接收模式（MSTR＝1 且 BDM＝1 且 BDOE＝0）有一个例外情况，BSY 标志在接收过程中保持低电平。

如果软件要关闭 SPI 并进入停止模式（或关闭外设时钟），可使用 BSY 标志检测传输是否结束以避免破坏下一个数据的传输。

11.2.7　SPI 中断

SPI 支持多种中断事件的请求，便于实时响应一些紧急事务。SPI 中断请求如表 11－2 所列。

表 11－2　SPI 中断请求

中断事件	事件标志	使能控制位
发送缓冲区为空	TXE	TXEIE
接收缓冲区非空	RXNE	RXNEIE
主模式故障	MODF	ERRIE
溢出错误	OVR	
CRC 错误	CRCERR	
TI 帧格式错误	FRE	

11.3　SPI 实验

11.3.1　相关库函数介绍

1. SPI 初始化函数

```
1. void SPI_Init(SPI_TypeDef * SPIx,SPI_InitTypeDef * SPI_InitStruct);
```

参数 1：SPI_TypeDef * SPIx，SPI 应用对象，一个结构体指针，表示形式是 SPI1～SPI3 以宏定义形式定义在头文件中。例如：

```
1.  # define SPI1       ((SPI_TypeDef * ) SPI1_BASE)
2.  # define SPI2       ((SPI_TypeDef * ) SPI2_BASE)
3.  # define SPI3       ((SPI_TypeDef * ) SPI3_BASE)
```

参数 2：SPI_InitTypeDef * SPI_InitStruct，是 SPI 应用对象初始化结构体指针，以自定义的结构体定义在头文件中。

```
1.   typedef struct
2.   {
3.     uint16_t SPI_Direction;              //SPI 单向还是双向传输
4.     uint16_t SPI_Mode;                   //SPI 的主从模式
5.     uint16_t SPI_DataSize;               //SPI 传输数据宽度
6.     uint16_t SPI_CPOL;                   //SPI 的 CPOL 极性,定义当 SPI 空闲时,时钟的极性
7.     uint16_t SPI_CPHA;                   //SPI 的 CPHA 相位,定义 SPI 采样模式
8.     uint16_t SPI_NSS;                    //NSS 引脚管理方式
9.     uint16_t SPI_BaudRatePrescaler;      //时钟频率
10.    uint16_t SPI_FirstBit;               //最先输出的数据位
11.    uint16_t SPI_CRCPolynomial;          //CRC 多项式
12.  }SPI_InitTypeDef;
```

成员 1：uint16_t SPI_Direction，SPI 是单向还是双向传输，有如下定义：

```
1.  # define SPI_Direction_2Lines_FullDuplex  ((uint16_t)0x0000)//双线全双工
2.  # define SPI_Direction_2Lines_RxOnly      ((uint16_t)0x0400)//双线接受
3.  # define SPI_Direction_1Line_Rx           ((uint16_t)0x8000)//单线接受
4.  # define SPI_Direction_1Line_Tx           ((uint16_t)0xC000)//单向发送
```

成员 2：uint16_t SPI_Mode，SPI 主从模式，有如下定义：

```
1. # define SPI_Mode_Master              ((uint16_t)0x0104)//主机模式
2. # defineSPI_Mode_Slave                ((uint16_t)0x0000)//从机模式
```

成员 3：uint16_t SPI_DataSize，SPI 传输数据宽度，有如下定义：

```
1. # define SPI_DataSize_16b             ((uint16_t)0x0800)//16 位宽度
2. # define SPI_DataSize_8b              ((uint16_t)0x0000)//8 位宽度
```

成员 4：uint16_t SPI_CPOL，SPI 的 CPOL 极性，定义当 SPI 空闲时时钟的极性，有如下定义：

```
1. # define SPI_CPOL_Low    ((uint16_t)0x0000)//当 SPI 空闲时，时钟为低电平
2. # defineSPI_CPOL_High    ((uint16_t)0x0002)//当 SPI 空闲时，时钟为高电平
```

成员 5：uint16_t SPI_CPHA，SPI 的 CPHA 相位，定义 SPI 采样位置，有如下定义：

```
1. # define SPI_CPHA_1Edge              ((uint16_t)0x0000)//时钟第一个边沿采样
2. # define SPI_CPHA_2Edge              ((uint16_t)0x0001)//时钟第二个边沿采样
```

成员 6：SPI_NSS，NSS 引脚管理方式，有如下定义：

```
1. # define SPI_NSS_Soft               ((uint16_t)0x0200)//软件方式
2. # define SPI_NSS_Hard               ((uint16_t)0x0000)//硬件方式
```

成员 7：uint16_t SPI_BaudRatePrescaler，时钟频率，可以是总线时钟的 2、4、8、16、32、64、128、256 分频，有如下定义：

```
1. # define SPI_BaudRatePrescaler_2     ((uint16_t)0x0000)//总线时钟 2 分频
2. # define SPI_BaudRatePrescaler_4     ((uint16_t)0x0008)//总线时钟 4 分频
3. # define SPI_BaudRatePrescaler_8     ((uint16_t)0x0010)//总线时钟 8 分频
4. # define SPI_BaudRatePrescaler_16    ((uint16_t)0x0018)//总线时钟 16 分频
5. # define SPI_BaudRatePrescaler_256   ((uint16_t)0x0038)//总线时钟 256 分频
```

成员 8：uint16_t SPI_FirstBit，最先输出的数据位，有如下定义：

```
1. # defineSPI_FirstBit_MSB            ((uint16_t)0x0000)//数据最高位先输出
2. # define SPI_FirstBit_LSB           ((uint16_t)0x0080)//数据最低位先输出
```

成员 9：uint16_t SPI_CRCPolynomial，CRC 多项式，根据需求自定义，复位值是 0x07。

2. SPI 使能函数

```
1. void SPI_Cmd(SPI_TypeDef * SPIx,FunctionalState NewState)
```

参数 1：SPI 应用对象，同 SPI 初始化函数参数 1。

参数 2：：FunctionalState NewState，使能或禁止 SPI 控制器。

ENABLE:使能 SPI 控制器;
DISABLE:禁止 SPI 控制器。
例如,使能 SPI3 控制器。

```
1. void SPI_Cmd(SPI3,ENABLE);
```

3. SPI 发送数据函数

```
1. void SPI_I2S_SendData(SPI_TypeDef * SPIx,uint16_t Data);
```

参数 1:SPI 应用对象,同 SPI 初始化函数参数 1。
参数 2:uint16_ t Data,需要写的数据。
例如,写 SPI3 数据寄存器,并启动发送。

```
1. void SPI_I2S_SendData(SPI3,0xAA);
```

4. SPI 接收数据函数

```
1. uint16_t SPI_I2S_ReceiveData(SPI_TypeDef * SPIx);
```

参数 1:SPI 应用对象,同 SPI 初始化函数参数 1。
返回:接收到的数据。
例如,从 SPI3 控制器读一个接收到的数据,赋值给变量 A。

```
1. A = SPI_I2S_ReceiveData(SPI3);
```

5. SPI 检测状态标志函数

```
1. FlagStatus SPI_I2S_GetFlagStatus(SPI_TypeDef * SPIx,
                uint16_tSPI_I2S_FLAG);
```

参数 1:SPI 应用对象,同 SPI 初始化函数参数 1。
参数 2:uint16_ t SPI_I2S_FLAG,SPI 状态标志,有如下定义:

```
1. #define SPI_I2S_FLAG_RXNE      ((uint16_t)0x0001)//接收缓冲区非空标志
2. #define SPI_I2S_FLAG_TXE       ((uint16_t)0x0002)//发送缓冲区为空标志位
3. #define I2S_FLAG_UDR           ((uint16_t)0x0008)//主模式故障标志
4. #define SPI_FLAG_CRCERR        ((uint16_t)0x0010)//CRC 错误标志
5. #define SPI_FLAG_MODF          ((uint16_t)0x0020)//主模式故障标志
6. #define SPI_I2S_FLAG_OVR       ((uint16_t)0x0040)//溢出错误标志
7. #define SPI_I2S_FLAG_BSY       ((uint16_t)0x0080)//忙标志
8. #define SPI_I2S_FLAG_TIFRFE    ((uint16_t)0x0100)//帧格式错误标志
```

返回:接收到的数据。

例如,检测 SPI3 控制器是否接收到新数据,如果成功检测到 RXNE＝1,则从 SPI5 控制。

读一个接收到的数据,赋值给变量 A。

```
1. While (SPI_I2S_GetFlagStatus(SPI3,SPI_I2S_FLAG_TXE) == RESET);
2. A = SPI_I2S_ReceiveData(SPI3);
```

11.3.2　实验详解

为方便读者理解上述原理,下面将通过库函数对 SPI 进行更详细的实验教学,主要通过 SPI 接口进行读/写操作并通过 LED 灯指示。使用到的实验设备主包括:本书配套的开发板、串口调试助手、PC 机、Keil MDK5.31 集成开发环境、J-Link 仿真器。

1. 硬件原理图

为使读者了解 STM32F407/GD32F407 的 SPI 使用及其相关的 API 函数,掌握 SPI 读/写外扩 Flash 的方法,本实验利用函数操作编程,通过 SPI 接口,对 W25Q16 芯片进行读/写操作,并通过 LED 灯指示读/写的结果。SPI FLASH 芯片原理图见图 4－6。

2. 实验流程

首先,将与 W25Q16 连接的 GPIO 设置成 SPI 功能,然后通过 SPI 接口对 W25Q16 进行读/写操作。详细实验流程图如图 11－7 所示。

3. 实验步骤与结果

详细步骤如下:

(1) GPIO 引脚初始化

本实验中 GPIO 引脚初始化代码已在第 6 章通用输入/输出端口中详细介绍,为方便查阅,沿用第 6 章代码,展示如下:

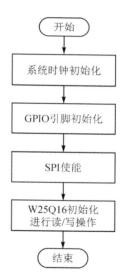

图 11－7　SPI 实验流程图

```
1. void LEDGpio_Init(void)
2. {
3.     /* 定义一个 GPIO_InitTypeDef 类型的结构体变量 */
4.     GPIO_InitTypeDefGPIO_InitStructure;
5.     /* 开启 LED 灯相关的 GPIO 外设时钟 */
```

```
6.   RCC_AHB1PeriphClockCmd(RCC_AHB1Periph_GPIOF,ENABLE);
7.   /* 选择要控制的 GPIO 引脚 */
8.   GPIO_InitStructure.GPIO_PinGPIO_Pin_0|GPIO_Pin_1|GPIO_Pin_2|GPIO_Pin_3|GPIO_
     Pin_4|GPIO_Pin_5|GPIO_Pin_6|GPIO_Pin_7;
9.   /* 设置引脚模式为通用输出模式 */
10.  GPIO_InitStructure.GPIO_Mode = GPIO_Mode_OUT;
11.  /* 设置引脚的输出类型为推挽输出 */
12.  GPIO_InitStructure.GPIO_OType = GPIO_OType_PP;
13.  /* 设置引脚输出速度为 100MHz */
14.  GPIO_InitStructure.GPIO_Speed = GPIO_Speed_100MHz;
15.  /* 设置引脚为无上拉或下拉模式 */
16.  GPIO_InitStructure.GPIO_PuPd = GPIO_PuPd_NOPULL;
17.  /* 调用库函数,使用上面配置的 GPIO_InitStructure 初始化 GPIO */
18.  GPIO_Init(GPIOF,&GPIO_InitStructure);
19.  /* 关闭 LED 灯 */
20.  LED1_OFF;
21.  LED2_OFF;
22.  LED3_OFF;
23.  LED4_OFF;
24.  LED5_OFF;
25.  LED6_OFF;
26.  LED7_OFF;
27.  LED8_OFF;
28. }
```

（2）SPI 使能

SPI 使能函数展示如下,定义了 SPI3_Init()函数,在函数中使能 GPIOB 串口时钟,并将 GPIO3、GPIO4、GPIO5 设置为复用模式、推挽输出、输出速度为 100 MHZ 和上拉模式。此外将引脚 3、4、5 配置成 SPI3 的复用功能,并对其进行初始化,其中,配置 SPI3 的数据传输方向为全双工模式、工作模式为主模式、数据大小为 8 位、时钟极性为高电平、时钟相位为第 2 个边沿触发、NSS 信号管理方式为软件管理、波特率预分辨器的频率为 256、数据传输的起始位置为最高位有效以及设置 CRC 校验多项式的值设置为 7,用于验证数据的完整性。

```
1.   voidSPI3_Init(void)
2.   {
3.     //使能 GPIOB 时钟
4.     RCC_AHB1PeriphClockCmd(RCC_AHB1Periph_GPIOB, ENABLE);
5.     //使能 SPI3 时钟
6.     RCC_APB1PeriphClockCmd(RCC_APB1Periph_SPI3, ENABLE);
7.     //GPIOB3、4、5 初始化设置
8.     GPIO_InitStructure.GPIO_Pin = GPIO_Pin_3 | GPIO_Pin_4 | GPIO_Pin_5;
```

```
9.    GPIO_InitStructure.GPIO_Mode = GPIO_Mode_AF;
10.   GPIO_InitStructure.GPIO_OType = GPIO_OType_PP;
11.   GPIO_InitStructure.GPIO_Speed = GPIO_Speed_100MHz;
12.   GPIO_InitStructure.GPIO_PuPd = GPIO_PuPd_UP;
13.   GPIO_Init(GPIOB, &GPIO_InitStructure);
14.   //GPIOB3、4、5 复用设置
15.   GPIO_PinAFConfig(GPIOB, GPIO_PinSource3, GPIO_AF_SPI3);
16.   GPIO_PinAFConfig(GPIOB, GPIO_PinSource4, GPIO_AF_SPI3);
17.   GPIO_PinAFConfig(GPIOB, GPIO_PinSource5, GPIO_AF_SPI3);
18.   //SPI3 初始化复用设置
19.   RCC_APB1PeriphResetCmd(RCC_APB1Periph_SPI3, ENABLE);
20.   RCC_APB1PeriphResetCmd(RCC_APB1Periph_SPI3, DISABLE);
21.   //SPI3 初始化配置
22.   SPI_InitStructure.SPI_Direction = SPI_Direction_2Lines_FullDuplex;
23.   SPI_InitStructure.SPI_Mode = SPI_Mode_Master;
24.   SPI_InitStructure.SPI_DataSize = SPI_DataSize_8b;
25.   SPI_InitStructure.SPI_CPOL = SPI_CPOL_High;
26.   SPI_InitStructure.SPI_CPHA = SPI_CPHA_2Edge;
27.   SPI_InitStructure.SPI_NSS = SPI_NSS_Soft;
28.   SPI_InitStructure.SPI_BaudRatePrescaler = SPI_BaudRatePrescaler_256;
29.   SPI_InitStructure.SPI_FirstBit = SPI_FirstBit_MSB;
30.   SPI_InitStructure.SPI_CRCPolynomial = 7;
31.   SPI_Init(SPI3, &SPI_InitStructure);
32.   //使能 SPI 外设
33.   SPI_Cmd(SPI3, ENABLE);
34.   //启动传输
35.   SPI3_ReadWriteByte(0xff);
```

（3）W25Q16 初始化

定义了 W25QXX_Init() 函数,其中芯片的引脚对应 GPIOB 的 Pin6,首先初始化 GPIOB 的时钟,将引脚设置为输出模式,推挽输出、输出速度为 100 MHz,上拉模式,实现了对 W25QXX 系列芯片的初始化设置。

```
1.   unsigned short W25QXX_TYPE = W25Q16;
2.   //W25Q16 初始化配置
3.   void W25QXX_Init(void)
4.   {
5.     GPIO_InitTypeDef  GPIO_InitStructure;
6.     RCC_AHB1PeriphClockCmd(RCC_AHB1Periph_GPIOB, ENABLE);
7.     GPIO_InitStructure.GPIO_Pin = GPIO_Pin_6;
8.     GPIO_InitStructure.GPIO_Mode = GPIO_Mode_OUT;
9.     GPIO_InitStructure.GPIO_OType = GPIO_OType_PP;
```

```
10.    GPIO_InitStructure.GPIO_Speed = GPIO_Speed_100MHz;
11.    GPIO_InitStructure.GPIO_PuPd = GPIO_PuPd_UP;
12.    GPIO_Init(GPIOB, &GPIO_InitStructure);
13.    W25QXX_CS_H;
14.    SPI3_Init();
15. }
```

（4）主函数

在主函数中，首先初始化 Systick 定时器、LED 灯的 GPIO 引脚、SPI 接口、然后再完成数据的发送的点亮，代码展示如下：

```
1.    //定义一组数据
2.    unsigned char WriteBuf[10] = {0, 1, 2, 3, 4, 5, 6, 7, 8, 9};
3.    unsigned char ReadBuf[10]  = {0};
4.    #define SIZEsizeof(WriteBuf)
5.    int main(void)
6.    {
7.        volatile unsigned char i = 0;
8.        volatile unsigned short temp = 0;
9.        volatile unsigned char value = 0;
10.       SysTick_Init();
11.       LEDGpio_Init();
12.       W25QXX_Init();
13.       temp = W25QXX_ReadID();
14.       if(temp == 0XEF14)
15.       {
16.         LED1_ON;
17.       }
18.       W25QXX_Write((u8 * )WriteBuf, SIZE - 100, sizeof(WriteBuf));
19.       W25QXX_Read((u8 * )WriteBuf, SIZE - 100, sizeof(WriteBuf));
20.       for (i = 0; i < 10; i++)
21.       {
22.         if (ReadBuf[i] != WriteBuf[i])
23.         {
24.           value = 1;
25.           break;
26.         }
27.       }
28.       if (value == 0)
29.       {
30.         LED2_ON;
31.       }
```

```
32.      else
33.      {
34.        LED3_ON;
35.      }
36.      while(1);
37. }
```

（5）硬件连接与功能验证

① 将开发板电源线连接好，并用 J-Link 仿真器连接实验平台和电脑；

② 给开发板上电，烧录实验代码，进行测试。

程序烧录完毕之后，按下板子上的复位键 RESET，首先检查芯片的 ID，然后读写数据；若芯片 ID 正确 LED1 灯点亮；若读写数据相等点亮 LED2；若读写数据不相等点亮 LED3。

11.3.3　拓展训练

1. 实验要求

使用库函数编程，读/写加速度计数据，显示在串口助手中，并对加速度计进行水平调零与数字滤波，使数据更稳定。

2. 相关知识补充

ADXL345 是一款小而薄的超低功耗 3 轴加速度计，分辨率高（13 位），测量范围达 ±16g，数字输出数据为 16 位二进制补码格式，可通过 SPI（3 线或 4 线）或 I^2C 数字接口访问。ADXL345 非常适合移动设备应用，它可以在倾斜检测应用中测量静态重力加速度，还可以测量运动或冲击导致的动态加速度。其高分辨率（3.9 mg/LSB），能够测量不到 $1.0°$ 的倾斜角度变化。

该器件提供多种特殊检测功能。活动和非活动检测功能通过比较任意轴上的加速度与用户设置的阈值来检测有无运动发生。敲击检测功能可以检测任意方向的单振和双振动作。自由落体检测功能可以检测器件是否正在掉落。这些功能可以独立映射到两个中断输出引脚中的一个。低功耗模式支持基于运动的智能电源管理，从而以极低的功耗进行阈值感测和运动加速度测量。

ADXL345 引脚配置，如图 11-8 所示。ADXL345 可采用 I^2C 和 SPI 数字通信。上述两种情况下，ADXL345 作为从机运行。CS 引脚上拉至 VDD I/O，I^2C 模式使能。CS 引脚应始终上拉至 VDD I/O 或由外部控制器驱动，因为 CS 引脚无连接时，默认模式不存在。因此，如果没有采取这些措施，可能会导致该器件无法通信。SPI 模式下，CS 引脚由总线主机控制。

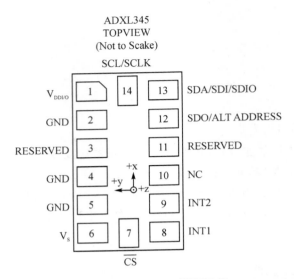

图 11-8　ADXL345 引脚配置

对于 SPI,可使用 3 线或 4 线配置,如图 11-9 和图 11-10 的连接图所示。在 DATA_FORMAT 寄存器(地址 0x31)中,选择 4 线模式清除 SPI 位(位 D6),选择 3 线模式则设置 SPI 位。最大负载为 100 pF 时,最大 SPI 时钟速度为 5 MHz,时序方案按照时钟极性(CPOL)＝1、时钟相位(CPHA)＝1 执行。如果主处理器的时钟极性和相位配置之前,将电源施加到 ADXL345,CS 引脚应在时钟极性和相位改变之前连接至高电平。使用 3 线 SPI 时,推荐将 SDO 引脚上拉至 VDD I/O 抑或通过 10 kΩ 电阻下拉至接地。

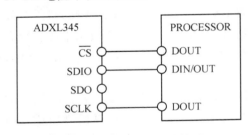

图 11-9　3 线式 SPI 连接图

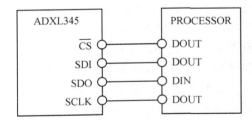

图 11-10　4 线式 SPI 连接图

$\overline{CS}$ 为串行端口使能线,由 SPI 主机控制,必须在传输起点变为低电平,传输终点变为高电平。SCLK 为串行端口时钟,由 SPI 主机提供。无传输期间,SCLK 为空闲高电平状态。SDI 和 SDO 分别为串行数据输入和输出。数据在 SCLK 下降沿更新,在 SCLK 上升沿进行采样。图 11-11、图 11-12、图 11-13 分别展示了 4 线式/3 线式 SPI 写入和读取的时序图。

要在单次传输内读取或写入多个字节,必须设置位于第一个字节传输(MB)R/W

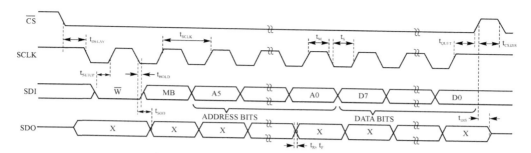

图 11 - 11　4 线式 SPI 写入

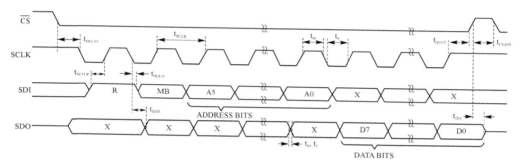

图 11 - 12　4 线式 SPI 读取

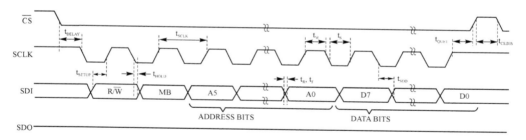

图 11 - 13　3 线式 SPI 读取/写入

位后的多字节位。寄存器寻址和数据的第一个字节后,时钟脉冲的随后每次设置(8 个时钟脉)导致 ADXL345 指向下一个寄存器的读取/写入。时钟脉冲停止后,移位才随之中止,$\overline{CS}$ 失效。要执行不同不连续寄存器的读取或写入,传输之间 $\overline{CS}$ 必须失效,新寄存器另行处理。

　　SPI 通信速率大于或等于 2 MHz 时,推荐采用 3 200 Hz 和 1 600 Hz 的输出数据速率。只有通信速度大于或等于 400 kHz 时,推荐使用 800 Hz 的输出数据速率,剩余的数据传输速率按比例增减。例如,200 Hz 输出数据速率时,推荐的最低通信速度为 100 kHz。以高于推荐的最大值输出数据速率运行,可能会对加速度数据产生不良影响,包括采样丢失或额外噪声。

11.4 思考与练习

1. 通常 SPI 接口由哪几根线组成？它们分别又什么作用？

2. SPI 有几种模式？分别有哪些特点？

3. SPI 控制器内有哪些主要部件？

4. SPI 接口的连接方式有几种？

5. SPI 的数据格式有哪几种？传输顺序可分为哪几种？

6. 简述 STM32F407/GD32F407 微控制器 SPI 的主要特点与区别。

7. 分别写出 SPI 主、从模式的配置步骤。

8. 简要说明 SPI 在主模式的全双工状态下发送和接收的主要步骤。

9. 要监控 SPI 总线的状态，有几个状态标志可以通过软件使用？简要说明这些标志的作用。

10. SPI 共有几个中断源？

第 12 章 模数转换(ADC)
和数模转换(DAC)

12.1 ADC 概述

随着电子技术的发展,特别是数字技术和计算机技术的发展和普及,数字电路处理模拟信号的应用在自动控制、通信及检测等许多领域越来越广泛。自然界中存在的大都是连续变化的模拟量(如温度、时间、速度、流量、压力等),要想用数字电路特别是用计算机来处理这些模拟量,必须先把这些模拟量转换成计算机能够识别的数字量,而经过计算机分析和处理后的数字量又必须转换成相应的模拟量,才能实现对受控对象的有效控制。因此,这就需要一种能在模拟量与数字量之间起桥梁作用的模数和数模转换电路。

12.1.1 A/D 转换过程

ADC(Analog-to-Digital Converter,模数转换器)是指将连续变化的模拟信号转换为离散的数字信号的器件。A/D 转换的作用是将时间连续、幅值也连续的模拟信号转换为时间离散、幅值也离散的数字信号,因此,A/D 转换一般要经过采样、保持、量化及编码 4 个过程,如图 12 - 1 所示。在实际电路中,这些过程有的是合并进行的。例如,采样和保持、量化和编码往往都是在转换过程中同时实现的。

图 12 - 1 A/D 转换过程

模拟信号由调理电路送入 ADC,经过采样、保持、量化及编码转换为数字量,最后数字电路进行处理。为了保证数据处理结果的准确性,ADC 和 DAC 必须有足够的转换精度。

在进行 A/D 转换时,要按一定的时间间隔,对模拟信号进行采样,然后把采样得到的值转换为数字量。因此,A/D 转换的基本过程由采样、保持、量化和编码组成。通常,采样和保持这两个过程由采样/保持电路完成,量化和编码常在转换过程中同时实现。

同时,为了适应快速过程的控制和检测的需要,ADC 和 DAC 还必须有足够快的转换速度。因此,转换精度和转换速度是衡量 ADC 和 DAC 性能优劣的主要标志。

12.1.2　ADC 原理

1. 采样与保持

(1) 开关 S 受采样开关控制信号 V_C 的控制,采样/保持电路原理图如图 12-2 所示。

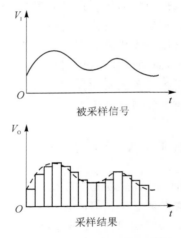

图 12-3　采样波形示意图

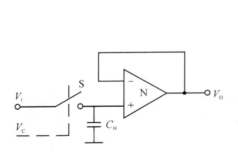

图 12-2　采样保持电路原理图

① 当采样开关控制信号 V_C 为高电平时,开关 S 闭合,采样阶段,采样电压 V_O 等于这一时刻的信号电平 V_1;

② 当采样开关控制信号 V_C 为低电平时,开关 S 断开,保持阶段,此时由于电容无放电回路,因此采样电压 V_O 保持在上一次采样结束时输入电压的瞬时值上。

将 A/D 转换输出的数字信号,再进行 D/A 转换,得到的模拟信号与原输入信号的接近程度与采样频率密切相关。

(2) 在一定条件下,一个连续的时间信号完全可以用该信号在等时间间隔上的样本来表示,采样波形示意图如图 9-3 所示。并且可以用这些样本的值完全恢复该信号,这一非常重要的发现被称为采样定理。为了不失真地恢复模拟信号,采样频率应该大于模拟信号频谱中最高频率的 2 倍，即 $f_s > 2f_{max}$。

　　采样频率越高，稍后恢复出的波形就越接近原信号，但是对系统的要求就更高，转换电路必须具有更快的转换速度。如果不能满足采样定理要求，采样数据中就会出现虚假的低频成分，重建出来的信号称为原信号的混叠替身（频率发生变化）。

　　在实际使用过程中需要避免混叠现象出现，采取以下两种措施可避免混叠的发生。

　　① 提高采样频率，使之达到最高信号频率的两倍以上。

　　② 引入低通滤波器或提高低通滤波器的参数，该低通滤波器通常称为抗混叠滤波器。

　　抗混叠滤波器可限制信号的带宽，使之满足采样定理的条件。从理论上来说，这是可行的，但是在实际情况中是不可能做到的。因为滤波器不可能完全滤除奈奎斯特频率之上的信号，所以，在采样定理要求的带宽之外总有一些"小的"能量。不过抗混叠滤波器可使这些能量足够小，以至于可忽略不计。

　　（3）采样/保持电路。

　　采样/保持电路由采样开关（T）、存储信息的电容（C）和缓冲放大器（A）等几个部分组成，如图 12 - 4 所示。

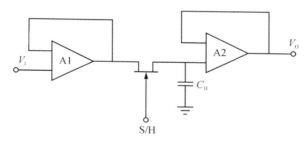

图 12 - 4　采样/保持电路图

2. 量化与编码

　　（1）在 AD 转换过程中，必须将采样/保持电路的输出电压，按某种近似方式规划到与之相对应的离散电平上。这一转化过程称为数字量化，简称量化。编码方法有只舍不入和有舍有入这两种方法。

　　只舍不入量化法：取整时只舍不入，即 0～1 V 的所有输入电压都输出 0 V，1～2 V 的所有输入电压都输出 1 V。采用这种量化方式，输入电压总是大于输出电压，因此产生的量化误差总是正的。

　　有舍有入量化法：在取整时有舍有入（四舍五入），即 0～0.5 V 的输入电压都输出 0 V，0.5～1.5 V 的输出电压都输出 1 V。采用这种量化方式产生的量化误差有正有负，采用有舍有入法进行量化，误差较小。

　　（2）量化过程只是把模拟信号按量化单位做了取整处理，只有用代码表示量化后的值，才能得到数字量。采样、量化后的信号还不是数字信号，需要把它转换成数字编码脉冲,这一过程称为编码。最简单的编码方式是二进制编码。具体说来,就是用 n 比特二进制码来表示已经量化了的样本值,每个二进制数对应一个量化值,然后把它们排列,得到由二进制码组成的数字信息流。

3. 转换速度

转换速度指从接收到转换控制信号开始,到输出端得到稳定的数字输出信号所需的时间。通常用完成一次 A/D 转换操作所需时间来表示转换速度。

例如,某 ADC 的转换时间 T 为 0.1 ms,则该 ADC 的转换速度为 $1/T = 10\ 000$ 次/s。

4. 分辨率

分辨率亦称分解度,用来描述刻度划分。常以输出二进制码的位数来表示分辨率的高低。位数越多,说明量化误差越小,转换的分辨率越高。

A/D 转换结果通常用二进制数来存储,因此分辨率经常以 bit 作为单位,且这些离散值的个数是 2 的幂指数。例如,一个具有 8 位分辨率的 ADC 可以将模拟信号编码成 256 个不同的离散值(因为 $2^8 = 256$),$0 \sim 255$(即无符号整数)或 $-128 \sim 127$(即带符号整数),至于使用哪一种,则取决于具体的应用。

例如,一个 10 位 ADC 满量程输入模拟电压为 5 V,该 ADC 能分辨的最小电压为 $\frac{5}{2^{10}}$ V = 4.88 mV,14 位 ADC 能分辨的最小电压为 $\frac{5}{2^{14}}$ V = 0.31 mV。

可见,在最大输入电压相同的情况下,ADC 的位数越多,所能分辨的电压越小,分辨率越高。

分辨率同时可以用电气性质来描述,单位为伏特(V)。输出离散信号产生一个变化所需的最小输入电压的差值被称作最低有效位(Lest Significant Bit,LSB)电压。这样,ADC 的分辨率等于 LSB 电压。

5. 量化误差

量化误差是指量化结果和被量化模拟量的插值,显然,量化级数越多,量化的相对误差越小。量化级数指的是最大值均等的级数,每一个均值的大小称为一个量化单位。量化噪声的统计性质量化引起的输入信号和输出信号间的差称为量化误差,量化误差对信号而言是一种噪声,也叫量化噪声。

采用有含有入量化法的理想转换器的量化误差为 ± 0.5 LSB。

6. 精度

精度和分辨率是两个不同的概念。精度是指转换器实际值与理论值之间的偏差;分辨率是指转换器所能分辨的模拟信号的最小变化值。ADC 分辨率的高低取决于位数的多少。一般来讲,分辨率越高,精度也越高,但是影响转换器精度的因素有很多,分辨率高的 ADC,并不一定具有较高的精度。精度是偏移误差、增益误差、积分线性误差、微分线性误差、温度漂移等综合因素引起的总误差。因量化误差是模拟输入量在量化取整过程中引起的,因此,分辨率直接影响量化误差的大小,量化误差是一种原理性误差,只与分辨率有关,与信号的幅度、转换速率无关,它只能减小而无法完全消除,只能使其控制在一定的范围之内(± 0.5 LSB)。

7. 输入模拟电压范围

输入模拟电压范围是指 ADC 允许输入的最大电压范围。超过这个范围,ADC将不能正常工作。

12.2　ADC 结 构

STM32F407/GD32F407 微控制器带 3 个 12 位逐次逼近型 ADC,每个 ADC 有多达 19 个复用通道,可测量来自 16 个外部源、2 个内部源和 1 个 V_{BAT} 通道的信号,如图 12-5 所示。这些通道的 A/D 转换可在单次、连续、扫描或不连续采样模式下进行。ADC 的结果存储在一个左对齐或右对齐的 16 位数据寄存器中。ADC 具有模拟看门狗特性,允许应用检测输入电压是否超过了用户自定义的阈值上限或下限。

12.2.1　电源引脚

V_{DDA} 和 V_{SSA} 是模拟电源引脚,在实际使用过程中需要和数字电源进行一定的隔离,防止数字信号干扰模拟电源引脚。参考电压 V_{REF+} 可以由专用的参考电压电路提供,也可以直接和模拟电源连接在一起,需要满足 $V_{DDA}-V_{REF+}<1.2$ V 的条件。V_{REF-} 引脚一般连接在 V_{SSA} 引脚上。一些小封装的芯片没有 V_{REF+} 和 V_{REF-} 这两个引脚,这时,它们在内部分别连接在 V_{DDA} 引脚和 V_{SSA} 引脚上。ADC 的各个电源引脚功能定义如表 12-1 所列。

表 12-1　ADC 的各个电源引脚功能定义

名称	信号类型	备注
V_{REF+}	正模拟参考电压输入引脚	ADC 高/正参考电压,$1.8\text{V} \leqslant V_{REF+} \leqslant V_{DDA}$
V_{DDA}	模拟电源输入引脚	模拟电源电压等于 V_{DD},全速运行时,$2.4 \text{ V} \leqslant V_{DDA} \leqslant V_{DD}(3.6\text{V})$;低速运行时,$1.8 \text{ V} \leqslant V_{DDA} \leqslant V_{DD}$
V_{REF-}	负模拟参考电压输入引脚	ADC 低/负参考电压,$V_{REF-} = V_{SSA}$
V_{SSA}	模拟电源接地输入引脚	模拟电源接地电压,$V_{REF-} = V_{SS}$
$ADCx\_IN[15:0]$	模拟信号输入引脚	模拟电源接地电压,$V_{SSA} = V_{SS}$

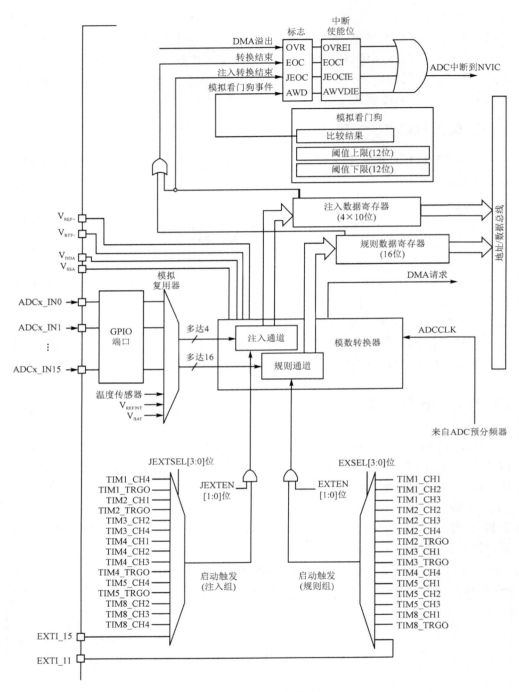

图 12 - 5　ADC 内部结构图

12.2.2　模拟电压输入引脚

ADC 可以转换 19 路模拟信号,ADCx_IN[15:0]是 16 个外部模拟输入通道,另外三路分别是内部温度传感器、内部参考电压 V_{REFINT}(—1.21 V)和电池电压 V_{BAT}。ADC 的通道与引脚的对应关系在数据手册中可以查到,我们这里使用 ADC1 的通道 5 如表 12-2 所列。

表 12-2　ADC1 通道 5 对应引脚表

PA5	SPI1_SCK/OTG_HS_ULPI_CK/ TIM2_CH1_ETR/TOM8_CH1N/EVENTOUT	ADC12_IN5/ DAC-OUT2

ADC 各个输入通道与 GPIO 引脚对应表如表 12-3 所列。

表 12-3　ADC 各个输入通道与 GPIO 引脚对应表

通道号	ADC1	ADC2	ADC3
通道 0	PA0	PA0	PA0
通道 1	PA1	PA1	PA1
通道 2	PA2	PA2	PA2
通道 3	PA3	PA3	PA3
通道 4	PA4	PA4	PA4
通道 5	PA5	PA5	PA5
通道 6	PA6	PA6	PA6
通道 7	PA7	PA7	PA7
通道 8	PB0	PB0	PB0
通道 9	PB1	PB1	PB1
通道 10	PC0	PC0	PC0
通道 11	PC1	PC1	PC1
通道 12	PC2	PC2	PC2
通道 13	PC3	PC3	PC3
通道 14	PC4	PC4	PC4
通道 15	PC5	PC5	PC5

12.2.3　ADC 转换时钟源

STM32F407/GD32F407 微控制器的 ADC 是逐次比较逼近型,因此必须使用驱动时钟。所有 ADC 共用时钟 ADCCLK,它来自经可编程预分频器分频的 APB2 时钟,该预分频器允许 ADC 在 $f_{PCLK2}/2$、$f_{PCLK2}/4$、$f_{PCLK2}/6$ 或 $f_{PCLK2}/8$ 等频率下工作。ADCCLK 最大频率为 36 MHz。

12.2.4 ADC 转换通道

ADC 内部把输入信号分成两路进行转换,分别为规则组和注入组。注入组最多可以转换 4 路模拟信号,规则组最多可以转换 16 路模拟信号。

规则组通道和它的转换顺序在 ADC_SQRx 中选择,规则组转换的总数写入 ADC SQR1 的 L[3:0]位中。在 ADC_SQR1~ADC_SQR3 的 SQ1[4:0]~SQ16[4:0]位域可以设置规则组输入通道转换的顺序。SQ1[4:0]位用于定义规则组中第 1 个转换的通道编号(0~18),SQ2[4:0]位用于定义规则组中第 2 个转换的通道编号,依此类推。

例如,规则组转换 3 个输入通道的信号,分别是输入通道 0、输入通道 3 和输入通道 6,并定义输入通道 3 第 1 个转换、输入通道 6 第 2 个转换、输入通道 0 第 3 个转换。那么相关寄存设定如下。

ADC_SQR1 的 L[3:0]=3,规则组转换总数。

ADC_SQR3 的 SQ1[4:0]=3,规则组中第 1 个转换输入通道编号。

ADC_SQR3 的 SQ2[4:0]=6,规则组中第 2 个转换输入通道编号。

ADC_SQR3 的 SQ3[4:0]=0,规则组中第 3 个转换输入通道编号。

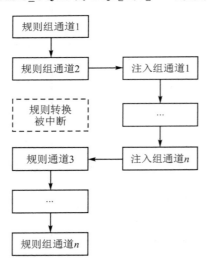

注入组和它的转换顺序在 ADC_JSQR 中选择。注入组里转换的总数应写入 ADC_JSQR 的 JL[1:0]位中。ADC_JSQR 的 JSQ1[4:0]~JSQ4[4:0]位域设置规则组输入换通道转换的顺序。JSQ1[4:0]位用于定义规则组中第 1 个转换的通道编号(0~18),JSQ2[4:0]位用于定义规则组中第 2 个转换的通道编号,依此类推。注入组转换总数、转换通道和顺序定义方法与规则组一致。

当规则组正在转换,启动注入组的转换会中断规则组的转换过程。规则组和注入组转换关系图如图 12-6 所示。

图 12-6 规则组和注入组转换关系图

12.2.5　触发 ADC 转换

触发 ADC 转换的可以是软件触发方式，也可以由 ADC 以外的事件源触发。如果 EXTEN[1:0]控制位（对于规则组转换）或 JXETEN[1:0]位（对于注入组转换）不等于 0b00，则可以使用外部事件触发转换。例如，定时器捕抓、EXTI 线。

12.2.6　ADC 转换结果存储寄存器

注入组有 4 个转换结果寄存器（ADC_JDRx），分别对应于每一个注入组通道。而规则组只有一个数据寄存器（ADC_DR），所有规则组通道转换结果共用一个数据寄存器，因此，在使用规则组转换多路模拟信号时，多使用 DMA 配合。

12.2.7　ADC 中断事件

ADC 在规则组和注入组转换结束、模拟看门狗状态位和溢出状态标志位置位时可能会产生中断。ADC 中断事件如表 12-4 所列。

表 12-4　ADC 中断事件

中断事件	事件标志	使能控制位
结束规则组的转换	EOC	EOCIE
结束注入组的转换	JEOC	JEOCIE
模拟看门狗状态位置 1	AWD	AWDIE
溢出（Overrun）	OVR	OVRIE

12.2.8　模拟看门狗

使用看门狗功能，可以限制 ADC 转换模拟电压的范围（低于阈值下限或高于阈值上限，定义在 ADC_HTR 和 ADC_LTR 这两个寄存器中），当转换的结果超过这一范围时，会将 ADC_SR 中的模拟看门狗状态位置 1，如果使能了相应中断，则会触发中断服务程序，以及时进行对应的处理。

12.3　ADC 功能

ADC 的使能可以由 ADC 控制寄存器 2（ADC_CR2）的 ADON 位来控制，写 1 的时候使能 ADC，写 0 的时候禁止 ADC，这个是开启 ADC 转换的前提。如果需要开始转换，还需要触发转换。有两种方式：软件触发和硬件触发。

12.3.1　软件触发

（1）SWSTART 位：规则组启动控制。
（2）JSWSTART 位：注入组启动控制。
当 SWSTART 位或 JSWSTART 位置 1 时，启动 ADC。

12.3.2　事件触发

触发源有很多，具体选择哪一种触发源，由 ADC_CR2 的 JEXTSEL[2:0]位和 JEXTSEL[2:0]位来控制。
（1）EXTSEL[2:0]位用于选择规则组通道的触发源。
（2）JEXTSEL[2:0]位用于选择注入组通道的触发源。

12.3.3　时钟配置

ADC 的总转换时间跟 ADC 的输入时钟和采样事件有关，T_{conv}＝采样时间＋12 个 ADCCLK 周期。

ADC 会在数个 ADCCLK 周期内对输入电压进行采样，可通过 ADC_SMPR1 和 ADC_SMPR2 中的 SMP[2:0]位修改位数周期数。每个通道均可以使用不同的采样时间进行采样。

如果 ADCCLK＝30MHz，采样时间设置为 3 个 ADCCLK 周期，那么总的转换时间 T_{conv}＝3＋12＝15 个 ADCCLK 周期＝0.5 μs。

同时，ADC 完整转换时间与 ADC 位数有关系，在不同分辨率下，最快的转换时间如下。

12 位：3＋12＝15 个 ADCCLK 周期。
10 位：3＋10＝13 个 ADCCLK 周期。
8 位：3＋8＝11 个 ADCCLK 周期。
6 位：3＋6＝9 个 ADCCLK 周期。

12.3.4　转换模式

1. 单次转换模式

在单次转换模式下，启动转换后，ADC 执行一次转换，然后即停止。如果想要继续转换，需要重新触发启动转换。通过设置 ADC_CR2 的 CONT 位为 0 实现该模式。

一旦选择通道的转换完成：

（1）如果一个规则组通道被转换

① 转换数据被储存在 16 位的 ADC_DR 中。

② EOC 标志被设置。

③ 如果设置了 EOCIE 位，则产生中断。

（2）如果一个注入组通道被转换

① 转换数据被储存在 16 位的 ADC_DRJ1 中。

② JEOC 标志被设置。

③ 如果设置了 JEOCIE 位，则产生中断。

在经过以上 3 个操作后，ADC 停止转换。

2. 连续转换模式

在连续转换模式下，当前面 ADC 转换一结束马上就启动另一次转换。也就是说，只需启动一次，即可开启连续的转换过程。此时 ADC_CR2 的 CONT 位是 1。

在每个转换后：

（1）如果一个规则组通道被转换

① 转换数据被存储在 16 位的 ADC_DR 中。

② EOC 标志被设置。

③ 如果设置了 EOCIE 位，则产生中断。

（2）如果一个注入组通道被转换

① 转换数据被储存在 16 位的 ADC_DRJ1 中。

② JEOC 标志被设置。

③ 如果设置了 JEOCIE 位，则产生中断。

3. 扫描模式

在规则组或注入组转换多个通道时，可以使能扫描模式，以转换一组模拟通道。通过设置 ADC_CR1 的 SCAN 位为 1 来选择扫描模式。扫描过程符合以下规则。

（1）ADC 扫描所有被 ADC_SQRx 或 ADC_JSQR 选中的通道。在每个组的每个通道上执行单次转换。

（2）在每个转换结束时,同一组的下一个通道被自动转换。

（3）当 ADC_CR2 的 CONT 位为 1 时,转换不会在选择组的最后一个通道上停止,而是从选择组的第一个通道继续转换。

（4）如果设置了 DMA 位为 1,在每次产生 EOC 事件后,DMA 控制器把规则组通道的转换数据传输到 SRAM。

因为规则组转换只有一个 ADC_DR,所以在多个规则组通道转换时,一般常使用扫描方式结合 DMA 一起使用,进行模拟信号的转换。

4. 间断模式

间断模式通过设置 ADC_CR1 的 DISCEN 位激活。用来执行一个短序列的 n 次转换($n \leqslant 8$),此转换是 ADC_SQRx 所选择的转换序列的一部分。数值 n 由 ADC_CR1 的 DISCNUM[2:0]位给出。一个外部触发信号可以启动 ADC_SQRx 中描述的下一轮 n 次转换,直到此序列所有的转换完成为止。总的序列长度由 ADC_SQR1 的 L[3:0]位定义。

设置 $n=3$,总的序列长度=8,被转换的通道=0、1、2、3、6、7、9、10 在间断模式下,转换的过程如下:

第 1 次触发:转换的序列为 0、1、2。

第 2 次触发:转换的序列为 3、6、7。

第 3 次触发:转换的序列为 9、10,并产生 EOC 事件。

第 4 次触发:转换的序列 0、1、2。

12.3.5　DMA 控制

由于规则组通道只有一个 ADC_DR,因此,对于多个规则组通道的转换,使用 DMA 非常有帮助。这样可以避免丢失在下一次写入之前还未被读出的 ADC_DR 的数据。

在使能 DMA 模式的情况下(ADC_CR2 中的 DMA 位置 1),每完成规则组通道中的一个通道转换后,都会生成一个 DMA 请求。这样便可将转换的数据从 ADC_DR 传输到软件选择的目标位置。

例如,ADC1 规则组转换 4 个输入通道信号时,需要用到 DMA2 的数据流 0 的通道 0,在扫描模式下,在每个输入通道被转化结束后,都会触发 DMA 控制器将转换结果从规则组 ADC_DR 中的数据传输到定义的存储器。ADC 规则组转换数据 DMA 传输示意图如图 12-7 所示。

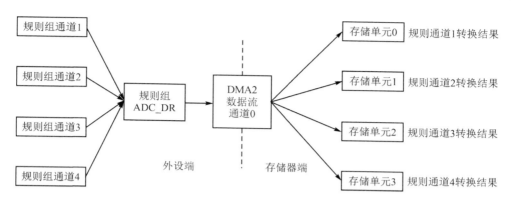

图 12 - 7　ADC 规则组转换数据 DMA 传输示意图

12.4　DAC 概述

数字量转换成模拟量的过程叫数模转换，完成这种功能的电路叫数模转换器，简称 DAC。在很多数字系统中（如数字音频领域），信号以数字方式存储和传输，DAC 可以将这样的信号转换为模拟信号，从而使得这样的信号能够被外界（人或其他非数字系统）识别。典型 DAC 转换结构框图如图 12 - 8 所示。

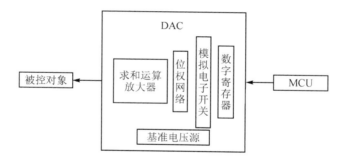

图 12 - 8　典型 DAC 转换结构图

DAC 主要由数字寄存器、模拟电子开关、位权网络、求和运算放大器和基准电压源（或恒流源）组成。DAC 利用存于数字寄存器中的数字量的各位数码，分别控制对应位的模拟电子开关，使数码为 1 的位在位权网络上产生与其位权成正比的电流值，再由求和运算放大器对各电流值求和，并转换成电压值。

12.4.1 基本概念

1. 满量程范围

满量程范围(FSR)是 DAC 输出模拟量最小值到最大值的范围。

2. 分辨率

DAC 的分辨率是指最小输出电压与最大输出电压之比,也就是模拟 FSR 被 2^n-1 分割所对应的模拟值。模拟 FSR 一般指的就是参考电压 V_{REF}。

例如,模拟 FSR 为 3.3 V 的 12 位 DAC,其分辨率:

$$\frac{3.3 \text{ V}}{2^{12}-1} = 8.06 \times 10^{-4} \text{ V}$$

最高有效位(MSB)是指二进制中最高值的比特位。

最低有效位(LSB)是指二进制中最低值的比特位。MSB 和 LSB 示意图如图 12 - 9 所示。

图 12 - 9 MSB 和 LSB 示意图

LSB 这一术语有着特定的含义,它表示数字流中的最后一位,也表示 DAC 转换的最小电压值。

3. 线性度

用非线性误差的大小表示 D/A 转换的线性度。并且将理想的输入/输出特性的偏差与满刻度输出之比的百分数定义位非线性误差。

4. 转换精度

DAC 的转换精度与 DAC 的集成芯片的结构和接口电路配置有关。如果不考虑其他 D/A 转换误差时,D/A 转换精度就是分辨率的大小,因此要获得高精度的 D/A 转换结果,首先要保证选择有足够分辨率的 DAC。同时 D/A 转换精度还与外接电路的配置有关,当外部电路器件或电源误差较大时,会造成较大的 D/A 转换误差,当这些误差超过一定程度时,D/A 转换就产生错误。

在 D/A 转换过程中,影响转换精度的主要因素有失调误差、增益误差、非线性误差和微分非线性误差。

5. 转换速度

转换速度一般由建立时间决定。从输入由全 0 突变为全 1 时开始,到输出电压稳定在 FSR±LSB/2 范围内为止,这段时间称为建立时间,它是 DAC 的最大响应时间,所以用它来衡量转换速度的快慢。

12.4.2 DAC 原理

根据位权网络的不同,将 DAC 分为有权电阻网络 DAC、R-2R 倒 T 形电阻网络 DAC 和电流型网络 DAC 等。

1. 权电阻网络 DAC

权电阻网络 DAC 的转换精度取决于基准电压 V_{REF}、模拟电子开关、运算放大器和各权电阻值的精度。权电阻网络的缺点是各权电阻的阻值都不相同,位数多时,其阻值相差甚远,这给保证高精度带来很大困难,特别是对集成电路的制作很不利,因此在集成的 DAC 中很少单独使用权电阻网络电路。

2. R-2R 倒 T 形电阻网络 DAC

R-2R 倒 T 形电阻网络由若干相同的 R、2R 网络节组成,每节对应于一个输入位。节与节之间串接成倒 T 形网络。R-2R 倒 T 形电阻网络 DAC 是工作速度较快、应用较多的一种 DAC,和权电阻网络 DAC 比较,由于 R-2R 倒 T 形电阻网络 DAC 只有 R、2R 两种阻值,因此它克服了权电阻阻值多,且阻值差别大的缺点。

3. 电流型网络 DAC

电流型网络 DAC 是将恒流源切换到电阻网络,因恒流源内阻极大,相当于开路,所以连同电子开关在内,对它的转换精度影响都比较小,又因电子开关大多采用非饱和型的 ECL 开关电路,所以这种 DAC 可以实现高速转换,且转换精度较高。

12.5 DAC 结构

STM32F407/GD32F407 微控制器的内部含有 2 个 12 位电压输出 DAC。DAC可以按 8 位或 12 位模式进行配置,并且可与 DMA 控制器配合使用。在 12 位模式下,数据可以采用左对齐或右对齐。DAC 内部构造如图 12 - 10 所示。

2 个 DAC 各对应 1 个通道,在 DAC 双通道模式下,每个通道可以单独进行转换;当 2 个通道组合在一起同步执行更新操作时,可以同时进行转换。可通过一个输

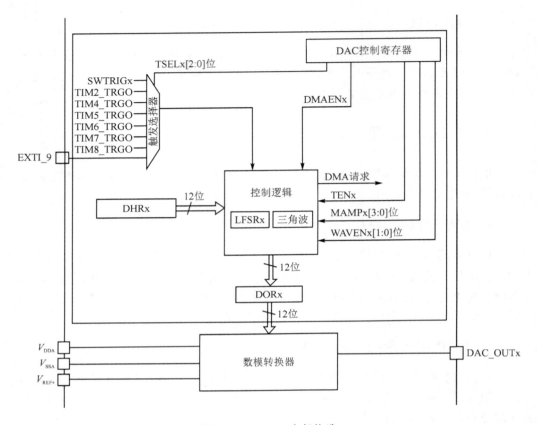

图 12 - 10 DAC 内部构造

入参考电压引脚 V_{REF+}（与 ADC 共享）来提高分辨率。

DAC 各个引脚功能定义如表 12 - 5 所列。

表 12 - 5 DAC 各个引脚功能定义

名称	信号类型	备注
V_{REF+}	正模拟参考电压输入	DAC 高/正参考电压，1.8 V、V_{REF+}、V_{DDA}
V_{DDA}	模拟电源输入	模拟电源
V_{SSA}	模拟电源接地输入	模拟电源接地
DAC_OUTx	模拟输出	DAC 通道 x 模拟输出（DAC 通道 1 对应 PA4，DAC 通道 2 对应 PA5）

12.6 DAC 功能

12.6.1 DAC 转换

2 个 DAC 分别对应 1 个独立的通道，当使用时将 DAC 控制寄存器（DAC_CR）中的相应 ENx 位置 1，即可使能对应的 DAC 通道。

在使能 DAC 通道之后，可以通过写 DAC_DHRx（写入 DAC_DHR8Rx、DAC_DHR12Lx、DAC_DHR12Rx、DAC_DHR8RD、DAC_DHR12LD 或 DAC_DHR12RD）或通过触发信号来启动一次 DAC 转换。

（1）写 DAC_DHRx 启动 DAC 转换：如果未选择硬件触发（DAC_CR 中的 TENx 位复位），那么经过一个 APB1 时钟周期后，DAC_DHRx 中存储的数据将自动转移到 DAC_DORr。当 DAC_DORx 加载了 DAC_DHRx 内容时，模拟输出电压将在一段时间 $t_{SETTLING}$ 后可用，具体时间取决于电源电压和模拟输出负载。

DAC_DORx 无法直接写入，任何数据都必须通过加载 DAC_DHRx 才能传输到 DAC 通道 x。DAC 转换过程如图 12-11 所示。

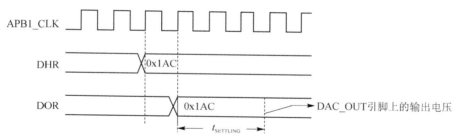

图 12-11 DAC 转换过程

DAC 集成了 2 个输出缓冲器，可用来降低输出阻抗，并在不增加外部运算放大器的情况下直接驱动外部负载。通过 DAC_CR 中的相应 BOFFx 位，可使能或禁止各 DAC 通道输出缓冲器。

（2）硬件触发启动 DAC 转换：如果选择硬件触发（置位 DAC_CR 中的 TENx 位）可通过外部事件（定时计数器、外部中断线）触发转换。当触发条件到来，在 3 个 APB1 时钟周期后，将 DAC_DHRx 的内容转移到 DAC_DORx。如果选择软件触发，一旦 SWTRIG 位置 1，转换即会开始。将 DAC_DHRx 的内容加载到 DAC_DORx 后，SWTRIG 位即由硬件复位。

TSELx[2:0]控制位将决定通过 8 个可能事件中的哪一个来触发转换。DAC 外部触发源如表 12-6 所列。

267

表 12 - 6　DAC 外部触发源

源	类型	TSEL[2:0]
Timer 6 TRGO event	片上定时器的内部信号	000
Timer 8 TRGO event		001
Timer 7 TRGO event		010
Timer 5 TRGO event		011
Timer 2 TRGO event		100
Timer 4 TRGO event		101
EXIT line 9	外部引脚	110
SWTRING	软件控制位	111

12.6.2　DAC 数据格式

根据所选配置模式,数据必须按如下方式写入指定寄存器。

(1) 对于 DAC 单通道 x,有 3 种可能的方式。

8 位右对齐:软件必须将数据加载到 DAC_DHR8Rx[7:0]位(存储到 DHRx[11:4]位)。

12 位左对齐:软件必须将数据加载到 DAC_DHR12Lx[15:4]位(存储到 DHRx[11:0]位)。

12 位右对齐:软件必须将数据加载到 DAC_DHR12Rx[11:0]位(存储到 DHRx[11:0]位)。

根据加载的 DAC_DHRyyyx 寄存器,用户写入的数据将移位并存储到相应的 DHRx(数据保持寄存器 x,即内部非存储器映射寄存器)。之后,DHRx 将被自动加载,或者通过软件或外部事件触发加载到 DORx,DAC 单通道数据对齐方式如图 12 - 12 所示。

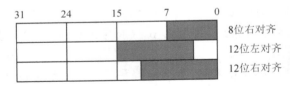

图 12 - 12　DAC 单通道数据对齐方式

(2) 对于 DAC 双通道,有以下可能的方式。

8 位右对齐:将 DAC 通道 1 的数据加载到 DAC_DHR8RD[7:0]位(存储到 DHR1[11:4]位),将 DAC 通道 2 的数据加载到 DAC_DHR8RD[15:8]位(存储到 DHR2[11:4]位)。

12 位左对齐：将 DAC 通道 1 的数据加载到 DAC_ DHR12RD[15:4]位（存储到 DHR1[11:0]位），将 DAC 通道 2 的数据加载到 DAC_DHR12RD[31:20]位（存储到 DHR2[11:0]位）。

12 位右对齐：将 DAC 通道 1 的数据加载到 DAC_DHR12RD[11:0]位（存储到 DHR1[11:0]位），将 DAC 通道 2 的数据加载到 DAC_DHR12RD[27:16]位（存储到 DHR2[11:0]位）。根据加载的 DAC DHRyyyD，用户写入的数据将移位并存储到 DHR1 和 DHR2。

根据加载的 DAC_DHRyyyD，用户写入的数据将移位并存储到 DHR1 和 DHR2（数据保持寄存器，即内部非存储器映射寄存器）。之后，DHR1 和 DHR2 将被自动加载，或者通过软件或外部事件触发分别被加载到 DOR1 和 DOR2。

DAC 双通道数据对齐方式如图 12 - 13 所示。

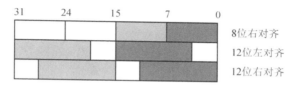

图 12 - 13　DAC 双通道数据对齐方式

12.6.3　DMA 请求

每个 DAC 通道都具有 DMA 功能。2 个 DMA 通道用于处理 DAC 的 DMA 请求。当 DMAENx 位置 1 时，如果发生外部触发（而不是软件触发），则将产生 DAC DMA 请求。DAC_DHRx 的值随后转移到 DAC_DORx。在双通道模式下，如果 2 个 DMAENx 位均置 1，则将产生 2 个 DMA 请求。如果只需要 1 个 DMA 请求，则仅将相应的 DMAENx 位置 1。这样，应用程序可以在双通道模式下通过 1 个 DMA 请求和 1 个特定 DMA 通道来管理 2 个 DAC 通道。

12.6.4　生成噪声

将 WAVEx[1:0]位置为 01 即可选择生成噪声，使用 LFSR（线性反馈移位寄存器）可以生成可变振幅的伪噪声。LFSR 中的预加载值为 0xAAA。在每次发生触发事件后，经过 3 个 APB1 时钟周期，该寄存器会依照特定的计算算法完成更新。在不发生溢出的情况下，LFSR 值将与 DAC_DHRx 的值相加，然后存储到 DAC_DORx，这样就会在 1 个 DAC 输出的电压上加上 1 个可变振幅的伪噪声。LFSR 值可以通过 DAC_CR 中的 MAMPx[3:0]位来部分或完全屏蔽，通过复位 WAVEx[1:0]位将 LFSR 波形产生功能关闭。

12.6.5　生成三角波

将 WAVEx[1:0]位置为 10 即可选择 DAC 生成三角波。通过生成三角波功能，可以在 DAC 输出的直流电流或慢变信号上叠加一个小幅三角波。振幅通过 DAC_CR 中的 MAMPx[3:0]位进行配置。每次发生触发事件后，经过 3 个 APB1 时钟周期，内部三角波计数器将会递增。在不发生溢出的情况下，该计数器的值将与 DAC_DHRx 的值相加，所得总和将存储到 DAC_DORx。只要三角波计数器的值小于 MAMPx[3:0]位定义的最大振幅的值，三角波计数器的值就会一直递增。一旦达到配置的振幅，计数器将递减至零，然后递增，依此类推。三角波示意图如图 12-14 所示。

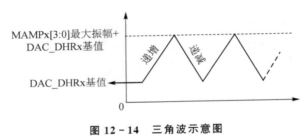

图 12-14　三角波示意图

12.6.6　DAC 双通道示意图

DAC 控制器有 3 个双寄存器：DHR8RD、DHR12RD 和 DHR12LD，可以访问 1 个寄存器并同时驱动 2 个 DAC 通道，从而有效利用 2 个 DAC 通道总线带宽。

通过 2 个 DAC 通道和这 3 个双寄存器可以实现以下 4 种转换模式：

独立触发（不产生波形）：2 个 DAC 通道使用不同的触发信号，在各自触发信号到达时，触发各自通道的转换。

独立触发（生成单个 LFSR）：2 个 DAC 通道使用不同的触发信号，配置相同的 LFSR 掩码值，在各自触发信号到达时，触发各自通道的转换。

独立触发（生成不同 LFSR）：2 个 DAC 通道使用不同的触发信号，配置不同的 LFSR 掩码值，在各自触发信号到达时，触发各自通道的转换。输出为 LFSRx 计数器的值和 DHRx 的值相加对应的电压值。

独立触发（生成单个三角波）：2 个 DAC 通道使用不同的触发信号，配置相同的三角波最大振幅值，在各自触发信号到达时，触发各自通道的转换。输出为三角波计数器的值和 DHRx 的值相加对应的电压值。

12.7　ADC 实验

12.7.1　ADC 相关库函数介绍

1. ADC 通用初始化函数

```
void ADC_CommonInit(ADC_CommonInitTypeDef *  ADC_Commonlitrer);
```

参数 1：ADC_CommonInitTypeDef＊ ADC_CommonInitStruct，是 ADC 通用初始化结构体指针。自定义的结构体 ADC_CommonInitTypeDef 定义在头文件中。

```
1. Typedef struct
2. {
3. uint32_t ADCMode;                    //多重 ADC 模式选择
4. uint32_t ADC_Prescaler;              //ADC 预分频系数
5. uint32_t ADC_DMAAcessMode;           //多重 ADC 模式 DMA 访问控制
6. uint32_t ADC_TwoSamplingDelay;       //2 个采样阶段之间的延迟
7. }ADC_CommonInitTypeDef;
```

成员 1：uint32_t　ADC_Mode，多重 ADC 模式选择，定义如下：

```
1.  # define ADC_Mode_Independent             ((uint32_t)0x00000000)
2.  //独立模式
3.  / * 以下为双重 ADC 模式 * /
4.  //规则同时 + 注入同时组合模式
5.  # define ADC_DualMode_RegSimult_InjecSimult ((uint32_t)0x00000001)
6.  //规则同时 + 交替触发组合模式
7.  # define ADC_DualMode_RegSimult_AlterTrig ((uint32_t)0x00000002)
8.  //仅注入同时模式
9.  # define ADC_DualMode_InjecSimult         ((uint32_t)0x00000005)
10. //仅规则同时模式
11. # define ADC_DualMode RegSimult           ((uint32_t)0x00000006)
12. //仅交错模式
13. # define ADC_DualMode_Interl              ((uint32_t)0x00000007)
14. //仅交替触发模式
15. # define ADC_DualMode_AlterTrig           ((uint32_t)0x00000009)
16. / * 以下为三重 ADC 模式 * /
17. //规则同时 + 注入同时组合模式
18. # define ADC_TripleMode_RegSimult_InjecSimult ((uint32_t)00000011)
```

```
19.  //规则同时 + 交替触发组合模式
20.  #define  ADC_TripleMode_RegSimult_AlterTrig ((uint32_t)0x00000012)
21.  //仅注入同时模式
22.  #define  ADCTripleMode InjecSimult                ((uint32_t)0x00000015)
23.  //仅规则同时模式
24.  #define ADC_TripleMode_RegSimult                  ((uint32_t)0x00000016)
25.  //仅交错模式
26.  #define ADC_TripleMode_Interl                     ((uint32_t)0x00000017)
27.  //仅交替触发模式
28.  #defineAD_TripleMode_AlterTrig                    ((uint32_t)0x00000019)
```

成员 2：uint32_t ADC_Prescaler，ADC 预分频系数。对 PCLK2 进行分频产生 ADC 的模式转换驱动时钟 ADCCLK，定义如下：

```
1.  #define ADC_Prescaler_Div2  ((uint32_t)0x00000000)    //2 分频
2.  #define ADC_Prescaler_Div4  ((uint32_t)0x00010000)    //4 分频
3.  #define ADC_Prescaler_Div6  ((uint32_t)0x00020000)    //6 分频
4.  #define ADC_Prescaler_Div8  ((uint32_t)0x00030000)    //8 分频
```

成员 3：ADC_DMAAccessMode，多重 ADC 模式 DMA 访问控制，定义如下：

```
1.  #define ADC_DMAAccessMode_Disabled  ((uint32_t)0x00000000)
    //禁止多重 ADC_DMA 模式
2.  #define ADC_DMAAccessMode_1  ((uint32_t)0x00004000)
    //多冲 ADC_DMA 模式 1
3.  #define ADC_DMAAccessMode_2  ((uint32_t)0x00008000)
    //多重 ADC_DMA 模式 2
4.  #define ADC_DMAAccessMode_3  ((uint32_ t)0x0000C000)
    //多重 ADC_DMA 模式 3
```

成员 4：uint32_t ADC_TwoSamplingDelay_5Cycles，定义在双重或三重交错模式下，不同 ADC 转换之间的各采样阶段之间的延迟。可以定义 5～20 个 ADCCLK 周期。例如，延时 5 个 ADCCLK 周期定义如下：

```
#define  ADC_TwoSamplingDelay_5Cycles        ((uint32_t)0x00000000)
//延时 5 个 ADCCLK 周期
```

2．ADC 初始化函数

```
voidADC_Init(ADC_TypeDef * ADCx, ADC_InitTypeDef * ADC_InitStruct);
```

参数 1：ADC_InitTypeDef * ADCx，ADC 应用对象，是一个结构体指针，指示形式是 ADC1、ADC2 和 ADC3，以宏定义形式定义在头文件中。例如：

```
#define  ADC1((ADC_TypeDef * )ADC1_BASE)
```

参数 2：ADC_InitTypeDef ＊ ADC_InitStruct 是 ADC 初始化结构体指针。自定义的结构体 ADC_InitTypeDef 定义在头文件中。

```
1.  typedef struct
2.  {
3.  uint32_tADC_Resolution;                    //ADC 分辨率
4.  FunctionalState  ADC_ScanConvMode;          //是否使用扫描模式
5.  FunctionalState  ADC_ContinuousConvMode;    //单次转换或连续转换
6.  uint32_tmADC_ExternalTrigConvEdge;          //外部触发使能方式
7.  uint32_tADC_ExternalTrigConv;               //外部触发源
8.  uint32_tADC_DataAlign;                      //对齐方式;左对齐还是右对齐
9.  uint8_tADC_NbrOfChannel;                    //规则组通道序列长度
10. }ADC_InitTypeDef;
```

定义如下：

成员 1：uint32_t　ADC Resolution，ADC，分辨率，定义如下：

```
1.  #define  ADC_Resolution_12b    ((uint32_t)0x00000000)//12 位分辨率
2.  #define  ADC_Resolution_10b    ((uint32_t)0x00000000)//10 位分辨率
3.  #define  ADC_Resolution_8b     ((uint32_t)0x00000000)//8 位分辨率
4.  #define  ADC_Resolution_6b     ((uint32_t)0x00000000)//6 位分辨率
```

成员 2：FunctionalState　ADC_ScanConvMode，是否使用扫描模式，ENABLE 为使能扫描模式，DISABLE 为禁止扫描模式。

成员 3：FunctionalState　ADC_ContinuousConvMode，单次转换或连续转换，ENADLE 为连续转换，DISABLE 为单次转换。

成员 4：uint32_t　ADC_ExternalTrigConvEdge，外部触发使能方式。规则组外部事件触发方式定义如下：

```
1.  #define ADC_ExternalTrigConvEdge_None    ((uint32_t)0x00000000)
    //使用外部触发
2.  #define ADC_ExternalTrigConvEdge_Rising    ((uint32_t)0x10000000)
    //外部上升沿触发
3.  #define AD_ExternalTrigConvEdge_Falling    ((uint32_t)0x20000000)
    //外部下降沿触发
4.  #define ADC_ExternalTrigConvEdge_RisingFalling  ((uint32_t)0x30000000)
    //外部双边沿触发
```

使用软件触发方式时，这一成员需要赋值 ADC_ExternalTrigConvEdge_None。

成员 5：uint32_t ADC_ExternalTrigConv，外部触发源，以宏定义形式存在头文件中。例如，可以使用 TIM1 的比较输出通道 1 事件作为 ADC 触发源，定义如下：

```
#define  ADC_ExternalTrigConv_T1_CC1    ((uint32_t)0x00000000)
```

成员 6：uint32_t ADC_DataAlign,定义对齐方式,左对齐还是右对齐,定义如下：

```
1. #define ADC_DataAlign_Right   ((uint32_t)0x00000000)//右对齐
2. #define ADC_DataAlign_Left    ((uint32_t)0x00000800)//左对齐
```

成员 7：ADC_NbrOfChannel,定义规则组通道序列长度,长度为 1～16。
例如：

```
1. ADC_InitTypeDef   ADC_InitStructure;              //定义 ADC 初始化结构体变量
2. ADC_InitStructure.ADC_Resolution = ADC_Resolution_12b;   //12 位分辨率
3. ADC_InitStructure.ADC.ScanConvMode = DISABLE;   //非扫描模式
4. ADC_InitStructure.ADC_ContinuousConvMode = DISABLE;      //关闭连续转换
5. ADC_InitStructure.ADC_ExternalTrigConvEdge =
   ADC_ExternalTrigConvEdge_None;              //禁止外部触发检测,使用软件触发
6. ADC_InitStructure.ADC_DataAlign = ADC_DataAlign_Right;   //右对齐
7. ADC_InitStructure.ADC_NbrOfConversion = 1;      //1 个转换在规则序列中
8. ADC_Init(ADC1,&ADC_InitStructure);
9. //按照以上初始化结构体定义初始化 ADC1
```

3. ADC 使能函数

```
void  ADC_Cmd(ADC_TypeDef * ADCx,FunctionalState NewState);
```

参数 1：ADC 应用对象,同 ADC 初始化函数的参数 1。
参数 2：FunctionalState NewState,使能或禁止 ADC。
ENABLE：使能 ADC；
DISABLE：禁止 ADC。
例如：

```
ADC_Cmd(ADC1,ENABLE);                //使能 ADC1
```

4. ADC 中断使能函数

```
void  ADC_ITConfig(ADC_TypeDef * ADCx,uint16_t ADC_IT,FunctionalState NewState);
```

参数 1：ADC 应用对象,同 ADC 初始化函数的参数 1。
参数 2：uint16_t ADC_IT,ADC 中断事件,定义如下：

```
1. #define  ADC_IT_EOC    ((uint16_t)0x0205)      //规则组转换结束事件
2. #define  ADC_IT_AWD    ((uint16_t)0x0106)      //看门狗事件
3. #define  ADC_IT_JEOC   ((uint16_t)0x0407)      //注入组转换结束事件
4. #define  ADC_IT_OVR    ((uint16_t)0x201A)      //溢出事件
```

参数 3：FunctionalState NewState，使能或禁止 ADC。

ENABLE：使能 ADC 中断。

DISABLE：禁止 ADC 中断。

例如：

```
ADC_ITconng(ADC1,ADC_IT_EOC,ENABLE);    //使能 ADC1 的规则组转换结束中断
```

如果 ADC 的中断通道（NVIC）已经配置好，规则组通道转换结束后，会触发中断，并执行中断服务程序。

5. ADC 规则组转换软件触发函数

```
void  ADC_SoftwareStartConv(ADC_TypeDef * ADCx);
```

参数 1：ADC 应用对象，同 ADC 初始化函数的参数 1。

例如：

```
ADC_SoftwareStartConv(ADC1);        //软件启动 ADC1 规则组转换
```

6. ADC 规则通道配置函数

```
void  (ADC_RegularChannelContig(ADC_TypeDet * ADCx,uint8_t  ADC_Channel,uint8_t
Rank,uint8_t ADC_SampleTime);
```

参数 1：ADC 应用对象，同 ADC 初始化函数的参数 1。

参数 2：uint8_t ADC_Channel，ADC 模拟输入通道，通道编号为 0～18。输入通道 0 定义如下：

```
#define  ADC_Channel_0      ((uint8_t)0x00)
```

其他通道定义相似。

参数 3：uint8_t Rank，规则组通道中转换的顺序，可以是 1～16。

参数 4：uint8_t ADC_SampleTime，ADC 转换采样时间，定义如下：

```
1. #define   ADC_SampleTime_3Cycles      ((uint8_t)0x00)//3 个 ADCCLK 周期
2. #define   ADC_SampleTime_15Cycles     ((uint8_t)0x01)//15 个 ADCCLK 周期
3. #define   ADC_SampleTime_28Cycles     ((uint8_t)0x02)//28 个 ADCCLK 周期
4. #define   ADC_SampleTime_56Cycles     ((uint8_t)0x03)//56 个 ADCCLK 周期
5. #define   ADC_SampleTime_84Cycles     ((uint8_t)0x04)//84 个 ADCCLK 周期
6. #define   ADC_SampleTime_112Cycles    ((uint8_t)0x05)//112 个 ADCCLK 周期
7. #define   ADC_SampleTime_144Cycles    ((uint8_t)0x06)//144 个 ADCCLK 周期
8. #define   ADC_SampleTime_480Cycles    ((uint8_t)0x07)//480 个 ADCCLK 周期
```

例如：

```
1. ADC_RegularChannelConfig(ADC1,ADC_Channel_5,1,ADC_SampleTime_480Cycles);
2. ADC_RegularChannelConfig(ADC1,ADC_Channel_3,2,ADC_SampleTime_480Cycles);
```

把 ADC1 的输入通道 5 定义为规则组中第 1 个转换,采样时间为 480 个 ADC-CLK 周期。

把 ADC1 的输入通道 3 定义为规则组中第 2 个转换,采样时间为 480 个 ADC-CLK 周期。

当规则组中有多个输入通道需要转换时,需要使用这个函数,对每一个转换通道进行转换顺序和采样周期的定义。

7. 获取 ADC 规则组转换结果函数

```
uint16_tADC_GetConversionValue(ADC_TypeDef * ADCx);
```

参数 1:ADC 应用对象,同 ADC 初始化函数的参数 1。
返回:规则组 ADC_DR 中的转换结果。
例如:

```
ADC_Val = ADC_GetConversionValue(ADC1);
```

获取规则组 ADC DR 中的内容。

12.7.2　ADC 实验详解

为方便读者理解上述原理,下面将通过库函数对 ADC 进行更详细的实验教学。使用到的实验设备主包括:本书配套的开发板、PC 机、Keil MDK5.31 集成开发环境、J-Link 仿真器、串口调试助手。本次实验需要调整实验平台上的电位器,并将采集到的电压值通过串口打印。

1. 硬件原理图

ADC 电路图参见图 4-26。

2. 实验流程

首先将 STM32F407/GD32F407 的 GPIO 口(PA0)设置成 ADC 外设,在串口调试助手上输出采集到的电压值,本实验流程图如图 12-15 所示。

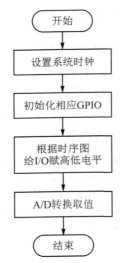

图 12-15　ADC 实验流程图

3. 实验步骤

（1）ADC 功能初始化

定义了 Adc_Init()函数，对 ADC 进行初始化配置，通过使能 GPIOA 和 ADC 的时钟，使能了 GPIOA 端口和 ADC 模块的功能，其中，ADC 被设置成独立模式，2 次采样之间相隔 5 个时钟周期，ADC 的时钟为 4 分频，分辨率为 12 位；此外，触发方式使用软件触发，传输数据采用右对齐方式，转换通道数量为 1，通过初始化后，ADC 可以接收模拟信号进行转换。

```
1.   void  Adc_Init(void)
2.   {
3.     GPIO_InitTypeDef  GPIO_InitStructure;
4.     ADC_CommonInitTypeDef ADC_CommonInitStructure;
5.     ADC_InitTypeDef      ADC_InitStructure;
6.
7.     RCC_AHB1PeriphClockCmd(RCC_AHB1Periph_GPIOA, ENABLE);     //使能 GPIOA 时钟
8.     RCC_APB2PeriphClockCmd(RCC_APB2Periph_ADC1, ENABLE);      //使能 ADC1 时钟
9.     //初始化 ADC1 通道 0 IO 口
10.    GPIO_InitStructure.GPIO_Pin = GPIO_Pin_0;                 //PA0 通道 0
11.    GPIO_InitStructure.GPIO_Mode = GPIO_Mode_AN;              //模拟输入
12.    GPIO_InitStructure.GPIO_PuPd = GPIO_PuPd_NOPULL ;         //不带上下拉
13.    GPIO_Init(GPIOA, &GPIO_InitStructure);                    //GPIO 初始化
14.
15.    RCC_APB2PeriphResetCmd(RCC_APB2Periph_ADC1,ENABLE);      //ADC1 复位
16.    RCC_APB2PeriphResetCmd(RCC_APB2Periph_ADC1,DISABLE);     //复位结束
17.
18.    ADC_CommonInitStructure.ADC_Mode = ADC_Mode_Independent;  //独立模式
19.    ADC_CommonInitStructure.ADC_TwoSamplingDelay = ADC_TwoSamplingDelay_5Cycles;//设
       置两个采样频率之间延迟 6 个时钟
20.    ADC_CommonInitStructure.ADC_DMAAccessMode = ADC_DMAAccessMode_Disabled;
                                                                 //DMA 失能
21.    ADC_CommonInitStructure.ADC_Prescaler = ADC_Prescaler_Div4;
       //预分频 4 分频。ADCCLK = PCLK2/4 = 84/2 = 21Mhz(ADC 时钟最好不要超过 36 Mhz)
22.    ADC_CommonInit(&ADC_CommonInitStructure);                 //ADC 初始化
23.
24.    ADC_InitStructure.ADC_Resolution = ADC_Resolution_12b;//12 位模式
25.    ADC_InitStructure.ADC_ScanConvMode = DISABLE;             //非扫描模式
26.    ADC_InitStructure.ADC_ContinuousConvMode = DISABLE;       //关闭连续转换
27.    ADC_InitStructure.ADC_ExternalTrigConvEdge = ADC_ExternalTrigConvEdge_None;
                                                                 //禁止触发检测,使用软件触发
28.    ADC_InitStructure.ADC_DataAlign = ADC_DataAlign_Right;//右对齐
```

```
29.    ADC_InitStructure.ADC_NbrOfConversion = 1;     //只转换规则序列 1
30.    ADC_Init(ADC1, &ADC_InitStructure);            //ADC 初始化
31.
32.    ADC_Cmd(ADC1, ENABLE);                         //ADC 初始化
33. }
```

（2）获取 ADC 值

定义了 Get_Adc() 函数，指定了 ADC 的通道、序列和采样时间，并且调用 ADC_SoftwareStartConv() 函数开启软件转换启动功能。

```
1. u16Get_Adc(u8 ch)
2. {
3.    //设置指定 ADC 的规则组通道、序列、采样时间
4.    ADC_RegularChannelConfig(ADC1, ch, 1, ADC_SampleTime_480Cycles);
      //设置 ADC1 为 ADC 通道,480 个周期
5.    ADC_SoftwareStartConv(ADC1);               //使能指定的 ADC1 的软件转换启动功能
6.
7.    while(! ADC_GetFlagStatus(ADC1, ADC_FLAG_EOC));//等待转换结束
8.    return ADC_GetConversionValue(ADC1);       //返回最近一次的转换结果
9. }
```

（3）求 ADC 平均值

在以下代码中展示了 ADC 转换的过程,通过多次转换并取平均值的方式,提高了 ADC 转换结果的稳定性和准确性。

```
1.    u16Get_Adc_Average(u8 ch,u8 times)
2.    {
3.    u32temp_val = 0;
4.    u8 t;
5.    for(t = 0;t < times;t ++)
6.    {
7.       temp_val += Get_Adc(ch);
8.       delay_ms(5);
9.    }
10.   return temp_val/times;
11. }
```

（4）主函数

```
1.    int main(void)
2.    {
3.    u16adcx;
4.    float temp;
5.
```

```
6.      SysTick_Init();
7.      UART3_Configuration();
8.      Adc_Init();                              //ADC 初始化
9.
10.     printf("ADC test\r\n");
11.
12.     while (1)
13.     {
14.         adcx = Get_Adc_Average(ADC_Channel_0,20);//获取通道 0 的转换值,20 次取平均
15.         temp = (float)adcx * (3.3/4096);         //获取计算后的实际电压值
16.         printf("ADC Value =  %.2f\r\n", temp);
17.         delay_ms(250);
18.     }
19. }
```

(5) 实验硬件连接与测试

① 连线:将实验平台电源线连接好,并用 J-Link 仿真器连接实验平台和电脑。

② JP6 短接到左侧。

③ 跳线:JP1,JP2 短接到 232,跳线连接如图 12-16 所示,用串口线连接板子和电脑。

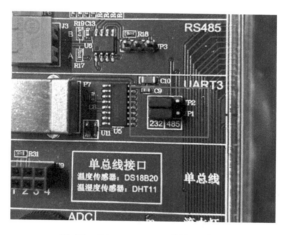

图 12-16　JP1、JP2 跳线示意图

④ 打开串口调试助手,波特率 115 200,8 个数据位,1 个停止位,无校验位,无流控制。

⑤ 给实验平台上电,双击打开实验程序文件夹"单片机实验代码\7. ADC_DAC实验\实验一\基础实验\Project"中的 test. uvprojx,编译、下载程序,然后进入测试。

⑥ 测试步骤和结果如下:

(a) 按下板子上的复位键 RESET;

（b）旋动电位器 R4，串口调试助手上显示采集到的电压值。

12.7.3 ADC 扩展实验

结合数码管实验，将所获得的 ADC 数值输出到数码管进行显示。

12.8 DAC 实验

12.8.1 DAC 相关库函数介绍

与 DAC 相关的函数和宏都定义在以下两个文件中。

头文件：stm32f4xx_dac.h/gd32f4xx_dac.h

源文件：stm32f4xx_dac.c/gd32f4xx_dac.c

1. DAC 初始化函数

```
void DAC_Init(uint32_t DAC_Channel, DAC_InitTypeDef * DAC_InitStruct);
```

参数 1：unit32_t DAC_Channel，DAC 通道宏定义，定义在头文件中。

```
1. #define  DAC_Channel_1     ((uint32_t)0x00000000)
2. #define  DAC_Channel_2     ((uint32_t)0x00000010)
```

参数 2：DAC_InitTypeDef * DAC_InitStruct，DAC 初始化结构体指针，自定义的结构体，定义在头文件中。

```
1. typedef struct
2. {
3.   uint32_tDAC_Trigger;                    //设置触发方式
4.   uint32_tDAC_WaveGeneration;             //设置波形生成
5.   uint32_tDAC_LFSRUnmask_TriangleAmplitude;
     //设置 LFSR 掩码值或三角波最大振幅值
6.   uint32_tDAC_OutputBuffer;               //设置输出缓冲器
7. }DAC_InitTypeDef;
```

成员 1：unit32_t DAC_Trigger，选择 DAC 触发方式，定义如下：

```
1. #define  DAC_Trigger_None     ((uint32_t)0x00000000)   //使用定时器触发
2. #define  DAC_Trigger_T2_TRGO  ((uint32_t)0x00000024)   //定时器 2 事件触发
3. #define  DAC_Trigger_T4_TRGO  (uint32_t)0x0000002C)    //定时器 4 事件触发
```

```
4.  #define   DAC_Trigger_T5_TRGO   ((uint32_t)0x0000001C)   //定时器 5 事件触发
5.  #define   DAC_Trigger_T6_TRGO   ((uint32_t)0x00000004)   //定时器 6 事件触发
6.  #define   DAC_Trigger_T7_TRGO   ((uint32_t)0x00000014)   //定时器 7 事件触发
7.  #define   DAC_Trigger_T8_TRGO   ((uint32_t)0x0000000C)   //定时器 8 事件触发
8.  #define   DAC_Trigger_Ext_IT9   ((uint32_t)0x00000034)   //软件触发
9.  #define   DAC_Trigger_Software  ((uint32_t)0x0000003C)
```

成员 2：unit32_t DAC_WaveGeneration，选择波形生成，定义如下：

```
1.  #define   DAC_WaveGeneration_None     ((uint32_t)0x00000000)   //不生成波形
2.  #define   DAC_WaveGeneration_Noise    ((uint32_t)0x00000040)   //生成伪噪音
3.  #define   DAC_WaveGeneration_Triangle((uint32_t)0x00000080)   //生成三角波
```

成员 3：unit32_t DAC_LFSRUnmask_TriangleAmplitude，设置 LFSR 掩码值或三角波。

定义如下：

```
1.  #define   DAC_LFSRUnmask_Bit0     ((uint32_t)0x00000000)
    //不屏蔽 LFSR 的位 0
2.  #define   DAC_LFSRUnmask_Bits1_0  ((uint32_t)0x00000100)
    //不屏蔽 LFSR 的位 0~1
```

其他 LFSR 掩码值定义略。

```
1.  #define   DAC_LFSRUnmask_Bits11_0    ((uint32_t)0x00000B00)
    //不屏蔽 LFSR 的位 0~11
2.  #define   DAC_TriangleAmplitude_1    ((uint32_t)0x00000000)
    //三角波最大振幅值等于 1
```

其他三角波最大振幅值略，可以设置的三角波最大振幅值有 3、7、15、31、63、127、255、511、1 023、2 047 和 4 096。

成员 4：unit32_t DAC_OutputBuffer，设置输出缓冲器，定义如下：

```
1.  #define   DAC_OutputBuffer_Enable     ((uint32_t)0x00000000)
    //使能输出缓冲功能
2.  #define   DAC_OutputBuffer_Disable    ((uint32_t)0x00000002)
    //禁止输出缓冲功能
```

2. DAC 使能函数

```
void DAC_Cmd(uint32_t DAC_Channel, FunctionalState NewState);
```

参数 1：uint32_t DAC_Channel，DAC 通道宏定义。
参数 2：FunctionalState NewState，使能或禁止 DAC，定义如下：
ENABLE：使能 DAC。

DISABLE:禁止 DAC。

3. 单通道输出,写 DAC 通道 1 输出数据寄存器函数

```
1. void DAC_SetChannel1Data(uint32_t DAC_Align, uint16_t Data);
2. Void DAC_Cmd(uint32_t DAC_Channel, FunctionalState NewState);
```

参数 1:uint32_t DAC_Align,DAC 数据对齐方式,定义如下:

```
1. #define  DAC_Align_12b_R    ((uint32_t)0x00000000)  //12 位右对齐方式
2. #define  DAC_Align_12b_L    ((uint32_t)0x00000004)  //12 位左对齐方式
3. #define  DAC_Align_8b_R     ((uint32_t)0x00000008)  //8 位右对齐方式
```

参数 2:uint16_t Data,DAC 输出的数据。

4. 单通道输出,写 DAC 通道 2 输出数据寄存器函数

```
1. Void DAC_SetChannel2Data(uint32_t DAC_Align, uint16_t Data);
2. Void DAC_Cmd(uint32_t DAC_Channel, FunctionalState NewState);
```

参数同单通道输出,写 DAC 通道 1 输出数据寄存器函数定义。

5. 双通道输出,写 DAC 输出数据寄存器函数

```
void DAC_SetDualChannelData(uint32_t DAC_Align, uint16_t Data2,uint16_t Data1);
```

参数 1:同单通道输出,写 DAC 通道 1 输出数据寄存器函数定义。
参数 2 和参数 3:DAC 通道 2 输出数据和 DAC 通道 1 输出数据。

6. DAC 软件触发函数

```
void DAC_SoftwareTriggerCmd(uint32_t DAC_Channel,FunctionalState NewState);
```

参数 1:uint32_t DAC_Channel,DAC 通道宏定义。
参数 2:FunctionalState NewState,使能或禁止 DAC,定义如下:
ENABLE:使能 DAC。
DISABLE:禁止 DAC。

12.8.2　DAC 实验详解

为方便读者理解上述原理,下面将通过库函数对 DAC 进行更详细的实验教学。使用到的实验设备主包括:本书配套的开发板、PC 机、Keil MDK5.31 集成开发环境、J-Link 仿真器。本次实验需要将 STM32F407/GD32F407 的 GPIO 口设置成 DAC 外设,并调节 DAC 值输出不同电压值。

1. 硬件原理图

本实验所使用硬件原理图参见图 4 - 26。

2. 实验流程

首先将 STM32F407/GD32F407 的 GPIO 口（PA4）设置成 DAC 外设，通过按键调节 DAC 值将 DAC 引脚连接到 ADC 引脚上，通过串口输出设置的电压值和采集到的电压值，本实验流程图如图 12 - 17 所示。

3. 实验步骤

（1）DAC 初始化

DAC 中 GPIO 初始化部分与 ADC 中类似，此处不再赘述，请读者参考上小节；在 DAC 初始化配置中，将触发方式设置为软件触发，不生成任何波形，不屏蔽任何位。此外，使能 DAC 通道的输出，数据输出格式位 12 位右对齐；通过这些配置，实现接收数字数据，并转化成模拟信号输出。

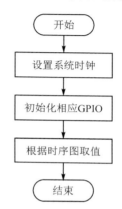

图 12 - 17　DAC 实验流程图

```
1.   void Dac1_Init(void)
2.   {
3.     GPIO_InitTypeDef  GPIO_InitStructure;
4.     DAC_InitTypeDef DAC_InitType;
5.
6.     RCC_AHB1PeriphClockCmd(RCC_AHB1Periph_GPIOA, ENABLE);       //使能 GPIOA 时钟
7.     RCC_APB1PeriphClockCmd(RCC_APB1Periph_DAC, ENABLE);         //使能 DAC 时钟
8.
9.     GPIO_InitStructure.GPIO_Pin = GPIO_Pin_4;
10.    GPIO_InitStructure.GPIO_Mode = GPIO_Mode_AN;                //模拟输入
11.    GPIO_InitStructure.GPIO_PuPd = GPIO_PuPd_DOWN;              //下拉
12.    GPIO_Init(GPIOA, &GPIO_InitStructure);                      //初始化
13.
14.    DAC_InitType.DAC_Trigger = DAC_Trigger_None;     //不使用触发功能 TEN1 = 0
15.    DAC_InitType.DAC_WaveGeneration = DAC_WaveGeneration_None;//不使用波形发生
16.    DAC_InitType.DAC_LFSRUnmask_TriangleAmplitude = DAC_LFSRUnmask_Bit0;
       //屏蔽、幅值设置
17.    DAC_InitType.DAC_OutputBuffer = DAC_OutputBuffer_Disable ;
       //DAC1 输出缓存关闭 BOFF1 = 1
18.    DAC_Init(DAC_Channel_1,&DAC_InitType);                      //初始化 DAC 通道 1
```

```
19.
20.    DAC_Cmd(DAC_Channel_1, ENABLE);              //使能 DAC 通道 1
21.    DAC_SetChannel1Data(DAC_Align_12b_R, 0);     //12 位右对齐数据格式
22.  }
```

（2）设置 DAC 通道 1 输出电压

定义了 Dac1_Set_Vol()函数，根据传入的数据，将其转化成数字信号，并且根据计算输出对应的模拟信号。

```
1.  void Dac1_Set_Vol(u16 vol)
2.  {
3.      double temp = vol;
4.      temp/ = 1000;
5.      temp = temp * 4096/3.3;
6.      DAC_SetChannel1Data(DAC_Align_12b_R,temp);  //DAC 值输出格式为 12 位右对齐
7.  }
```

（3）主函数

```
1.   u8 flag = 0;
2.   int main(void)
3.   {
4.      u16adcx;
5.      u8 key;
6.      float temp;
7.      u32dacval = 0;
8.
9.      SysTick_Init();
10.     UART3_Configuration();
11.     Adc_Init();
12.     Dac1_Init();                                 //DAC 通道 1 初始化
13.     printf("DAC test\r\n");
14.
15.     while (1)
16.     {
17.        key = KeyScan();
18.        if(key == 1)
19.        {
20.           if(dacval<4000)dacval += 200;
21.           DAC_SetChannel1Data(DAC_Align_12b_R,dacval);  //设置 DAC 值输出格式
22.        }
23.        else if(key == 2)
24.        {
```

```
25.          if(dacval>200)dacval- = 200;
26.          else dacval = 0;
27.          DAC_SetChannel1Data(DAC_Align_12b_R,dacval);
28.      }
29.      if(flag == 1)
30.      {
31.          flag = 0;
32.          adcx = DAC_GetDataOutputValue(DAC_Channel_1);      //读取 DAC 的值
33.          printf("设置的 DAC 值:% d\r\n", adcx);
34.          temp = (float)adcx * (3.3/4096);                   //得到 DAC 电压值
35.          printf("设置的电压:% .2fV\r\n", temp);
36.          adcx = Get_Adc_Average(ADC_Channel_0,10);          //得到 ADC 转换值
37.          printf("采集的 ADC 值:% d\r\n", adcx);
38.          temp = (float)adcx * (3.3/4096);                   //得到 ADC 电压值
39.          printf("采集的电压:% .2fV\r\n", temp);
40.          printf("--------------------\r\n");
41.      }
42.    }
43. }
```

(4) 实验硬件连接与测试

① 连线:将实验平台电源线连接好,并用 J-Link 仿真器连接实验平台和电脑。

② 跳线:JP1,JP2 短接到 232,跳线连接如图 12 - 18 所示,用串口线连接板子和
电脑。

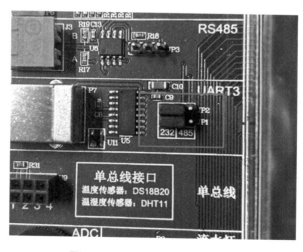

图 12 - 18　JP1、JP2 跳线示意图

③ 打开串口调试助手,波特率 115 200,8 个数据位,一个停止位,无校验位,无
流控制。

④ 用跳线帽或杜邦线连接 JP6 的中间和 JP7 的中间,如图 12-19 所示。

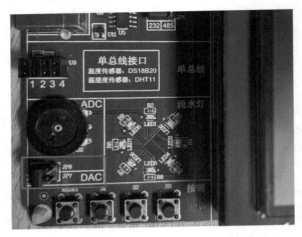

图 12-19　JPT、JP7 跳线连接示意图

⑤ 给实验平台上电,双击打开实验程序文件夹"单片机实验代码\7. ADC_DAC 实验\实验二\基础实验\Project"中的 test. uvprojx,编译、下载程序,然后进入测试。

12.8.3　DAC 扩展实验

通过使用按键减少或增加 DAC 输出数值。

12.9　思考与练习

1. ADC 进行数模转换分为哪几步?

2. 什么是 ADC? 哪些场合需要用到 ADC?

3. ADC 有哪些中断事件?

4. STM32F407/GD32F407 微控制器的 ADC 触发转换方式有哪些?

5. STM32F407/GD32F407 微控制器的 DC 常用的转换方式有哪几种?

6. 计算当 ADCCLK 为 56 MHz,采样周期为 1.5 周期时的总转换时间。

7. 什么是 DAC? DAC 应用于哪些场合?

8. 简述 DAC 的工作原理。

9. DAC 有哪几个传输要素? DAC 传输过程包含哪些步骤?

10. STM32F407/GD32F407 微控制器的 DAC 传输模式有哪些?

11. 在双通道下,怎么产生 1 个 DMA 请求? 怎么产生 2 个 DMA 请求?

第 13 章　LCD 控制器

13.1　LCD 控制原理

13.1.1　液晶显示原理

液晶是在 1888 年,由奥地利植物学家莱尼茨尔(Reinitzer)发现的,它是一种介于固体与液体之间,具有规则性分子排列的有机化合物。一般最常用的液晶形态为向列型液晶,在不同电流电场作用下,液晶分子会规则旋转 90° 排列,产生透光度的差别。在电源开/关控制下产生明暗的区别,依此原理控制每个像素,便可构成所需图像。

液晶显示器(Liquid Crystal Display,LCD)的构造是在两片平行的玻璃基板当中放置液晶盒,在下基板玻璃上设置 TFT(薄膜晶体管),在上基板玻璃上设置彩色滤光片,通过 TFT 上的信号与电压改变来控制液晶分子的转动方向,从而控制每个像素偏振光出射与否而达到显示目的。

液晶在物理上分成两大类,一类是无源被动式液晶,这类液晶本身不发光,需要外部提供光源,根据光源位置,无源被动式液晶又可以分为反射式和透射式两种。无源被动式液晶显示的成本较低,但是亮度和对比度不大,而且有效视角较小,彩色无源液晶显示的色彩饱和度较小,因而颜色不够鲜艳。另一类是有电源的液晶,主要是 TFT,每个液晶实际上就是一个可以发光的晶体管,所以严格地说不是液晶。液晶显示屏就是由许多液晶排成阵列而构成的,在单色液晶显示屏中,一个液晶就是一个像素,而在彩色液晶显示屏中每个像素由红、绿、蓝 3 个液晶共同构成。每个液晶像素背后都有个 8 位的寄存器,根据寄存器的值,查找"调色板"来决定这 3 个液晶单元各自的亮度。对于一幅图来讲,液晶控制器配备一行的寄存器,通过行列扫描的方式,这些寄存器轮流驱动每一行的像素,从而将所有行像素都驱动一遍,显示一个完整的画面。

与传统的 CRT 显示器相比,液晶显示器有以下优点。

(1) 图像失真小:由于 CRT 显示器是靠偏转线圈产生的电磁场来控制电子束

的,而由于电子束在屏幕上不可能绝对定位,因此 CRT 显示器往往会存在不同程度的几何失真、线性失真情况。而液晶显示器不会出现任何的几何失真、线性失真。

(2)辐射小:液晶显示器内部不存在像 CRT 那样的高压元器件,所以液晶显示器不至于出现由于高压导致的 X 射线超标的情况,其辐射指标普遍比 CRT 显示器要低些。

(3)功耗低:液晶显示器与传统 CRT 显示器相比,最大的优点在于耗电量和体积,对于传统 17 英寸 CRT 显示器来讲,其功耗几乎都在 80 W 以上,而 17 英寸液晶显示器的功耗大多数都在 40 W 上下。

液晶显示器常见参数如下:

(1)点距、分辨率:液晶显示器的点距就是相邻两个像素之间的距离。分辨率一般指的是液晶显示器的最大像素数。例如,分辨率 1 024 像素×768 像素就是指有 1 024 行、768 列的像素。点距和分辨率决定了液晶显示器的显示尺寸。

(2)刷新率:就是液晶控制器将显示信号输出刷新的速度。例如,常用的刷新率是 60 Hz,即每秒钟可以在显示器输出 60 帧的数据。

(3)响应时间:是指液晶显示器各个像素对输入信号反应的速度,即像素从暗到明及从明到暗所需的时间,通常以 ms 为单位。如果信号反应时间太长,动态画面很容易出现残影、拖尾等不良显示现象。响应时间越短,显示器的价格越高。

(4)色彩深度:指显示器的每个像素能表示多少种颜色,一般用像素对应数据位数表示,位数越多,深度越深,色彩层次丰富。单色屏的每个像素能表示亮或灭两种状态(即实际上能显示 2 种颜色),用 1 个数据位就可以表示像素的所有状态,所以它的色彩深度为 1 bit。其他常见的显示屏色深有 16 bit、24 bit。

13.1.2　液晶显示器控制原理

一个完整的液晶显示系统由 CPU、液晶控制器及液晶显示屏组成。完整的液晶显示系统结构如图 13-1 所示。

图 13-1　完整的液晶显示系统结构

液晶显示屏通常包含液晶驱动器和液晶屏,是液晶显示器的前端部分,完成图像数据在液晶屏上的驱动显示。液晶驱动器则只负责把 CPU 发送的图像数据在液晶屏上显示出来,不会对图像做任何的处理。液晶控制器在嵌入式系统中的功能如同显卡在计算机中所起到的作用,负责把显存(嵌入式系统中一般是内存中的指定区域)中的液晶图形数据传输到液晶驱动器上,并产生液晶控制信号,从而控制和完成图形的显示、翻转、叠加或缩放等一系列复杂的图形显示功能。

液晶控制器通过一系列的信号线与液晶显示屏(含液晶驱动器)连接,液晶控制器信号如表 13 - 1 所列。

表 13 - 1　液晶控制器信号

信号名称	说明
R[7:0]	8 位红色数据线
G[7:0]	8 位绿色数据线
B[7:0]	8 位蓝色数据线
CLK	像素时钟信号线
HSYNC	水平同步信号线
VSYNC	垂直同步信号线
DE	数据使能信号线

1. RGB 信号线

RGB 是一种色彩模式,是工业界的一种颜色标准,是通过红(R)、绿(G)、蓝(B)3 个颜色通道的变化,以及它们相互之间的叠加能感知的所有颜色,这个标准几乎包括了人类视力所能感知的所有颜色,是运用最广的颜色系统之一。采用这种编码方法,每种颜色都可用 3 个变量来表示:红色的强度、绿色的强度、蓝色的强度。RGB 3 色信号线各有 8 根,每个颜色表示的层次有 $2^8 = 256$ 个,通过设置 3 色的不同层次度,经混合能够产生需要的颜色。在液晶控制器中可以定义不同的 RGB 颜色格式,有 RGB16 格式、RGB24 格式、RGB32 格式。

(1) RGB16 格式主要有 2 种:RGB565 格式和 RGB555 格式

RGB565 格式:每个像素用 16 bit 表示,占 2 个字节,R 分量、G 分量、B 分量分别使用 5 位、6 位、5 位。RGB565 数据格式如图 13 - 2 所示。

图 13 - 2　RGB565 数据格式

RGB555 格式:每个像素用 16bit 表示,占 2 字节,R 分量、G 分量、B 分量都使用 5 位(最高位不用)。RGB555 数据格式如图 13 - 3 所示。

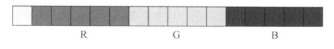

图 13 - 3　RGB555 数据格式

(2) RGB24 格式

RGB24 格式也叫作 RGB888 格式,每个像素用 24 bit 表示,占 3 字节。需要注意的是,在内存中 R 分量、G 分量、B 分量的排列顺序为 BGRBGRBGR……RGB888

数据格式如图 13-4 所示。

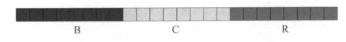

B   C   R

图 13-4   RGB888 数据格式

（3）RGB32 格式

RGB32 格式也叫作 ARGB8888 格式，每个像素用 32 bit 表示，占 4 字节。R、G、B 分量分别用 8 bit 表示，存储顺序为 B、G、R，最后 8 字节表示透明度，用 A（Alpha）表示。需要注意的是，在内存中 R、G、B 分量的排列顺序为 BGRABGRABGRA……ARGB8888 数据格式如图 13-5 所示。

B   G

低字节

R   Alpha

图 13-5   ARG8888 数据格式

2. 像素时钟信号（CLK）

像素频率，一秒钟处理的像素数目。在 CLK 信号的控制下，实现液晶控制器和液晶屏之间数据通信的同步功能。

3. 水平（行）同步信号（HSYNC）

水平（行）同步信号，表示扫描 1 行的开始。

4. 垂直（场）同步信号（VSYNC）

垂直（场）同步信号，表示一帧图像传输的开始。

5. 数据使能信号（DE）

数据使能信号（DE）一般以高电平为有效电平。在有效电平期间，在 CLK 信号控制下，传输有效的 RGB 数据。

6. 液晶控制时序

液晶控制器对液晶屏的控制时序如图 13-6 所示。

一帧数据的显示信号控制变化如下：

（1）当 VSYNC 信号有效时，表示一帧数据的开始。

（2）然后 VSYNC 信号的脉冲宽度保持高电平，持续 VSW 个 HSYNC 信号周

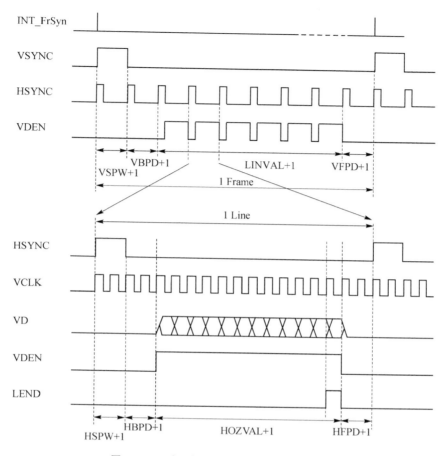

图 13 - 6　液晶控制器对液晶屏的控制时序

期,即 VSW 行,这 VSW 行的数据无效。

（3）在 VSYNC 信号高电平脉冲之后,还要经过 VBP 个 HSYNC 信号周期,有效的行数据才出现。所以,在 VSYNC 信号有效后要经过 VSW+VBP 个无效的行,第一个有效行才出现,它对应有效显示区域的上边框。

（4）随后连续发出 n 个 HSYNC 信号,在 DE 信号的控制下输出每一行的有效数据。

（5）最后是 VFP 个无效的行,它对应有效显示区域的下边框。完整的一帧结束,紧接着就是下一帧数据了。

一行数据的显示信号控制变化如下:

（1）当 HSYNC 信号有效时,表示一行数据的开始。

（2）HSW 表示当 HSYNC 信号的脉冲宽度保持高电平时,持续 HSW 个 CLK 信号周期,即 HSW 个像素,这 HSW 个像素的数据无效。

（3）在 HSYNC 信号高电平脉冲之后，还要经过 HBP 个 CLK 信号周期，有效的像素数据才出现。所以，在 HSYNC 信号有效之后，总共要经过 HSW＋HBP 个无效的像索，第一个有效的像素才出现，它对应有效显示区域的左边框。

（4）随后连续发出 n 个 CLK 信号，在 DE 信号的控制下输出 n 个像素的有效数据。

（5）最后是 HFP 个无效的像索，它对应有效显示区域的右边框。完整的一行结束，紧接着就是下一行的数据了。

其中，VBP 表示在一帧图像开始前，VSYNC 信号以后的无效的行数；VFP 表示在一帧图像结束后，VSYNC 信号以前的无效的行数；HBP 表示从 HSYNC 信号开始到一行的有效数据开始之间的 CLK 信号的个数；HFP 表示从一行的有效信号结束到下一个 HSYNC 信号开始之间的 CLK 信号的个数；VSW 表示 VSYNC 信号的宽度，单位为行；HSW 表示 HSYNC 信号的宽度，单位为 CLK 信号周期。

7. 显　存

液晶屏中的每个像素对应一个数据，在实际应用中一般为显示区域开辟一个存储区域，用于存储液晶屏上需要显示的图像数据，这个存储区域就是存储显示数据的存储器，被称为显存。液晶控制器会按照显示的帧率，定时地将显存中的数据加载给液晶屏，从而显示我们需要的图像。显存一般至少要能存储液晶屏的一帧显示数据。例如，分辨率为 800 像素×480 像素的液晶屏，使用 RGB888 格式显示，一个像素需要 3 字节数据，一帧显示数据大小为 3×800×480＝1 152 000 字节。使用 CPU 将图像数据复制到显存，使用 LTDC 将其显示在液晶屏上，如图 13－7 所示。

图 13－7　图像数据经显存显示在液晶屏上的示意图

13.2　触摸屏简介

13.2.1　电阻式触摸屏

在 iPhone 面世之前，几乎清一色的都是使用电阻式触摸屏。电阻式触摸屏利用压力感应进行触点检测控制，需要直接应力接触，通过检测电阻来定位触摸位置。ALIENTEK 2.4/2.8/3.5 寸 TFTLCD 模块自带的触摸屏都属于电阻式触摸屏，下面简单介绍下电阻式触摸屏的原理。

电阻触摸屏的主要部分是一块与显示器表面非常配合的电阻薄膜屏,这是一种多层的复合薄膜,以一层玻璃或硬塑料平板作为基层,表面涂有一层透明氧化金属(透明的导电电阻)导电层,上面再盖有一层外表面硬化处理、光滑防擦的塑料层,它的内表面也有一层涂层,它们之间有许多细小的(小于 1/1 000 英寸)透明隔离点把两层导电层隔开绝缘。当手指触摸屏幕时,两层导电层在触摸点位置就有了接触,电阻发生变化,在 X 和 Y 两个方向上产生信号,然后送到触摸屏控制器。控制器侦测到这一接触并计算出(X,Y)的位置,再根据获得的位置模拟鼠标的方式运作。这就是电阻技术触摸屏的最基本的原理。

电阻触摸屏的优点:精度高,价格便宜,抗干扰能力强,稳定性好。

电阻触摸屏的缺点:容易被划伤,透光性不太好,不支持多点触摸。

从以上介绍可知,触摸屏都需要一个 A/D 转换器,一般来说是需要一个控制器的。ALIFNTEY TTTICD 模块选择的是 4 线电阻式触摸屏,这种触摸屏的控制芯片有很多,包括 ADS7843、ADS7846、XPT2046 和 AK4182 等。这几款芯片的驱动基本上是一样的,也就是只要写出 ADS7843 的驱动,这个驱动对其他几个芯片也是有效的,而且封装也有一样的,完全 PINTOPIN 兼容,所以在替换起来很方便。

ALIENTEK TFTLCD 模块自带的触摸屏控制芯片为 XPT2046。XPT2046 是一款 4 导线制触摸屏控制器,内含 12 位分辨率、125 kHz 转换速率逐步逼近型 A/D 转换器。XPT2046 支持从 1.5～5.25 V 的低电压 I/O 接口。XPT2046 能通过执行两次 A/D 转换查出被按的屏幕位置,除此之外,还可以测量加在触摸屏上的压力。内部自带 2.5 V 参考电压,可以作为辅助输入、温度测量和电池监测模式之用,电池监测的电压范围可以从 0～6 V。XPT2046 片内集成有一个温度传感器。在 2.7 V 的典型工作状态下,关闭参考电压,功耗可小于 0.75 mW。XPT2046 采用微小的封装形式:TSSOP-16,QFN-16(0.75 mm 厚度)和 VFBGA-48。工作温度范围为 −40～+85 ℃。该芯片完全兼容 ADS7843 和 ADS7846,详细使用可参考这两个芯片的数据手册。

13.2.2　电容式触摸屏

现在几乎所有智能手机包括平板电脑,都采用电容屏作为触摸屏。电容屏是利用人体感应进行触点检测控制,不需要直接接触或只需要轻微接触,通过检测感应电流来定位触摸坐标。下面简单介绍下电容式触摸屏的原理。

电容式触摸屏主要分为两种:

(1)表面电容式电容触摸屏。表面电容式触摸屏技术是利用 ITO(钢锡氧化物,是一种透明的导电材料)导电膜,通过电场感应方式感测屏幕表面的触摸行为。但是表面电容式触摸屏有一些局限性,只能识别一个手指或者一次触摸。

（2）投射式电容触摸屏。投射电容式触摸屏是传感器利用触摸屏电极发射出静电场线。一般用于投射电容传感技术的电容类型有两种：自我电容和交互电容。自我电容又称绝对电容（absolute capacitance），它把被感应的物体（如手指）作为电容的另一个极板。当手指触碰屏幕时可在传感电极和被传感电之间感应出电荷，从而被感觉到。笔记本电脑触摸输入板就是采用这种方式，采用 X·Y 的传感电极阵列形成一个传感格子。当手指靠近触摸输入板时，在手指和传感电极之间产生一个小量电荷。采用特定的运算法则处理来自行、列传感器的信号，从而确定手指的位置。

交互电容又叫做跨越电容（Transcapacitance），它是过相邻电极的耦合产生的电容。当被感觉的手指靠近从一个电极到另一个电极的电场线时，交互电容的改变被感觉到，从而报告出位置。交互电容的扫描方法可以侦测到每个交叉点的电容值和触摸后电容变化，因而它需要的扫描时间与自我电容的扫描方式相比要长一些，需要扫描检测 X·Y 根电极。目前智能手机/平板电脑等的触摸屏都是采用交互电容技术。

实验模块选择的电容触摸屏也是采用投射式电容屏，所以后面仅以投射式电容屏作为介绍。

透射式电容触摸屏采用纵横两列电极组成感应矩阵来感应触摸以两个交叉的电极矩阵，即 X 轴电极和 Y 轴电极，来检测每一格感应单元的电容变化如图 13-8 所示。图中的电极实际是透明的，这里是为了方便理解。图中，X、Y 轴的透明电极电容屏的精度、分辨率与 X、Y 轴的通道数有关，通道数越多，精度越高。以上就是电容触摸屏的基本原理，接下来看看电容触摸屏的优缺点：

（1）电容触摸屏的优点：手感好、无需校准、支持多点触摸、透光性好。

（2）电容触摸屏的缺点：成本高、精度不高、抗干扰能力差。

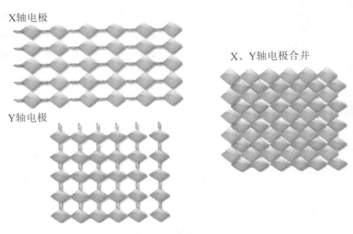

图 13-8　投射式电容屏电极矩阵示意图

注意：电容触摸屏对工作环境的要求是比较高的，在潮湿、多尘、高低温环境下面都是不适合使用。

13.3　GT9147 芯片介绍

电容触摸屏一般都需要一个驱动 IC 来检测电容触摸,且一般通过 I2C 接口输出触摸数据。本次实验使用 GT9147 作为驱动 IC,采用 18×10 的驱动结构(10 个感应通道,18 个驱动通道)。这两个模块都只支持最多 5 点触摸,支持 FPC 按键设计,所以这里仅介绍 GT9147 驱动 IC 的方法。

下面简单介绍 GT9147,该芯片是深圳汇顶科技研发的一颗电容触摸屏驱动 IC,支持 100H,占扫描频率,支持 5 点触摸,支持 18×10 个检测通道,适合小于 4.5 寸的触摸屏使用。

GT9147 与 MCU 连接也是通过 4 根线:SDA、SCL、RST 和 INT。不过,GT9147 的 I2C 地址可以是 0x14 或者 0x5D,当复位结束后的 5 ms 内,如果 INT 是高电平,则使用 0x14 作为地址,否则使用 0x5D 作为地址,具体的设置过程请看 GT9147 数据手册,换算成读/写命令则是读 0x29,写 0x28。接下来介绍 GT9147 的几个重要寄存器。

1. 控制命令寄存器(0x8040)

该寄存器可以写入不同值实现不同的控制,一般使用 0 和 2 这两个值。写入 2 即可软复位 GT9147;在硬复位之后,一般要往该寄存器写 2 实行软复位。然后,写入 0 即可正常读取坐标数据(并且会结束软复位)。

2. 配置寄存器组(0x8047～0x8011)

这里共 186 个寄存器,用于配置 GT9147 的各个参数,这些配置一般由厂家提供(一个数组),所以只需要将厂家给的配置写人到这些寄存器里面即可完成 GT9147 的配置。由于 GT9147 可以保存配置信息(可写入内部 FLASH,从而不需要每次上电都更新配置),有几点需要注意:

(1) 0x8047 寄存器用于指示配置文件版本号,程序写入的版本号必须大于等于 GT9147 本地保存的版本号才可以更新配置。

(2) 0x80FF 寄存器用于存储校验和,使得 0x8047～0x80FF 之间所有数据之和为 0。

(3) 0x8100 用于控制是否将配置保存在本地,写 0 则不保存配置,写 1 则保存配置。

3. 产品 ID 寄存器

这里总共由 4 个寄存器组成,用于保存产品 ID。对于 GT9147,这 4 个寄存器读出来就是 9、1、4、7 这 4 个字符(ASCII 码格式)。因此,我们可以通过这 4 个寄存器的值来判断驱动 IC 的型号,从而判断是 OTT2001A 还是 GT9147,以便执行不同的初始化。

4. 状态寄存器(0X814E)

该寄存器各位描述如表 13-2 所列。这里仅关心最高位和最低 4 位,最高位用于表示 buffer 状态,如果有数据(坐标/按键),buffer 就会是 1;最低 4 位用于表示有效触点的个数,范围是 0~5,0 表示没有触摸,5 表示有 5 点触摸。该寄存器在每次读取后,如果 bit7 有效,则必须写 0 清除这个位,否则不会输出下一次数据! 这个要特别注意!

表 13-2　状态寄存器各位描述

寄存器	Bit7	Bit6	Bit5	Bit4	Bit3	Bit2	Bit1	Bit0
0X814E	Buffer 状态	大点	接近有效	按键	有效触点个数			

5. 坐标数据寄存器(共 30 个)

这里共分成 5 组(5 个点),每组 6 个寄存器存储数据,以触点 1 的坐标数据寄存器组为例,如表 13-3 所列。

表 13-3　触点 1 坐标寄存器描述

寄存器	Bit7~0	寄存器	Bit7~0
0X8150	触点 1x 坐标低 8 位	0X8151	触点 1x 坐标低高位
0X8152	触点 1y 坐标低 8 位	0X8153	触点 1y 坐标低高位
0X8154	触点 1 触摸尺寸低 8 位	0X8155	触点 1 触摸尺寸高 8 位

一般只用到触点的 x、y 坐标,所以只需要读取 0X8150~0X8153 的数据,即可得到触点坐标。其他 4 组分别是由 0X8158、0X8160、0X8168 和 0X8170 等开头的 16 个寄存器组成,分别针对触点 2~4 的坐标。同样,GT9147 也支持寄存器地址自增,我们只需要发送寄存器组的首地址,然后连续读取即可,GT9147 地址会自增,从而提高读取速度。

13.4　字符显示

在液晶显示器上显示的图形都是由一个个像素组成的,而每个像素对应于一个特定格式的数据。因此,对于图片的显示,LTDC 只能显示未经压缩编码的图片,而对于压缩编码过的图片格式,如 JPEG、PNG 格式的图片,需要应用程序解压后才能使用。

显示任意编码格式字符的原理也是一样的,需要先将字符按照特定的大小和字体格式转换成液晶显示器能够识别的像素数据,然后才能给 LTDC 使用,这种能够显示的字符格式就是字模。

13.4.1　字符编码

常见的字符编码有 ASCI、ISO-8859-1、GB2312、GBK、Unicode、UTF-8、UTF-16 等。GB2312、GBK、UTF-8、UTF-16 这几种格式都可以表示一个汉字。

1. ASCII

学过计算机的人都知道 ASCII,它总共有 128 个字符,用一个字节的低 7 位表示,0～31 是控制字符,如换行、回车、删除等;32～126 是打印字符,可以通过键盘输入并且能够显示出

2. ISO-8859-1

ISO-8859-1 编码是单字节编码,向下兼容 ASCII 其编码范用是 0x00～0xFF。0x00～0x7F 和 ASCII 完全一致,0x80～0x9F 是控制字符,0xA0～0xFF 是文字符号。ISO-8859-1 仍然是单字节编码,它总共能表示 256 个字符。

3. GB2312

GB2312 的全称是《信息交换用汉字编码字符集基本集》,它是双字节编码。GB2312 将所收录的字符分为 94 个区,区号为 01～94。每个区收录 94 个字符,编号为 01～94。

高位字节是区码,由 0xA0＋区号组成,总的编码范围是 0xA1～0xFE,其中0xA1～0xA9 是符号区,总共包含 682 个符号,0xB0～0xF7 是汉字区,总共包含6763 个汉字。低位字节是位码,由 0xA0＋偏移量组成。

GB2312 的每一个字符都由与其唯一对应的区码和位码确定。例如,汉字"啊"位于 16 区,在这一区的偏移量是 1,因此,它的 GB2312 编码是 0xB0A1。

4. GBK

GBK 全称是《汉字内码扩展规范》，是国家技术监督局为 Windows95 所制定的新的汉字内码规范，它的出现是为了扩展 GB2312，加入更多的汉字，它的编码范围是 8140～FEFE(去掉 xx7F)，总共有 23940 个码位，能表示 21003 个汉字。GBK 编码和 GB2312 编码兼容，也就是说用 GB2312 编码的汉字可以用 GBK 编码来解码，并且不会有乱码。

5. GB18030

GB18030 全称是《信息交换用汉字编码字符集》，它是我国的强制标准，它可能是单字节、双字节或者 4 字节编码，它的编码与 GB2312 编码兼容，这个虽然是国家标准，但是在实际应用系统中使用得并不广泛。

6. Unicode

Unicode(统一码、万国码、单一码)是计算机科学领域中的一项业界标准，包括字符集、编码方案等。Unicode 是为了解决传统的字符编码方案的局限而产生的，它为每种语言中的每个字符设定了统一并且唯一的二进制编码，以满足跨语言、跨平台进行文本转换、处理的要求。

7. UTF-16

UTF-16 具体定义了 Unicode 字符在计算机中的存取方法。UTF-16 用 2 个字节来表示 Unicode 转化格式，这个是定长的表示方法，不论什么字符都可以用 2 个字节表示，2 个字节是 16 bit，，所以称为 UTF-16。UTF-16 统一采用 2 个字节表示 1 个字符，虽然在表示上非常简单方便，但是也有其缺点，有很大一部分字符用 1 个字节就可以表示，但是 UTF-16 格式需要用 2 个字节表示，存储空间放大了 1 倍。

8. UTF-8

UTF-8(8-bit Unicode Transformation Format)是一种针对 Unicode 的可变长度字符编码，用 1～4 个字节编码 Unicode 字符。如果只有 1 个字节，则其最高进制位为 0；如果是多字节，则其第 1 个字节从最高位开始，连续的进制位值为 1 的个数决定了其编码的字节数，其余各字节均以 10 开头。

13.4.2 字模的生成

在液晶屏上显示字符需要将其转换成对应的字模。以"正"字为例，使用 16×16 点阵字模显示，其字模点阵如图 13-9 所示。点阵中浅蓝色的点是高亮的，对应于二进制编码中的 1,绿色的点是低亮的,对应于二进制编码中的 0。例如,第 2 行的二进制编码应该是 0b0111 1111 1111 1100,使用 2 个字节表示就是 0x7F、0xFC。16 行总共需要用 32 个字节来表示,将这 32 个字节组成 1 个数组,就是"正"字在应用程序中可以使用的字模。

"正"字的 16×16 点阵字模数组如下:

{0x00,0x00,0x7F,0xFC,0x01,0x00,0x01,0x00,

0x01,0x00,0x01,0x00,0x11,0x00,0x11,0xF8,

0x11,0x00,0x11,0x00,0x11,0x00,0x11,0x00,

0x11,0x00,0x11,0x00,0xFF,0xFE,0x00,0x00}

图 13-9　"正"字的字模

在应用程序中,将这一字模数组写入 LTDC 的显存中,就能够在显存对应的液晶屏位置显示出这一字符。

1. 字模数据的使用

特定格式的字符字模数据,一般被统一定义在一个数组中,应用程序根据每一个字符在数组中的偏移量进行访问。需要注意的是字模工具生成的点阵数据,一般是以单色像素形式产生的,但是,在 LTDC 控制下,彩色液晶显示器的每一个像素对应多个数据位。例如,在 ARGB8888 格式下,一个像素对应 32 位(4 字节)。因此,使用字模数据在液晶屏上显示字符前,需要根据字模数据每一个位的开关状态(1/0),把自定义的背景色数据(像素灭时:0)或字符颜色数据(像素亮时:1),写入显存中。

在 ARGB8888 格式下(一个像素对应 4 字节),一个 16×16 点阵的字模数据(32 字节),写入 LTDC 显存中的数据量实际是 32(字模数据)×8(每个字节位数)×4(ARGB8888 格式下一个像素对应的字节数)=1 024 字节。

2. 字模生成工具的使用

字模生成工具很多,有 PCtoLCD、字模提取 V2.2 及 FontCvt_V522 等。在此,以 PCtoLCD 为例介绍字模生成方法。

(1)打开软件可以看到如图 13-10 所示的界面,此软件无须安装,打开后可以直接使用。

(2)生成个别的字符的字模。

在字符输入框输入需要转换的字符,并根据需求选择工具栏中的功能按键设置字模显示的格式,如字体、字宽、字高、调整像素位置、旋转等功能,即可在字模图形显示区显示出对应字符的显示图像,然后单击"生成字模"按钮,可生成字符对应的字模。

例如,生成"嵌入式"3 个字的字模,字体为宋体,点阵大小为 16×16。设置好参数后,在字符输入框输入"嵌入式"3 个字,然后单击"生成字模"按钮,即可生成我们需

图 13 - 10　PCtoLCD 界面

要的字模数据。

　　PCtoLCD 生成个别的字符的字模界面如图 13 - 11 所示。将生成的点阵数据保存或直接复制到应用程序中,以特定形式定义好后,即可使用。

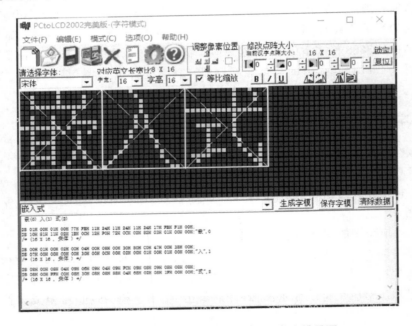

图 13 - 11　PCtoLCD 生成个别的字符的字模界面

（3）生成批量的字符的字模。

当需要的字符量比较多时，可以使用批量字符生成方式。单击"选项"菜单，会弹出一个对话框，如图 13-12 所示。根据需求，选择"点阵格式""取模方式""每行显示的数据""输出数制"等配置选项，单击"确定"按钮即可完成配置。

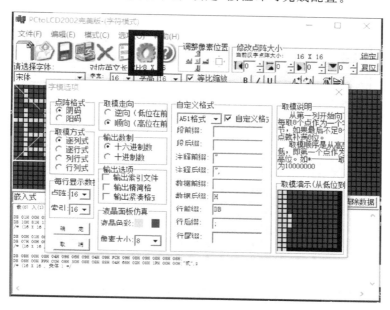

图 13-12　PCtoLCD 生成批量的字符的字模设置界面

配置完字模选项后，单击软件中的"导入文本"图标，会弹出一个"生成字库"对话框，可以单击右下角的"生成英文点阵字库"或"生成国标汉字库"按钮，即可生成包含了 ASCII 或 GB2312 编码中所有字符的字模文件；也可以单击"打开文本文件"按钮，选择自定义的一些字符，然后单击"开始生成"按钮，生成对应的字模文件。PCtoLCD 生成批量的字符的字模界面如图 13-13 所示。字模文件的类型是".TXT"类型。

批量生成的 GB2312 字模文件比较大（16×16 点阵下，文件 1.4 MB），不能直接存储固化到 STM32F4xx/GD32F4xx 芯片的内部 Flash，一般需要以文件形式存储在大容量外扩存储器中，如 SPI Flash 或 Nand Flash。

如果是少量的字符，可以直接以 C 文件形式组织管理字模数据，包含在应用程序的工程中，直接固化在控制器的片内 Flash 中。

ASCII 码字符数有限，一般情况下，会直接将 ASCII 码的字模做成一个 C 文件包含在工程中，并定义不同字体格式对应的结构体，用于应用程序的访问。

例如，设计 16×24 点阵的 ASCII 码字模，将全部的字模数据都以一个数组管理。

图 13 - 13 PCtoLCD 生成批量的字符的字模界面

```
1. const uint16_t ASCII16x24_Table [] = {/* 空格字模数据 */
2. 0x0000, 0x0000, 0x0000, 0x0000, 0x0000, 0x0000, 0x0000, 0x0000,
3. 0x0000, 0x0000, 0x0000, 0x0000, 0x0000, 0x0000, 0x0000, 0x0000,
4. 0x0000, 0x0000, 0x0000, 0x0000, 0x0000, 0x0000, 0x0000, 0x0000,
5. };
```

然后以一个结构体,管理字体信息,16×24 点阵的结构体定义如下:

```
1. sFONT Font16x24 = {
2. ASCII16x24_Table,        //指向 16x24 的字模数组
3. 16,                      //字模的像素宽度
4. 24,                      //字模的像素高度
5. }
```

自定义结构体 sFONT,定义如下:

```
1. typedef struct_tFont
2. Const uint16_t * table;   //指向字模数据的指针
3. uint16_t Width;           //字模的像素宽度
4. uint16_t Height;          //字模的像素高度
5. }sFONT;
```

13.5　LCD 实验

13.5.1　相关库函数介绍

1. nor 存储器时序初始化函数

1. Void FSMC_NORSRAMInit(* FSMC_NORSRAMInitTypeDef * FSMC_NORSRAMInitStruct)

参数 1：FSMC_NORSRAMInitTypeDef * FSMC_NORSRAMInitStruct，为指针类型，指向一段数据结构，这个数据结构就保存着对时序进行配置的各个参数。

```
1.   typedef struct
2.   {
3.       uint32_t FSMC_Bank；
4.       uint32_t FSMC_DataAddressMux；
5.       uint32_t FSMC_MemoryType；
6.       uint32_t FSMC_MemoryDataWidth；
7.       uint32_t FSMC_BurstAccessMode；
8.       uint32_t FSMC_WaitSignalPolarity；
9.       uint32_t FSMC_WrapMode；
10.      uint32_t FSMC_WaitSignalActive；
11.      uint32_t FSMC_WriteOperation；
12.      uint32_t FSMC_WaitSignal；
13.      uint32_t FSMC_ExtendedMode；
14.      uint32_t FSMC_WriteBurst；
15.      FSMC_NORSRAMTimingInitTypeDef * FSMC_ReadWriteTimingStruct；//读时序配置指针
16.      FSMC_NORSRAMTimingInitTypeDef * FSMC_WriteTimingStruct；    //写时序配置指针
17.  }FSMC_NORSRAMInitTypeDef；
```

成员 1：uint32_t FSMC_Bank，nor 被分为 4 块，其中这个参数是说明对哪块编程，有如下定义：

```
1. # define FSMC_Bank1_NORSRAM1          ((uint32_t)0x00000000)
2. # define FSMC_Bank1_NORSRAM2          ((uint32_t)0x00000002)
3. # define FSMC_Bank1_NORSRAM3          ((uint32_t)0x00000004)
4. # define FSMC_Bank1_NORSRAM4          ((uint32_t)0x00000006)
```

成员 2：uint32_t FSMC_DataAddressMux，选择地址/数据是否复用，有如下定义：

```
1. #define FSMC_DataAddressMux_Enable      ((uint32_t)0x00000002)
2. #define FSMC_DataAddressMux_Disable     ((uint32_t)0x00000000)
```

成员 3：uint32_t FSMC_MemoryType，存储器类型，有如下定义：

```
1. #define FSMC_MemoryType_SRAM     ((uint32_t)0x00000000)
   //选择存储器为数据易失性存储器，这类存储器读写速度较快，但是掉电后数据会丢失。
2. #define FSMC_MemoryType_PSRAM    ((uint32_t)0x00000004)
   //选择存储器为伪静态随机存取器，这类存储器拥有更大的带宽、更高的容量、更低的成
   本、和更小的尺寸。
3. #define FSMC_MemoryType_NOR      ((uint32_t)0x00000008)
   //选择存储器为数据非易失性存储器，这类存储器读写速度比较慢，但是在掉电后数据
   不会丢失。
```

成员 4：uint32_t FSMC_MemoryDataWidth，设置数据总线的宽度为 8 位或者 16 位，有如下定义：

```
1. #define FSMC_MemoryDataWidth_8b     ((uint32_t)0x00000000)
2. //设置数据总线宽度为 8 位
3. #define FSMC_MemoryDataWidth_16b    ((uint32_t)0x00000010)
4. //设置数据总线宽度为 8 位
```

成员 5：uint32_t FSMC_BurstAccessMode，是否进行成组模式访问，有如下定义：

```
1. #define FSMC_BurstAccessMode_Disable  ((uint32_t)0x00000000)
   //对存储区进行成组访问
2. #define FSMC_BurstAccessMode_Enable   ((uint32_t)0x00000100)
   //对存储区不进行成组访问
```

成员 6：uint32_t FSMC_WaitSignalPolarity，等待信号有效级性，有如下定义：

```
1. #define FSMC_WaitSignalPolarity_Low    ((uint32_t)0x00000000)
2. #define FSMC_WaitSignalPolarity_High   ((uint32_t)0x00000200)
```

成员 7：uint32_t FSMC_WrapMode，该位决定控制器是否支持把非对齐的 AHB 成组操作分割成 2 次线性操作；该位仅在存储器的成组模式下有效，有如下定义：

```
1. #define FSMC_WrapMode_Disable    ((uint32_t)0x00000000)
2. #define FSMC_WrapMode_Enable     ((uint32_t)0x00000400)
```

成员 8：uint32_t FSMC_WaitSignalActive，当闪存存储器处于成组传输模式时，NWAIT 信号指示从闪存存储器出来的数据是否有效或是否需要插入等待周期。该位决定存储器是在等待状态之前的一个时钟周期产生 NWAIT 信号，还是在等待状态期间产生 NWAIT 信号，有如下定义：

1.　#define FSMC_WaitSignalActive_BeforeWaitState 　　((uint32_t)0x00000000)
　　//在等待状态之前产生 NWAI 信号
2.　#define FSMC_WaitSignalActive_DuringWaitState 　　((uint32_t)0x00000800)
　　//在等待期间产生 NWAIT 信号

成员 9：uint32_t FSMC_WriteOperation，该位指示 FSMC 是否允许/禁止对存储器的写操作，有如下定义：

1.　#define FSMC_WriteOperation_Disable 　　　((uint32_t)0x00000000)
2.　#define FSMC_WriteOperation_Enable 　　　((uint32_t)0x00001000)

成员 10：uint32_t FSMC_WaitSignal，当闪存存储器处于成组传输模式时，这一位允许/禁止通过 NWAIT 信号插入等待状态，有如下定义：

1.　#define FSMC_WaitSignal_Disable 　　　((uint32_t)0x00000000)
2.　#define FSMC_WaitSignal_Enable 　　　((uint32_t)0x00002000)

成员 11：uint32_t FSMC_ExtendedMode，该位允许 FSMC 使用 FSMC_BWTR 寄存器，即允许读和写使用不同的时序，有如下定义：

1.　#define FSMC_ExtendedMode_Disable 　　　((uint32_t)0x00000000)
2.　#define FSMC_ExtendedMode_Enable 　　　((uint32_t)0x00004000)

成员 12：uint32_t FSMC_WriteBurst，对于处于成组传输模式的闪存存储器，这一位允许/禁止通过 NWAIT 信号插入等待状态。读操作的同步成组传输协议使能位是 FSMC_BCRx 寄存器的 BURSTEN 位，有如下定义：

1.　#define FSMC_WriteBurst_Disable 　　　((uint32_t)0x00000000)
2.　#define FSMC_WriteBurst_Enable 　　　((uint32_t)0x00080000)

成员 13：读时序配置指针：FSMC_NORSRAMTimingInitTypeDef *
FSMC_ReadWriteTimingStruct，有如下定义：

1.　typedef struct
2.　{
3.　　uint32_t FSMC_AddressSetupTime;
　　//这些位定义地址的建立时间，适用于 SRAM、ROM 和异步总线复用模式的 NOR 闪存操作。
4.　　uint32_t FSMC_AddressHoldTime;
　　//这些位定义地址的保持时间，适用于 SRAM、ROM 和异步总线复用模式的 NOR 闪存操作。
5.　　uint32_t FSMC_DataSetupTime;
　　//这些位定义数据的保持时间，适用于 SRAM、ROM 和异步总线复用模式的 NOR 闪存操作。
6.　　uint32_t FSMC_BusTurnAroundDuration;
　　//这些位用于定义一次读操作之后在总线上的延迟(仅适用于总线复用模式的 NOR 闪存操作)，一次读操作之后控制器需要在数据总线上为下次操作送出地址，这个延迟就是为了防止总线冲突。如果扩展的存储器系统不包含总线复用模式的存储器，或最慢的存储器可以在 6 个 HCLK 时钟周期内将数据总线恢复到高阻状态，可以设置这个参数为其最小值。

7. uint32_t FSMC_CLKDivision；
   //定义 CLK 时钟输出信号的周期，以 HCLK 周期数表示；
8. uint32_t FSMC_DataLatency；
   //处于同步成组模式的 NOR 闪存，需要定义在读取第一个数据之前等待的存储器周期数目。这个时间参数不是以 HCLK 表示，而是以闪存时钟（CLK）表示。在访问异步 NOR 闪存、SRAM 或 ROM 时，这个参数不起作用。操作 CRAM 时，这个参数必须为 0。
9. uint32_t FSMC_AccessMode；//访问模式
10. }FSMC_NORSRAMTimingInitTypeDef；

成员 14：FSMC_NORSRAMTimingInitTypeDef * FSMC_WriteTimingStruct，写时序配置指针。

2. 屏幕坐标值读取函数

```
1.    #define ERR_RANGE 50
2.    u8 TP_Read_XY2(u16 * x,u16 * y)
3.    {
4.        u16 x1, y1；
5.        u16 x2, y2；
6.        u8 flag；
7.        flag = TP_Read_XY(&x1, &y1)；
8.        if(flag == 0)return(0)；
9.        flag = TP_Read_XY(&x2, &y2)；
10.       if(flag == 0)return(0)；
11.       if(((x2 <= x1&&x1<x2 + ERR_RANGE)||(x1 <= x2&&x2<x1 + ERR_RANGE))
          //前后两次 采样在 ±50 内
12.       &&((y2 <= y1&&y1<y2 + ERR_RANGE)||(y1 <= y2&&y2<y1 + ERR_RANGE)))
13.       {
14.           * x = (x1 + x2)/2；
15.           * y = (y1 + y2)/2；
16.           return 1；
17.       }else return 0；
18.   }
```

为了提高读取的精度，该函数采用了为了提高读取的精度，采用连续读取两次的方法，若两次读取的值之差小于设定的值（ERR_RANGE），则返回坐标值。

3. 校准函数

TP_Adjust()函数可以调整读取的坐标值，在这里简单介绍一下使用的触摸屏校正原理。传统的鼠标是一种相对定位系统，只和前一次鼠标的位置坐标有关。而触摸屏则是一种绝对坐标系统,与相对定位系统有着本质的区别。绝对坐标系统的特点是每一次定位坐标与上一次定位坐标没有关系,每次触摸的数据通过校准转为屏幕上的坐标,不管在什么情况下,触摸屏这套坐标在同一点的输出数据是稳定的。不过由于技术原理的原因,并不能保证同一点触摸每一次采样数据相同,不能保证绝对坐标定位,这就是开发者最怕触摸屏出现的问题:漂移。对于性能质量好的触摸屏来说,漂移的情况出现并不是很严重。所以很多应用触摸屏的系统启动后,进入应用程序前,先要执行校准程序。通常,应用程序中使用的 LCD 坐标是以像素为单位的。比如左上角的坐标是一组非 0 的数值,比如(20,20),而右下角的坐标为(220,300)。这些点的坐标都是以像素为单位的,而从触摸屏中读出的是点的物理坐标,其坐标轴子、偏移量都与 LCD 坐标不同,所以,需要在程序中把物理坐标首先转换为像素坐标,然后再赋给 POS 结构,达到坐标转换的目的。

校正思路:在了解了校正原理之后,我们可以得出下面的一个从物理坐标到像素坐标的转换关系式:

$$LCDx = xfac * Px + xoff$$
$$LCDy = yfac * Py + yoff$$

其中,(LCDx,LCDy)是在 LCD 上的像素坐标,(Px,Py)是从触摸屏读到的物理坐标。xfac,yfac 分别是 X 轴方向和 Y 轴方向的比例因子,而 xoff 和 yoff 则是这两个方向的偏移量。这样我们只要事先在屏幕上面显示 4 个点(这 4 个点的坐标是已知的),分别按这 4 个点就可以从触摸屏读到 4 个物理坐标,这样就可以通过待定系数法求出 xfac、yfac、xoff、yoff 这 4 个参数。保存好这 4 个参数,以后把所有得到的物理坐标都按照这个关系式来计算,得到的就是准确的屏幕坐标,达到了触摸屏校准的目的。

4. 触摸屏初始化函数

```
1.   u8TP_Init(void)
2.   {
3.       GPIO_InitTypeDef GPIO_Initure;
4.       if(lcddev.id == 0X5510 || lcddev.id == 0X4342)
         //4.3 寸 800 * 40MCU 电容触摸屏或者 4.3 寸 480 * 272 RGB 屏
5.       {
6.           if(GT9147_Init() == 0)//判断是否为 GT9147 控制芯片
7.           {
8.               tp_dev.scan = GT9147_Scan;//扫描函数指向 GT9147 触摸屏扫描
9.           }else
10.          {
11.              OTT2001A_Init();
12.              tp_dev.scan = OTT2001A_Scan;   //扫描函数指向 OTT2001A 触摸屏扫描
13.          }
```

```
14.    tp_dev.touchtype | = 0X80;//电容屏
15.    tp_dev.touchtype | = lcddev.dir&0X01;//横屏还是竖屏
16. return 0;
17.  }else if(lcddev.id == 0X1963 || lcddev.id == 0X7084 || lcddev.id == 0X7016)
     //SSD1963 7 寸屏或者 7 寸 800 * 480/1024 * 600 RGB 屏
18.  {
19.    FT5206_Init();
20.    tp_dev.scan = FT5206_Scan;//扫描函数指向 GT9147 触摸屏扫描
21.    tp_dev.touchtype | = 0X80;//电容屏
22.    tp_dev.touchtype | = lcddev.dir&0X01;//横屏还是竖屏
23.    return 0;
24.  }else if(lcddev.id == 0X1018)
25.  {
26.    GT9271_Init();
27.    tp_dev.scan = GT9271_Scan;//扫描函数指向 GT271 触摸屏扫描
28.    tp_dev.touchtype| = 0X80;//电容屏
29.    tp_dev.touchtype| = lcddev.dir&0X01;//横屏还是竖屏
30.    return 0;
31.  }else
32.  {
33.    __HAL_RCC_GPIOH_CLK_ENABLE();//开启 GPIOH 时钟
34.    __HAL_RCC_GPIOI_CLK_ENABLE();//开启 GPIOI 时钟
35.    __HAL_RCC_GPIOG_CLK_ENABLE();//开启 GPIOG 时钟
36.    //PH6
37.    GPIO_Initure.Pin = GPIO_PIN_6;//PH6
38.    GPIO_Initure.Mode = GPIO_MODE_OUTPUT_PP;//推挽输出
39.    GPIO_Initure.Pull = GPIO_PULLUP;//上拉
40.    GPIO_Initure.Speed = GPIO_SPEED_HIGH;//高速
41.    HAL_GPIO_Init(GPIOH,&GPIO_Initure);//初始化
42.    //PI3,8
43.    GPIO_Initure.Pin = GPIO_PIN_3|GPIO_PIN_8;//PI3,8
44.    HAL_GPIO_Init(GPIOI,&GPIO_Initure);//初始化
45.    //PH7
46.    GPIO_Initure.Pin = GPIO_PIN_7;//PH7
47.    GPIO_Initure.Mode = GPIO_MODE_INPUT;//输入
48.    HAL_GPIO_Init(GPIOH,&GPIO_Initure);//初始化
49.    //PG3
50.    GPIO_Initure.Pin = GPIO_PIN_3;//PG3
51.    HAL_GPIO_Init(GPIOG,&GPIO_Initure);//初始化
52.    TP_Read_XY(&tp_dev.x[0],&tp_dev.y[0]);//第一次读取初始化
53.    AT24CXX_Init();//初始化 24CXX
```

```
54.     if(TP_Get_Adjdata())return 0;//已经校准
55.     else
56.     {
57.       LCD_Clear(WHITE);//清屏
58.       TP_Adjust();//屏幕校准
59.       TP_Save_Adjdata();
60.     }
61.     TP_Get_Adjdata();
62.   }
63.   return 1;
64. }
```

其中,tp_dev. scan 结构体函数指针默认指向 TP_Scan,如果是电阻屏,则用默认即可;如果是电容屏,则指向新的扫描函数 GT9147_Scan 或 OTT2001A_Scan(根据芯片 ID 判断到底指向哪个),执行电容触摸屏的扫描函数。

5. GT9147 芯片初始化函数

```
1.  u8 GT9147_Init(void)
2.  {
3.    u8 temp[5];
4.    GPIO_InitTypeDef GPIO_Initure;
5.    __HAL_RCC_GPIOH_CLK_ENABLE();               //开启 GPIOH 时钟
6.    __HAL_RCC_GPIOI_CLK_ENABLE();               //开启 GPIOI 时钟
7.    //PH7 设置
8.    GPIO_Initure.Pin = GPIO_PIN_7;              //PH7
9.    GPIO_Initure.Mode = GPIO_MODE_INPUT;        //输入
10.   GPIO_Initure.Pull = GPIO_PULLUP;            //上拉
11.   GPIO_Initure.Speed = GPIO_SPEED_HIGH;       //高速
12.   HAL_GPIO_Init(GPIOH,&GPIO_Initure);         //初始化
13.   //PI8 设置
14.   GPIO_Initure.Pin = GPIO_PIN_8;              //PI8
15.   GPIO_Initure.Mode = GPIO_MODE_OUTPUT_PP;    //推挽输出
16.   HAL_GPIO_Init(GPIOI,&GPIO_Initure);         //初始化
17.   CT_IIC_Init();                              //初始化电容屏的 I2C 总线
18.   GT_RST = 0;                                 //复位
19.   delay_ms(10);
20.   GT_RST = 1;                                 //释放复位
21.   delay_ms(10);
22.   GPIO_Initure.Pin = GPIO_PIN_7;              //PH7
23.   GPIO_Initure.Mode = GPIO_MODE_INPUT;        //输入
24.   GPIO_Initure.Pull = GPIO_NOPULL;            //不带上下拉,浮空输入
25.   GPIO_Initure.Speed = GPIO_SPEED_HIGH;       //高速
```

```
26.      HAL_GPIO_Init(GPIOH,&GPIO_Initure);          //初始化
27.      delay_ms(100);
28.      GT9147_RD_Reg(GT_PID_REG,temp,4);            //读取产品 ID
29.      temp[4] = 0;
30.      printf("CTP ID: % s\r\n",temp);              //打印 ID
31.      if(strcmp((char * )temp,"9147") == 0)        //ID == 9147
32.      {
33.      temp[0] = 0X02;
34.      GT9147_WR_Reg(GT_CTRL_REG,temp,1);           //软复位 GT9147
35.      GT9147_RD_Reg(GT_CFGS_REG,temp,1);           //读取 GT_CFGS_REG 寄存器
36.      if(temp[0]<0X60)                             //默认版本较低,需要更新 flash 配置
37.      {
38.      printf("Default Ver: % d\r\n",temp[0]);
39.      if(lcddev. id == 0X5510)GT9147_Send_Cfg(1);  //更新并保存配置
40.      }
41.      delay_ms(10);
42.      temp[0] = 0X00;
43.      GT9147_WR_Reg(GT_CTRL_REG,temp,1);           //结束复位
44.      return 0;
45.      }
46.      return 1;
47.  }
48.  Const u16 GT9147_TPX_TBL[5] = {GT_TP1_REG,GT_TP2_REG,GT_TP3_REG,GT_TP4_REG,GT_
     TP5_REG};
```

GT9147_Init 用于初始化 GT9147,若初始化成功则返回 0;初始化失败则返回
1。该函数通过读取 0X8140～0X8143 这 4 个寄存器,并判断是否是"9147"来确定是
不是 GT9147 芯片。在读取到正确的 ID 后,软复位 GT9147,然后根据当前芯片版
本号,确定是否需要更新配置,通过 GT9147_Send_Cfg 函数发送配置信息(一个数
组),配置完后,结束软复位,即完成 GT9147 初始化。

6. 电容触摸屏扫描函数

```
1.   u8 GT9147_Scan(u8 mode)
2.   {
3.      u8buf[4];
4.      u8i = 0;
5.      u8 res = 0;
6.      u8 temp;
7.      u8tempsta;
8.      static u8 t = 0;                             //控制查询间隔,从而降低 CPU 占有率
9.      t ++ ;
```

```
10.     if((t%10)==0||t<10)//空闲时,每进入 10 次 CTP_Scan 函数才检测 1 次,从而节
        省 CPU 使用率
11.     {
12.     GT9147_RD_Reg(GT_GSTID_REG,&mode,1);        //读取触摸点的状态
13.     if(mode&0X80 && ((mode&0XF)<6))
14.     {
15.     temp = 0;
16.     GT9147_WR_Reg(GT_GSTID_REG,&temp,1);        //清标志
17.     }
18.     if((mode&0XF)&&((mode&0XF)<6))
19.     {
20.     temp = 0XFF<<(mode&0XF);//将点的个数转换为 1 的位数,匹配 tp_dev.sta 定义
21.     tempsta = tp_dev.sta;                       //保存当前的 tp_dev.dta 值
22.     tp_dev.sta = (~temp)|TP_PRES_DOWN|TP_CATH_PRES;
23.     tp_dev.x[4] = tp_dev.x[0];                  //保存触点 0 的数据
24.     tp_dev.y[4] = tp_dev.y[0];
25.     for(i = 0;i<5;i++)
26.     {
27.     if(tp_dev.sta&(1<<i))                       //触摸有效
28.     {
29.     GT9147_RD_Reg(GT9147_TPX_TBL[i],buf,4);//读取 XY 坐标值
30.     if(lcddev.id==0X5510)//4.3 寸 800*400MCU 屏
31.     {
32.     if(tp_dev.touchtype&0X01)                   //横屏
33.     {
34.     tp_dev.y[i] = ((u16)buf[1]<<8)+buf[0];
35.     tp_dev.x[i] = 800-(((u16)buf[3]<<8)+buf[2]);
36.     }else
37.     {
38.     tp_dev.x[i] = ((u16)buf[1]<<8)+buf[0];
39.     tp_dev.y[i] = ((u16)buf[3]<<8)+buf[2];
40.     }
41.     }else if(lcddev.id==0X4342)                 //4.3 寸 480*272 RGB 屏
42.     {
43.     if(tp_dev.touchtype&0X01)                   //横屏
44.     {
45.     tp_dev.x[i] = (((u16)buf[1]<<8)+buf[0]);
46.     tp_dev.y[i] = (((u16)buf[3]<<8)+buf[2]);
47.     }else
48.     {
49.     tp_dev.y[i] = ((u16)buf[1]<<8)+buf[0];
50.     tp_dev.x[i] = 272-(((u16)buf[3]<<8)+buf[2]);
```

```
51.          }
52.        }
53.        printf("x[%d]:%d,y[%d]:%d\r\n",i,tp_dev.x[i],i,tp_dev.y[i]);
54.      }
55.    }
56.    res = 1;
57.    if(tp_dev.x[0]>lcddev.width||tp_dev.y[0]>lcddev.height)//非法坐标数据
58.    {
59.      if((mode&0XF)>1)          //若其他点有数据,则第二个触点的数据到第一个触点
60.      {
61.        tp_dev.x[0] = tp_dev.x[1];
62.        tp_dev.y[0] = tp_dev.y[1];
63.        t = 0;                   //触发一次,则会最少连续检测 10 次,从而提高命中率
64.      }else                      //非法数据,则忽略此次数据
65.      {
66.        tp_dev.x[0] = tp_dev.x[4];
67.        tp_dev.y[0] = tp_dev.y[4];
68.        mode = 0X80;
69.        tp_dev.sta = tempsta;    //恢复 tp_dev.sta
70.      }
71.    }else t = 0;                 //触发一次,则会最少连续检测 10 次,从而提高命中率
72.    }
73.  }
74.  if((mode&0X8F) == 0X80)        //无触点按下
75.  {
76.    if(tp_dev.sta&TP_PRES_DOWN)  //之前是被按下的
77.    {
78.      tp_dev.sta& = ~(1<<7);    //标记按键松开
79.    }else                        //之前就没有被按下
80.    {
81.      tp_dev.x[0] = 0xffff;
82.      tp_dev.y[0] = 0xffff;
83.      tp_dev.sta& = 0XE0;        //清除点有效标记
84.    }
85.  }
86.  if(t>240)t = 10;               //重新从 10 开始计数
87.  return res;
88. }
```

最后,GT9147_Scan 函数用于扫描电容触摸屏是否有按键按下,由于我们不是用中断方式来读取 GT9147 的数据,而是采用查询的方式,所以这里使用了一个静态变量来提高效率,当无触摸的时候,尽量减少对 CPU 的占用;当有触摸的时候,又保

证能迅速检测到。

13.5.2　实验详解

为方便读者理解上述原理,下面将通过库函数对 LCD 进行更详细的实验教学,主要包括:LCD 显示实验和 LCD 触控实验。使用到的实验设备主包括:本书配套的开发板、串口线、串口调试助手、PC 机、Keil MDK5.31 集成开发环境、J-Link 仿真器。

1. LCD 显示实验

（1）硬件原理图

TFT LCD 作为单片机与人信息交互较为重要的一部分,其工作原理及使用方法均需要有较深的了解和掌握。

TFT(Thin Film Transistor)LCD,即薄膜场效应晶体管 LCD。TFT 显示采用"背透式"照射方式。液晶背面设置特殊光管,光源照射时通过下偏光板向上透出。LCD 是由两层玻璃基板夹住液晶所组成的,形成一个平行板电容器,通过嵌入在下玻璃基板上的 TFT 对电容器和内置存储电容充电,维持每幅图像所需的电压值,通过控制液晶分子两端的电压来控制液晶分子的转动方向,继而控制每个像素点偏振光投射度而达到显示特定色彩的目的。当其两侧通电时,其会排列的有序,使光纤容易通过;不通电时排列混乱,阻止光线通过。电源在接通断开控制下会影响其液晶单元的透光率或反射率,从而控制光源透射或遮蔽功能,以此控制每个像素点,产生具有不同灰度层次及颜色的图像。

为使读者了解 STM32F407/GD32F407 的 TFT 工作原理以及 FSMC 总线的使用及其相关的 API 函数,掌握通过 FSMC 总线驱动 LCD 的方法。本实验利用函数操作编程,通过 LCD 屏幕显示文字和图片,LCD 硬件映射图见图 13-14。

（2）实验流程

首先,配置与 LCD 相关的硬件外设,然后调用 LCD 初始化函数,然后调用函数实现刷屏、显示字符,最后在主循环中循环显示图片。

LCD 屏控制每个像素点色彩,实现最终显示效果。本实验用到的 LCD 屏幕像素点阵为 480×800。通过字模软件等应用,可将汉字或图片各像素点通过十六进制数组进行储存。本实验中,通过 LCD_DrawPicture()函数,以储存图像信息的数组位参数,对图片进行显示。详细实验流程图如图 13-15 所示。

（3）实验步骤及结果

详细步骤如下:

① FSMC 初始化

在库函数中,定义 FSMC 数据结构,并通过结构体内变量,对其进行初始化操

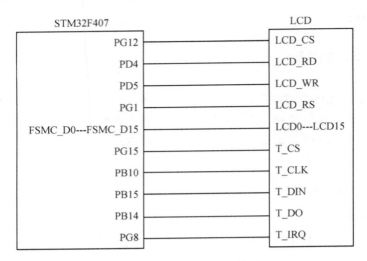

图 13 - 14　LCD 硬件映射图

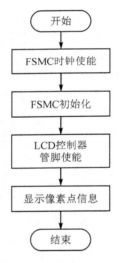

图 13 - 15　LCD 控制流程图

作。变量 uint32_t FSMC_DataAddressMux,选择地址/数据是否复用,本实验设置为停止复用操作;变量 uint32_t FSMC_MemoryType,设置存储器类型静态随机读写存储器,即 SRAM;变量 uint32_t FSMC_MemoryDataWidth,设置数据总线的宽度为 16 位;变量 uint32_t FSMC_BurstAccessMode,设置以非成组模式访问;变量 uint32_t FSMC_WaitSignalPolarity,设置等待信号为低有效极性;变量 uint32_t FSMC_WrapMode,设置不支持控制器将非对齐的 AHB 成组操作分割成两次线性操作;变量 uint32_t FSMC_WaitSignalActive,设置存储器在 den 古代状态之前的一个时钟周期产生 NWAIT 信号;变量 uint32_t FSMC_WriteOperation,设置允许对存储器的写操作;变量 uint32_t FSMC_WaitSignal,设置禁止通过 NWAIT 信号插入等待状态;变量 uint32_t FSMC_ExtendedMode,设置该位允许 FSMC 使用 FSMC_BWTR 寄存器,即允许读和写使用不同的时序;变量 uint32_t FSMC_WriteBurst,设置允许处于成组传输模式的闪存寄存器,通过 NWAIT 信号插入等待状态。

代码展示如下:

```
1.  FSMC_NORSRAMInitStructure.FSMC_Bank = FSMC_Bank1_NORSRAM4;
2.  FSMC_NORSRAMInitStructure.FSMC_DataAddressMux = FSMC_DataAddressMux_Disable;
3.  FSMC_NORSRAMInitStructure.FSMC_MemoryType = FSMC_MemoryType_SRAM;
```

```
4.  FSMC_NORSRAMInitStructure.FSMC_MemoryDataWidth = FSMC_MemoryDataWidth_16b;
5.  FSMC_NORSRAMInitStructure.FSMC_BurstAccessMode = FSMC_BurstAccessMode_Disable;
6.  FSMC_NORSRAMInitStructure.FSMC_WaitSignalPolarity = FSMC_WaitSignalPolarity
    _Low;
7.  FSMC_NORSRAMInitStructure.FSMC_AsynchronousWait = FSMC_AsynchronousWait_Disa-
    ble;
8.  FSMC_NORSRAMInitStructure.FSMC_WrapMode = FSMC_WrapMode_Disable;
9.  FSMC_NORSRAMInitStructure.FSMC_WaitSignalActive = FSMC_WaitSignalActive_Be-
    foreWaitState;
10. FSMC_NORSRAMInitStructure.FSMC_WriteOperation = FSMC_WriteOperation_Enable;
11. FSMC_NORSRAMInitStructure.FSMC_WaitSignal = FSMC_WaitSignal_Disable;
12. FSMC_NORSRAMInitStructure.FSMC_ExtendedMode = FSMC_ExtendedMode_Enable;
13. FSMC_NORSRAMInitStructure.FSMC_WriteBurst = FSMC_WriteBurst_Disable;
14. FSMC_NORSRAMInitStructure.FSMC_ReadWriteTimingStruct = &readWriteTiming;
15. FSMC_NORSRAMInitStructure.FSMC_WriteTimingStruct = &writeTiming;
16. FSMC_NORSRAMInit(&FSMC_NORSRAMInitStructure);
17. FSMC_NORSRAMCmd(FSMC_Bank1_NORSRAM4, ENABLE);
```

② LCD 引脚使能

在 LCD 使能函数中,首先对 GPIOA 的时钟进行使能,设置 GPIO 的 PIN9 为推挽输出,传输速度为 100 MHz,依此类推。

LCD 引脚使能函数展示如下:

```
1.  RCC_AHB1PeriphClockCmd(RCC_AHB1Periph_GPIOA, ENABLE);
2.  GPIO_InitStructure.GPIO_Pin = GPIO_Pin_9;
3.  GPIO_InitStructure.GPIO_Mode = GPIO_Mode_OUT;
4.  GPIO_InitStructure.GPIO_OType = GPIO_OType_PP;
5.  GPIO_InitStructure.GPIO_Speed = GPIO_Speed_100MHz;
6.  GPIO_InitStructure.GPIO_PuPd = GPIO_PuPd_DOWN;
7.  GPIO_Init(GPIOA, &GPIO_InitStructure);
8.  RCC_AHB1PeriphClockCmd(RCC_AHB1Periph_GPIOD | RCC_AHB1Periph_GPIOE | RCC_
    AHB1Periph_GPIOF | RCC_AHB1Periph_GPIOG, ENABLE);
9.  RCC_AHB3PeriphClockCmd(RCC_AHB3Periph_FSMC, ENABLE);
10. GPIO_InitStructure.GPIO_Pin = GPIO_Pin_0 | GPIO_Pin_1 | GPIO_Pin_4 | GPIO_Pin_5
    | GPIO_Pin_8 | GPIO_Pin_9 | GPIO_Pin_10 | GPIO_Pin_14 | GPIO_Pin_15;
11. GPIO_InitStructure.GPIO_Mode = GPIO_Mode_AF;
12. GPIO_InitStructure.GPIO_OType = GPIO_OType_PP;
13. GPIO_InitStructure.GPIO_Speed = GPIO_Speed_100MHz;
14. GPIO_InitStructure.GPIO_PuPd = GPIO_PuPd_UP;
15. GPIO_Init(GPIOD, &GPIO_InitStructure);
16. GPIO_InitStructure.GPIO_Pin = GPIO_Pin_7 | GPIO_Pin_8 | GPIO_Pin_9 | GPIO_Pin_10
    | GPIO_Pin_11 | GPIO_Pin_12 | GPIO_Pin_13 | GPIO_Pin_14 | GPIO_Pin_15;
```

```
17.  GPIO_InitStructure.GPIO_Mode = GPIO_Mode_AF;
18.  GPIO_InitStructure.GPIO_OType = GPIO_OType_PP;
19.  GPIO_InitStructure.GPIO_Speed = GPIO_Speed_100MHz;
20.  GPIO_InitStructure.GPIO_PuPd = GPIO_PuPd_UP;
21.  GPIO_Init(GPIOE, &GPIO_InitStructure);
22.  GPIO_InitStructure.GPIO_Pin = GPIO_Pin_1;
23.  GPIO_InitStructure.GPIO_Mode = GPIO_Mode_AF;
24.  GPIO_InitStructure.GPIO_OType = GPIO_OType_PP;
25.  GPIO_InitStructure.GPIO_Speed = GPIO_Speed_100MHz;
26.  GPIO_InitStructure.GPIO_PuPd = GPIO_PuPd_UP;
27.  GPIO_Init(GPIOG, &GPIO_InitStructure);
28.  GPIO_InitStructure.GPIO_Pin = GPIO_Pin_12;
29.  GPIO_InitStructure.GPIO_Mode = GPIO_Mode_AF;
30.  GPIO_InitStructure.GPIO_OType = GPIO_OType_PP;
31.  GPIO_InitStructure.GPIO_Speed = GPIO_Speed_100MHz;
32.  GPIO_InitStructure.GPIO_PuPd = GPIO_PuPd_UP;
33.  GPIO_Init(GPIOG, &GPIO_InitStructure);
34.  GPIO_PinAFConfig(GPIOD, GPIO_PinSource0, GPIO_AF_FSMC);
35.  GPIO_PinAFConfig(GPIOD, GPIO_PinSource1, GPIO_AF_FSMC);
36.  GPIO_PinAFConfig(GPIOD, GPIO_PinSource4, GPIO_AF_FSMC);
37.  GPIO_PinAFConfig(GPIOD, GPIO_PinSource5, GPIO_AF_FSMC);
38.  GPIO_PinAFConfig(GPIOD, GPIO_PinSource8, GPIO_AF_FSMC);
39.  GPIO_PinAFConfig(GPIOD, GPIO_PinSource9, GPIO_AF_FSMC);
40.  GPIO_PinAFConfig(GPIOD, GPIO_PinSource10, GPIO_AF_FSMC);
41.  GPIO_PinAFConfig(GPIOD, GPIO_PinSource14, GPIO_AF_FSMC);
42.  GPIO_PinAFConfig(GPIOD, GPIO_PinSource15, GPIO_AF_FSMC);
43.  GPIO_PinAFConfig(GPIOE, GPIO_PinSource7, GPIO_AF_FSMC);
44.  GPIO_PinAFConfig(GPIOE, GPIO_PinSource8, GPIO_AF_FSMC);
45.  GPIO_PinAFConfig(GPIOE, GPIO_PinSource9, GPIO_AF_FSMC);
46.  GPIO_PinAFConfig(GPIOE, GPIO_PinSource10, GPIO_AF_FSMC);
47.  GPIO_PinAFConfig(GPIOE, GPIO_PinSource11, GPIO_AF_FSMC);
48.  GPIO_PinAFConfig(GPIOE, GPIO_PinSource12, GPIO_AF_FSMC);
49.  GPIO_PinAFConfig(GPIOE, GPIO_PinSource13, GPIO_AF_FSMC);
50.  GPIO_PinAFConfig(GPIOE, GPIO_PinSource14, GPIO_AF_FSMC);
51.  GPIO_PinAFConfig(GPIOE, GPIO_PinSource15, GPIO_AF_FSMC);
52.  GPIO_PinAFConfig(GPIOG, GPIO_PinSource12, GPIO_AF_FSMC);
```

③ 显示像素点信息

在 LCD 显示主函数中,在时钟和 LCD 显示屏初始化后,对 LCD 显示屏进行清屏,随后依次显示矩形、文字,并刷屏。

主函数代码展示如下:

```
1.   extern unsigned char gImage_1[];
2.   extern unsigned char gImage_2[];
3.   int main(void)
4.   {
5.       SysTick_Init();
6.       LCD_Init();
7.       LCD_Clear(BLACK);
8.       LCD_DrawRectangle(0,0,479,271,GREEN);
9.       LCD_DrawRectangle(5,5,474,266,GREEN);
10.      LCD_ShowString(150,0,(u8 *)"--xx32F407 实验开发平台--",RED,BLACK);
11.      LCD_ShowString(170,20,(u8 *)"液晶显示实验",WHITE,BLACK);
12.      delay_ms(5000);
13.      LCD_Clear(RED);
14.      delay_ms(1000);
15.      LCD_Clear(GREEN);
16.      delay_ms(1000);
17.      LCD_Clear(BLUE);
18.      delay_ms(1000);
19.      LCD_Clear(WHITE);
20.      delay_ms(1000);
21.      LCD_Clear(BLACK);
22.      delay_ms(1000);
23.      LCD_Clear(YELLOW);
24.      delay_ms(1000);
25.  while(1)
26.      {
27.          LCD_Clear(BLUE);
28.          LCD_DrawPicture(80,20,400,260,gImage_1);
29.          delay_ms(1000);
30.          LCD_Clear(GREEN);
31.          LCD_DrawPicture(80,20,400,260,gImage_2);
32.          delay_ms(1000);
33.      }
34.  }
```

④ 硬件连接与功能验证

（a）将开发板电源线连接好，并用 J-Link 仿真器连接实验平台和电脑；

（b）给开发板上电，烧录实验代码，进行测试。

程序烧录完毕之后，按下板子上的复位键 S6，液晶上先显示字符和汉字，然后刷屏，最后循环显示两幅图片。

2. LCD 触控实验

（1）硬件原理图

电容式触摸屏利用人体的电流感应进行工作。电容式触摸屏在屏幕边缘均镀上狭长的电极,在导电体内形成一个低电压交流电场。当触摸屏幕时,由于人体电场与导体层间会形成耦合电容,四边电极发出的电流会流向触点,且电流强弱与手指到电极的距离成正比。控制器通过计算电流比例和强弱,算出触摸点的位置。触控硬件结构图如图 13-16 所示。

（2）实验流程

配置 STM32F407/GD32F407 的 GPIO 端口,用来控制 TFT 液晶和触摸屏,通过操作触摸屏显示不同的显示操作。详细实验流程图如图 13-17 所示。

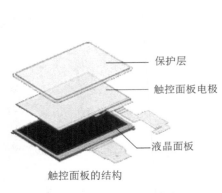

触控面板的结构

图 13-16　触控硬件结构图

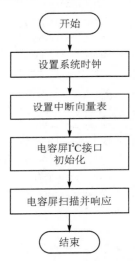

图 13-17　触控控制流程图

（3）实验步骤及结果

① 设置中断向量表

在库函数中,设置中断向量表,对触摸屏进行操作。首先设置向量表偏移地址,设置 NVIC 分组,对中断向量偏移量进行定义。其次,设置 NVIC 中断,定义中断优先级,并配置外部中断。

代码展示如下:

```
1.   //设置向量表偏移地址
2.   voidMY_NVIC_SetVectorTable(u32 NVIC_VectTab,u32 Offset)
3.   {
4.     SCB->VTOR = NVIC_VectTab|(Offset&(u32)0xFFFFFE00);
5.   }
```

```
6.   //设置 NVIC 分组
7.   voidMY_NVIC_PriorityGroupConfig(u8 NVIC_Group)
8.   {
9.       u32 temp,temp1;
10.      temp1 = (～NVIC_Group)&0x07;
11.      temp1 << = 8;
12.      temp = SCB->AIRCR;
13.      temp& = 0X0000F8FF;
14.      temp| = 0X05FA0000;
15.      temp| = temp1;
16.      SCB->AIRCR = temp;
17.  }
18.  //设置 NVIC
19.  voidMY_NVIC_Init(u8 NVIC_PreemptionPriority,u8 NVIC_SubPriority,u8 NVIC_Chan-
     nel,u8 NVIC_Group)
20.  {
21.      u32 temp;
22.      MY_NVIC_PriorityGroupConfig(NVIC_Group);
23.      temp = NVIC_PreemptionPriority << (4-NVIC_Group);
24.      temp| = NVIC_SubPriority&(0x0f >>7NVIC_Group);
25.      temp& = 0xf;
26.      NVIC->ISER[NVIC_Channel/32]| = 1 <<NVIC_Channel % 32;
27.      NVIC->IP[NVIC_Channel]| = temp <<4;
28.  }
29.  //外部中断配置
30.  voidEx_NVIC_Config(u8 GPIOx,u8 BITx,u8 TRIM)
31.  {
32.      u8 EXTOFFSET = (BITx % 4) * 4;
33.      RCC->APB2ENR| = 1 <<14;
34.      SYSCFG->EXTICR[BITx/4]& = ～(0x000F <<EXTOFFSET);
35.      SYSCFG->EXTICR[BITx/4]| = GPIOx <<EXTOFFSET;
36.      EXTI->IMR| = 1 <<BITx;
37.      if(TRIM&0x01)EXTI->FTSR| = 1 <<BITx;
38.      if(TRIM&0x02)EXTI->RTSR| = 1 <<BITx;
39.  }
```

② GPIO 使能

在电容屏操作前,先对 GPIO 引脚使能。首先对 GPIO 进行复用,并通过 GPIO->
MODER、GPIO->OSPEEDR 等变量对输出模式、传输速度等进行设置。

GPIO 使能函数展示如下:

```
1.   //GPIO 复用
2.   voidGPIO_AF_Set(GPIO_TypeDef * GPIOx,u8 BITx,u8 AFx)
3.   {
4.       GPIOx->AFR[BITx>>73]& = ~(0X0F <<((BITx&0X07) * 4));
5.       GPIOx->AFR[BITx>>73]| = (u32)AFx <<((BITx&0X07) * 4);
6.   //GPIO 通用设置
7.   voidGPIO_Set(GPIO_TypeDef * GPIOx,u32 BITx,u32 MODE,u32 OTYPE,u32 OSPEED,u32 PUPD)
8.   {
9.       u32pinpos = 0,pos = 0,curpin = 0;
10.      for(pinpos = 0;pinpos<16;pinpos ++ )
11.      {
12.        pos = 1 <<pinpos;
13.        curpin = BITx&pos;
14.        if(curpin == pos)
15.        {
16.          GPIOx->MODER& = ~(3 <<(pinpos * 2));
17.          GPIOx->MODER| = MODE <<(pinpos * 2);
18.          if((MODE == 0X01)||(MODE == 0X02))
19.          {
20.            GPIOx->OSPEEDR& = ~(3 <<(pinpos * 2));
21.            GPIOx->OSPEEDR| = (OSPEED <<(pinpos * 2));
22.            GPIOx->OTYPER& = ~(1 <<pinpos)
23.            GPIOx->OTYPER| = OTYPE <<pinpos;
24.          }
25.          GPIOx->PUPDR& = ~(3 <<(pinpos * 2));
26.          GPIOx->PUPDR| = PUPD <<(pinpos * 2);
27.        }
28.      }
29. }
```

③ 主函数

在主函数中,对中断、LCD 显示、电容屏进行初始化操作,设置画笔颜色为红色,在 LCD 屏上显示指定内容。在触摸屏进行滑动操作时,画笔跟随轨迹,并显示路径。

主函数代码展示如下:

```
1.   int main(void)
2.   {
3.       delay_init(168);
4.       LCD_Init();
5.       tp_dev.init();
6.       POINT_COLOR = RED;
7.       LCD_ShowString(180, 50, 200, 24, 24, "MK-407DK");
```

```
8.     LCD_ShowString(30, 80, 200, 16, 16, "TOUCH TEST");
9.     LCD_ShowString(30, 100, 200, 16, 16, "2022/01/10");
10.    delay_ms(200);
11.    Load_Drow_Dialog();
12.    if(tp_dev.touchtype & 0X80)
13.    {
14.      ctp_test();
15.    }
16. }
```

④ 硬件连接及功能验证

（a）将开发板电源线连接好,并用 J-Link 仿真器连接实验平台和电脑。

（b）给开发板上电,烧录实验代码,进行测试。

（c）程序烧录完毕之后,初始化界面后,TFT 液晶屏跳转到触摸界面,支持手写操作。单击右上角重置"RST"图标可实现清除。

13.5.3　拓展训练

1. 通过字模及相关软件,实现汉字与自定义图片显示。
2. 在 LCD 屏上画圆和随时间刷新的三角波。
3. 在屏幕上实时显示触摸的轨迹。
4. 实现虚拟按键控制 LED 亮灭。

13.6　思考与练习

1. 什么是 LCD? LCD 显示屏的特点是什么?
2. 简述液晶显示器控制原理。
3. 如何进行普通汉字(16×16)显示? 取字模时应如何进行字模选项设置?
4. 电容式触摸屏主要分成哪几类? 分别有什么特点?

附　　　录

附录 1　GD32F407Zx LQFP144 引脚定义表

附表 1　GD32F407Zx LQFP144 引脚定义表

引脚名称	引脚	引脚类型[1]	I/O 耐受电压[2]	功能描述
PE2	1	I/O	5VT	默认功能：PE2 复用功能：TRACECK，ENET _ MII _ TXD3，EXMC _ A23，EVENTOUT
PE3	2	I/O	5VT	默认功能：PE3 复用功能：TRACED0，EXMC_A19，EVENTOUT
PE4	3	I/O	5VT	默认功能：PE4 复用功能：TRACED1，EXMC_A20，DCI_D4，EVENTOUT
PE5	4	I/O	5VT	默认功能：PE5 复用功能：TRACED2，TIMER8_CH0，EXMC_A21，DCI_D6，EVENTOUT
PE6	5	I/O	5VT	默认功能：PE6 复用功能：TRACED3，TIMER8_CH1，EXMC_A22，DCI_D7，EVENTOUT
VBAT	6	P		默认功能：VBAT
PC13-TAMPER-RTC	7	I/O	5VT	默认功能：PC13 复用功能：EVENTOUT 额外功能：RTC_TAMP0，RTC_OUT，RTC_TS
PC14-OSC32IN	8	I/O	5VT	默认功能：PC14 复用功能：EVENTOUT 额外功能：OSC32IN

引脚名称	引脚	引脚类型[1]	I/O 耐受电压[2]	功能描述
PC15-OSC32OUT	9	I/O	5VT	默认功能：PC15 复用功能：EVENTOUT 额外功能：OSC32OUT
PF0	10	I/O	5VT	默认功能：PF0 复用功能：I2C1_SDA，EXMC_A0，EVENTOUT，CTC_SYNC
PF1	11	I/O	5VT	默认功能：PF1 复用功能：I2C1_SCL，EXMC_A1，EVENTOUT
PF2	12	I/O	5VT	默认功能：PF2 复用功能：I2C1_SMBA，EXMC_A2，EVENTOUT
PF3	13	I/O	5VT	默认功能：PF3 复用功能：EXMC_A3，EVENTOUT，I2C1_TXFRAME 额外功能：ADC2_IN9
PF4	14	I/O	5VT	默认功能：PF4 复用功能：EXMC_A4，EVENTOUT 额外功能：ADC2_IN14
PF5	15	I/O	5VT	默认功能：PF5 复用功能：EXMC_A5，EVENTOUT 额外功能：ADC2_IN15
VSS	16	P		默认功能：VSS
VDD	17	P		默认功能：VDD
PF6	18	I/O	5VT	默认功能：PF6 复用功能：TIMER9_CH0，EXMC_NIORD，EVENTOUT 额外功能：ADC2_IN4
PF7	19	I/O	5VT	默认功能：PF7 复用功能：TIMER10_CH0，EXMC_NREG，EVENTOUT 额外功能：ADC2_IN5
PF8	20	I/O	5VT	默认功能：PF8 复用功能：TIMER12_CH0，EXMC_NIOWR，EVENTOUT 额外功能：ADC2_IN6
PF9	21	I/O	5VT	默认功能：PF9 复用功能：TIMER13_CH0，EXMC_CD，EVENTOUT 额外功能：ADC2_IN7

引脚名称	引脚	引脚类型[1]	I/O 耐受电压[2]	功能描述
PF10	22	I/O	5VT	默认功能：PF10 复用功能：EXMC_INTR, DCI_D11, EVENTOUT 额外功能：ADC2_IN8
PH0	23	I/O	5VT	默认功能：PH0, OSCIN 复用功能：EVENTOUT 额外功能：OSCIN
PH1	24	I/O	5VT	默认功能：PH1, OSCOUT 复用功能：EVENTOUT 额外功能：OSCOUT
NRST	25			默认功能：NRST
PC0	26	I/O	5VT	默认功能：PC0 复用功能：USBHS_ULPI_STP, EXMC_SDNWE, EVENTOUT 额外功能：ADC012_IN10
PC1	27	I/O	5VT	默认功能：PC1 复用功能：SPI2_MOSI, I2S2_SD, SPI1_MOSI, I2S1_SD, ENET_MDC, EVENTOUT 额外功能：ADC012_IN11
PC2	28	I/O	5VT	默认功能：PC2 复用功能：SPI1_MISO, I2S1_ADD_SD, USBHS_ULPI_DIR, ENET_MII_TXD2, EXMC_SDNE0, EVENTOUT 额外功能：ADC012_IN12
PC3	29	I/O	5VT	默认功能：PC3 复用功能：SPI1_MOSI, I2S1_SD, USBHS_ULPI_NXT, ENET_MII_TX_CLK, EXMC_SDCKE0, EVENTOUT 额外功能：ADC012_IN13
VDD	30	P		默认功能：VDD
VSSA	31	P		默认功能：VSSA
VREFP	32	P		默认功能：VREF+
VDDA	33	P		默认功能：VDDA

引脚名称	引脚	引脚类型[1]	I/O 耐受电压[2]	功能描述
PA0-WKUP	34	I/O	5VT	默认功能：PA0 复用功能：TIMER1_CH0，TIMER1_ETI，TIMER4_CH0，TIMER7_ETI，USART1_CTS，UART3_TX，ENET_MII_CRS，EVENTOUT 额外功能：ADC012_IN0，WKUP
PA1	35	I/O	5VT	默认功能：PA1 复用功能：TIMER1_CH1，TIMER4_CH1，USART1_RTS，UART3_RX，ENET_MII_RX_CLK，ENET_RMII_REF_CLK，EVENTOUT 额外功能：ADC012_IN1
PA2	36	I/O	5VT	默认功能：PA2 复用功能：TIMER1_CH2，TIMER4_CH2，TIMER8_CH0，I2S_CKIN，USART1_TX，ENET_MDIO，EVENTOUT 额外功能：ADC012_IN2
PA3	37	I/O	5VT	默认功能：PA3 复用功能：TIMER1_CH3，TIMER4_CH3，TIMER8_CH1，I2S1_MCK，USART1_RX，USBHS_ULPI_D0，ENET_MII_COL，EVENTOUT 额外功能：ADC012_IN3
VSS	38	P		默认功能：VSS
VDD	39	P		默认功能：VDD
PA4	40	I/O		默认功能：PA4 复用功能：SPI0_NSS，SPI2_NSS，I2S2_WS，USART1_CK，USBHS_SOF，DCI_HSYNC，EVENTOUT 额外功能：ADC01_IN4，DAC_OUT0
PA5	41	I/O		默认功能：PA5 复用功能：TIMER1_CH0，TIMER1_ETI，TIMER7_CH0_ON，SPI0_SCK，USBHS_ULPI_CK，EVENTOUT 额外功能：ADC01_IN5，DAC_OUT1

引脚名称	引脚	引脚类型[1]	I/O 耐受电压[2]	功能描述
PA6	42	I/O	5VT	默认功能：PA6 复用功能：TIMER0_BRKIN，TIMER2_CH0，TIMER7_BRKIN，SPI0_MISO，I2S1_MCK，TIMER12_CH0，SDIO_CMD，DCI_PIXCLK，EVENTOUT 额外功能：ADC01_IN6
PA7	43	I/O	5VT	默认功能：PA7 复用功能：TIMER0_CH0_ON，TIMER2_CH1，TIMER7_CH0_ON，SPI0_MOSI，TIMER13_CH0，ENET_MII_RX_DV，ENET_RMII_CRS_DV，EXMC_SDNWE，EVENTOUT 额外功能：ADC01_IN7
PC4	44	I/O	5VT	默认功能：PC4 复用功能：ENET_MII_RXD0，ENET_RMII_RXD0，EXMC_SDNE0，EVENTOUT 额外功能：ADC01_IN14
PC5	45	I/O	5VT	默认功能：PC5 复用功能：USART2_RX，ENET_MII_RXD1，ENET_RMII_RXD1，EXMC_SDCKE0，EVENTOUT 额外功能：ADC01_IN15
PB0	46	I/O	5VT	默认功能：PB0 复用功能：TIMER0_CH1_ON，TIMER2_CH2，TIMER7_CH1_ON，SPI2_MOSI，I2S2_SD，USBHS_ULPI_D1，ENET_MII_RXD2，SDIO_D1，EVENTOUT 额外功能：ADC01_IN8，IREF
PB1	47	I/O	5VT	默认功能：PB1 复用功能：TIMER0_CH2_ON，TIMER2_CH3，TIMER7_CH2_ON，USBHS_ULPI_D2，ENET_MII_RXD3，SDIO_D2，EVENTOUT 额外功能：ADC01_IN9
PB2	48	I/O	5VT	默认功能：PB2，BOOT1 复用功能：TIMER1_CH3，SPI2_MOSI，I2S2_SD，USBHS_ULPI_D4，SDIO_CK，EVENTOUT

续附表 1

引脚名称	引脚	引脚类型[1]	I/O耐受电压[2]	功能描述
PF11	49	I/O	5VT	默认功能：PF11 复用功能：EXMC_SDNRAS，DCI_D12，EVENTOUT
PF12	50	I/O	5VT	默认功能：PF12 复用功能：EXMC_A6，EVENTOUT
VSS	51	P		默认功能：VSS
VDD	52	P		默认功能：VDD
PF13	53	I/O	5VT	默认功能：PF13 复用功能：EXMC_A7，EVENTOUT
PF14	54	I/O	5VT	默认功能：PF14 复用功能：EXMC_A8，EVENTOUT
PF15	55	I/O	5VT	默认功能：PF15 复用功能：EXMC_A9，EVENTOUT
PG0	56	I/O	5VT	默认功能：PG0 复用功能：EXMC_A10，EVENTOUT
PG1	57	I/O	5VT	默认功能：PG1 复用功能：EXMC_A11，EVENTOUT
PE7	58	I/O	5VT	默认功能：PE7 复用功能：TIMER0_ETI，EXMC_D4，EVENTOUT
PE8	59	I/O	5VT	默认功能：PE8 复用功能：TIMER0_CH0_ON，EXMC_D5，EVENTOUT
PE9	60	I/O	5VT	默认功能：PE9 复用功能：TIMER0_CH0，EXMC_D6，EVENTOUT
VSS	61	P		默认功能：VSS
VDD	62	P		默认功能：VDD
PE10	63	I/O	5VT	默认功能：PE10 复用功能：TIMER0_CH1_ON，EXMC_D7，EVENTOUT
PE11	64	I/O	5VT	默认功能：PE11 复用功能：TIMER0_CH1，EXMC_D8，EVENTOUT
PE12	65	I/O	5VT	默认功能：PE12 复用功能：TIMER0_CH2_ON，EXMC_D9，EVENTOUT
PE13	66	I/O	5VT	默认功能：PE13 复用功能：TIMER0_CH2，EXMC_D10，EVENTOUT

引脚名称	引脚	引脚类型[1]	I/O 耐受电压[2]	功能描述
PE14	67	I/O	5VT	默认功能：PE14 复用功能：TIMER0_CH3，EXMC_D11，EVENTOUT
PE15	68	I/O	5VT	默认功能：PE15 复用功能：TIMER0_BRKIN，EXMC_D12，EVENTOUT
PB10	69	I/O	5VT	默认功能：PB10 复用功能：TIMER1_CH2，I2C1_SCL，SPI1_SCK，I2S1_CK，I2S2_MCK，USART2_TX，USBHS_ULPI_D3，ENET_MII_RX_ER，SDIO_D7，EVENTOUT
PB11	70	I/O	5VT	默认功能：PB11 复用功能：TIMER1_CH3，I2C1_SDA，I2S_CKIN，USART2_RX，USBHS_ULPI_D4，ENET_MII_TX_EN，ENET_RMII_TX_EN，EVENTOUT
NC	71	P		默认功能：VCORE
VDD	72	P		默认功能：VDD
PB12	73	I/O	5VT	默认功能：PB12 复用功能：TIMER0_BRKIN，I2C1_SMBA，SPI1_NSS，I2S1_WS，USART2_CK，CAN1_RX，USBHS_ULPI_D5，ENET_MII_TXD0，ENET_RMII_TXD0，USBHS_ID，EVENTOUT
PB13	74	I/O	5VT	默认功能：PB13 复用功能：TIMER0_CH0_ON，SPI1_SCK，I2S1_CK，USART2_CTS，CAN1_TX，USBHS_ULPI_D6，ENET_MII_TXD1，ENET_RMII_TXD1，EVENTOUT，I2C1_TXFRAME 额外功能：USBHS_VBUS
PB15	76	I/O	5VT	默认功能：PB15 复用功能：RTC_REFIN，TIMER0_CH2_ON，TIMER7_CH2_ON，SPI1_MOSI，I2S1_SD，TIMER11_CH1，USBHS_DP，EVENTOUT
PD8	77	I/O	5VT	默认功能：PD8 复用功能：USART2_TX，EXMC_D13，EVENTOUT
PD9	78	I/O	5VT	默认功能：PD9 复用功能：USART2_RX，EXMC_D14，EVENTOUT

引脚名称	引脚	引脚类型[1]	I/O 耐受电压[2]	功能描述
PD10	79	I/O	5VT	默认功能：PD10 复用功能：USART2_CK，EXMC_D15，EVENTOUT
PD11	80	I/O	5VT	默认功能：PD11 复用功能：USART2_CTS，EXMC_A16，EVENTOUT
PD12	81	I/O	5VT	默认功能：PD12 复用功能：TIMER3_CH0，USART2_RTS，EXMC_A17，EVENTOUT
PD13	82	I/O	5VT	默认功能：PD13 复用功能：TIMER3_CH1，EXMC_A18，EVENTOUT
VSS	83	P		默认功能：VSS
VDD	84	P		默认功能：VDD
PD14	85	I/O	5VT	默认功能：PD14 复用功能：TIMER3_CH2，EXMC_D0，EVENTOUT
PD15	86	I/O	5VT	默认功能：PD15 复用功能：TIMER3_CH3，EXMC_D1，EVENTOUT，CTC_SYNC
PG2	87	I/O	5VT	默认功能：PG2 复用功能：EXMC_A12，EVENTOUT
PG3	88	I/O	5VT	默认功能：PG3 复用功能：EXMC_A13，EVENTOUT
PG4	89	I/O	5VT	默认功能：PG4 复用功能：EXMC_A14，EVENTOUT
PG5	90	I/O	5VT	默认功能：PG5 复用功能：EXMC_A15，EVENTOUT
PG6	91	I/O	5VT	默认功能：PG6 复用功能：EXMC_INT1，DCI_D12，EVENTOUT
PG7	92	I/O	5VT	默认功能：PG7 复用功能：USART5_CK，EXMC_INT2，DCI_D13，EVENTOUT
VDD	95	P		默认功能：VDD

引脚名称	引脚	引脚类型[1]	I/O耐受电压[2]	功能描述
PC6	96	I/O	5VT	默认功能：PC6 复用功能：TIMER2_CH0，TIMER7_CH0，I2S1_MCK，US-ART5_TX，SDIO_D6，DCI_D0，EVENTOUT
PC7	97	I/O	5VT	默认功能：PC7 复用功能：TIMER2_CH1，TIMER7_CH1，SPI1_SCK，I2S1_CK，I2S2_MCK，USART5_RX，SDIO_D7，DCI_D1，EVEN-TOUT
PC8	98	I/O	5VT	默认功能：PC8 复用功能：TRACED0，TIMER2_CH2，TIMER7_CH2，US-ART5_CK，SDIO_D0，DCI_D2，EVENTOUT
PC9	99	I/O	5VT	默认功能：PC9 复用功能：CK_OUT1，TIMER2_CH3，TIMER7_CH3，I2C2_SDA，I2S_CKIN，SDIO_D1，DCI_D3，EVENTOUT
PA8	100	I/O	5VT	默认功能：PA8 复用功能：CK_OUT0，TIMER0_CH0，I2C2_SCL，USART0_CK，USBFS_SOF，SDIO_D1，EVENTOUT，CTC_SYNC
PA9	101	I/O	5VT	默认功能：PA9 复用功能：TIMER0_CH1，I2C2_SMBA，SPI1_SCK，I2S1_CK，USART0_TX，SDIO_D2，DCI_D0，EVENTOUT 额外功能：USBFS_VBUS
PA10	102	I/O	5VT	默认功能：PA10 复用功能：TIMER0_CH2，USART0_RX，USBFS_ID，DCI_D1，EVENTOUT，I2C2_TXFRAME
PA11	103	I/O	5VT	默认功能：PA11 复用功能：TIMER0_CH3，USART0_CTS，USART5_TX，CAN0_RX，USBFS_DM，EVENTOUT
PA12	104	I/O	5VT	默认功能：PA12 复用功能：TIMER0_ETI，USART0_RTS，USART5_RX，CAN0_TX，USBFS_DP，EVENTOUT
PA13	105	I/O	5VT	默认功能：JTMS，SWDIO，PA13 复用功能：EVENTOUT
NC	106			

续附表 1

引脚名称	引脚	引脚 类型(1)	I/O 耐受 电压(2)	功能描述
VSS	107	P		默认功能：VSS
VDD	108	P		默认功能：VDD
PA14	109	I/O	5VT	默认功能：JTCK，SWCLK，PA14 复用功能：EVENTOUT
PA15	110	I/O	5VT	默认功能：JTDI，PA15 复用功能：TIMER1 _ CH0，TIMER1 _ ETI，SPI0 _ NSS，SPI2 _ NSS，I2S2_WS，USART0_TX，EVENTOUT
PD2	116	I/O	5VT	默认功能：PD2 复用功能：TIMER2 _ ETI，UART4 _ RX，SDIO _ CMD，DCI _ D11，EVENTOUT
PD3	117	I/O	5VT	默认功能：PD3 复用功能：TRACED1，SPI1_SCK，I2S1_CK，USART1_CTS， EXMC_CLK，DCI_D5，EVENTOUT
PD4	118	I/O	5VT	默认功能：PD4 复用功能：USART1_RTS，EXMC_NOE，EVENTOUT
PD5	119	I/O	5VT	默认功能：PD5 复用功能：USART1_TX，EXMC_NWE，EVENTOUT
VSS	120	P		默认功能：VSS
VDD	121	P		默认功能：VDD
PD6	122	I/O	5VT	默认功能：PD6 复用功能：SPI2 _ MOSI，I2S2 _ SD，USART1 _ RX，EXMC _ NWAIT，DCI_D10，EVENTOUT
PD7	123	I/O	5VT	默认功能：PD7 复用功能：USART1_CK，EXMC_NE0，EXMC_NCE1，EVEN- TOUT
PG9	124	I/O	5VT	默认功能：PG9 复用功能：USART5_RX，EXMC_NE1，EXMC_NCE2，DCI_ VSYNC，EVENTOUT
PG10	125	I/O	5VT	默认功能：PG10 复用功能：EXMC _ NCE3 _ 0，EXMC _ NE2，DCI _ D2，EVEN- TOUT

续附表 1

引脚名称	引脚	引脚类型[1]	I/O 耐受电压[2]	功能描述
PG11	126	I/O	5VT	默认功能：PG11 复用功能：ENET_MII_TX_EN, ENET_RMII_TX_EN, EXMC _NCE3_1, DCI_D3, EVENTOUT
PG12	127	I/O	5VT	默认功能：PG12 复用功能：USART5_RTS, EXMC_NE3, EVENTOUT
PG13	128	I/O	5VT	默认功能：PG13 复用功能：TRACED2, USART5_CTS, ENET_MII_TXD0, ENET_RMII_TXD0, EXMC_A24, EVENTOUT
PG14	129	I/O	5VT	默认功能：PG14 复用功能：TRACED3, USART5_TX, ENET_MII_TXD1, ENET_RMII_TXD1, EXMC_A25, EVENTOUT
VSS	130	P		默认功能：VSS
VDD	131	P		默认功能：VDD
PG15	132	I/O	5VT	默认功能：PG15 复用功能：USART5_CTS, EXMC_SDNCAS, DCI_D13, EVENTOUT
PB3	133	I/O	5VT	默认功能：JTDO, PB3 复用功能：TRACESWO, TIMER1_CH1, SPI0_SCK, SPI2_SCK, I2S2_CK, USART0_RX, I2C1_SDA, EVENTOUT
PB4	134	I/O	5VT	默认功能：NJTRST, PB4 复用功能：TIMER2_CH0, SPI0_MISO, SPI2_MISO, I2S2_ADD_SD, I2C2_SDA, SDIO_D0, EVENTOUT, I2C0_TX-FRAME
PB5	135	I/O	5VT	默认功能：PB5 复用功能：TIMER2_CH1, I2C0_SMBA, SPI0_MOSI, SPI2_MOSI, I2S2_SD, CAN1_RX, USBHS_ULPI_D7, ENET_PPS_OUT, EXMC_SDCKE1, DCI_D10, EVENTOUT
PB6	136	I/O	5VT	默认功能：PB6 复用功能：TIMER3_CH0, I2C0_SCL, USART0_TX, CAN1_TX, EXMC_SDNE1, DCI_D5, EVENTOUT

续附表 1

引脚名称	引脚	引脚类型[1]	I/O耐受电压[2]	功能描述
PB7	137	I/O	5VT	默认功能：PB7 复用功能：TIMER3_CH1，I2C0_SDA，USART0_RX，EXMC_NL，DCI_VSYNC，EVENTOUT
BOOT0	138	I/O	5VT	默认功能：BOOT0
PB8	139	I/O	5VT	默认功能：PB8 复用功能：TIMER1_CH0，TIMER1_ETI，TIMER3_CH2，TIMER9_CH0，I2C0_SCL，CAN0_RX，ENET_MII_TXD3，SDIO_D4，DCI_D6，EVENTOUT
PB9	140	I/O	5VT	默认功能：PB9 复用功能：TIMER1_CH1，TIMER3_CH3，TIMER10_CH0，I2C0_SDA，SPI1_NSS，I2S1_WS，CAN0_TX，SDIO_D5，DCI_D7，EVENTOUT
PE0	141	I/O	5VT	默认功能：PE0 复用功能：TIMER3_ETI，EXMC_NBL0，DCI_D2，EVENTOUT
PE1	142	I/O	5VT	默认功能：PE1 复用功能：TIMER0_CH1_ON，EXMC_NBL1，DCI_D3，EVENTOUT
PDR_ON	143	P		默认功能：PDR_ON
VDD	144	P		默认功能：VDD

注：(1) 类型：I = 输入，O = 输出，P = 功率；(2) I/O耐受电压：5VT = 5 V 耐受电压。

附表2 GD32F407xx引脚复用功能

附表2 Port A复用功能总结

引脚名称	AF0	AF1	AF2	AF3	AF4	AF5	AF6	AF7	AF8	AF9	AF10	AF11	AF12	AF13	AF14	AF15
PA0		TIMER1_CH0/TIMER1_ETI	TIMER4_CH0	TIMER7_ETI				USART1_CTS	UART3_TX			ENET_MII_CRS				EVENTOUT
PA1		TIMER1_CH1	TIMER4_CH1					USART1_RTS	UART3_RX			ENET_MII_RX_CLK/ENET_RMII_REF_CLK				EVENTOUT
PA2		TIMER1_CH2	TIMER4_CH2	TIMER8_CH0		I2S_CKIN		USART1_TX				ENET_MDIO				EVENTOUT
PA3		TIMER1_CH3	TIMER4_CH3	TIMER8_CH1		I2S1_MCK		USART1_RX			USBHS_ULPI_D0	ENET_MII_COL				EVENTOUT
PA4						SPI0_NSS	SPI2_NSS/I2S2_WS	USART1_CK					USBHS_SOF	DCI_HSYNC		EVENTOUT
PA5		TIMER1_CH0/TIMER1_ETI		TIMER7_CH0_ON		SPI0_SCK					USBHS_ULPI_CK					EVENTOUT
PA6		TIMER0_BR	TIMER2_CH0	TIMER7_BRKIN		SPI0_MISO	I2S1_MCK			TIMER12_CH0			SDIO_CMD	DCI_PIXCLK		EVENTOUT
PA7		TIMER0_CH0_ON	TIMER2_CH1	TIMER7_CH0_ON		SPI0_MOSI				TIMER13_CH0		ENET_MII_RX_DV/ENET_RMII_CRS_DV	EXMC_SDNWE			EVENTOUT
PA8	CK_OUT0	TIMER0_CH0			I2C2_SCL			USART0_CK		CTC_SYNC	USBFS_SOF		SDIO_D1			EVENTOUT
PA9		TIMER0_CH1			I2C2_SMBA	SPI1_SCK/I2S1_CK		USART0_TX					SDIO_D2	DCI_D0		EVENTOUT
PA10		TIMER0_CH2			I2C2_TXFRAME			USART0_RX			USBFS_ID			DCI_D1		EVENTOUT
PA11		TIMER0_CH3						USART0_CTS	USART5_TX	CAN0_RX	USBFS_DM					EVENTOUT
PA12		TIMER0_ETI						USART0_RTS	USART5_RX	CAN0_TX	USBFS_DP					EVENTOUT
PA13	JTMS/SWDIO															
PA14	JTCK/SWCLK															
PA15	JTDI	TIMER1_CH0/TIMER1_ETI				SPI0_NSS	SPI2_NSS/I2S2_WS	USART0_TX								EVENTOUT

附表3　Port B复用功能总结

引脚名称	AF0	AF1	AF2	AF3	AF4	AF5	AF6	AF7	AF8	AF9	AF10	AF11	AF12	AF13	AF14	AF15
PB0		TIMER0_CH1_ON	TIMER2_CH2	TIMER7_CH1_ON							USBHS_ULPI_D1	ENET_MII_RXD2	SDIO_D1			
PB1		TIMER0_CH2_ON	TIMER2_CH3	TIMER7_CH2_ON							USBHS_ULPI_D2	ENET_MII_RXD3	SDIO_D2			EVENTOUT
PB2								SPI2_MOSI/I2S2_SD			USBHS_ULPI_D4		SDIO_CK			EVENTOUT
PB3	JTDO/TRACESWO	TIMER1_CH1				SPI0_SCK	SPI2_SCK/I2S2_CK	USART0_RX		I2C1_SDA						EVENTOUT
PB4	NJTRST		TIMER2_CH0		I2C0_TXFRAME	SPI0_MISO	SPI2_MISO	I2S2_ADD_SD		I2C2_SDA			SDIO_D0			EVENTOUT
PB5			TIMER2_CH1		I2C0_SMBA	SPI0_MOSI	SPI2_MOSI/I2S2_SD			CAN1_RX	USBHS_ULPI_D7	ENET_PPS_OUT	EXMC_SDCKE1	DCI_D10		EVENTOUT
PB6			TIMER3_CH0		I2C0_SCL			USART0_TX		CAN1_TX			EXMC_SDNE1	DCI_D5		EVENTOUT
PB7			TIMER3_CH1		I2C0_SDA			USART0_RX					EXMC_NL	DCI_VSYNC		EVENTOUT
PB8		TIMER1_CH0/TIMER1_ETI	TIMER3_CH2	TIMER9_CH0	I2C0_SCL	SPI1_NSS/I2S1_WS				CAN0_RX		ENET_MII_TXD3	SDIO_D4	DCI_D6		EVENTOUT
PB9		TIMER1_CH1	TIMER3_CH3	TIMER10_CH0	I2C0_SDA	SPI1_NSS/I2S1_WS				CAN0_TX			SDIO_D5	DCI_D7		EVENTOUT
PB10		TIMER1_CH2			I2C1_SCL	SPI1_SCK/I2S1_CK	I2S2_MCK	USART2_TX			USBHS_ULPI_D3	ENET_MII_RX_ER	SDIO_D7			EVENTOUT
PB11		TIMER1_CH3			I2C1_SDA	I2S_CKIN		USART2_RX			USBHS_ULPI_D4	ENET_MII_TX_EN/ENET_RMII_TX_EN				EVENTOUT
PB12		TIMER0_BRKIN			I2C1_SMBA	SPI1_NSS/I2S1_WS	I2S1_ADD_SD	USART2_CK		CAN1_RX	USBHS_ULPI_D5	ENET_MII_TXD0/ENET_RMII_TXD0	USBHS_ID			EVENTOUT
PB13		TIMER0_CH0_ON			I2C1_TXFRAME	SPI1_SCK/I2S1_CK		USART2_CTS		CAN1_TX	USBHS_ULPI_D6	ENET_MII_TXD1/ENET_RMII_TXD1				EVENTOUT
PB14		TIMER0_CH1_ON		TIMER7_CH1_ON		SPI1_MISO		USART2_RTS		TIMER11_CH0			USBHS_DM			EVENTOUT
PB15	RTC_REFIN	TIMER0_CH2_ON		TIMER7_CH2_ON		SPI1_MOSI/I2S1_SD				TIMER11_CH1			USBHS_DP			EVENTOUT

附表4　Port C 复用功能总结

引脚名称	AF0	AF1	AF2	AF3	AF4	AF5	AF6	AF7	AF8	AF9	AF10	AF11	AF12	AF13	AF14	AF15
PC0											USBHS_ULPI_STP		EXMC_SDNWE			EVENTOUT
PC1						SPI2_MOSI/I2S2_SD		SPI1_MOSI/I2S1_SD				ENET_MDC				EVENTOUT
PC2						SPI1_MISO	I2S1_ADD_SD				USBHS_ULPI_DIR	ENET_MII_TXD2	EXMC_SDNE0			EVENTOUT
PC3						SPI1_MOSI/I2S1_SD					USBHS_ULPI_NXT	ENET_MII_TX_CLK	EXMC_SDCKE0			EVENTOUT
PC4												ENET_MII_RXD0/ENET_RMII_RXD0	EXMC_SDNE0			EVENTOUT
PC5								USART2_RX				ENET_MII_RXD1/ENET_RMII_RXD1	EXMC_SDCKE0			EVENTOUT
PC6			TIMER2_CH0	TIMER7_CH0		I2S1_MCK			USART5_TX				SDIO_D6	DCI_D0		EVENTOUT
PC7			TIMER2_CH1	TIMER7_CH1		SPI1_SCK/I2S1_CK	I2S2_MCK		USART5_RX				SDIO_D7	DCI_D1		EVENTOUT
PC8	TRACED0		TIMER2_CH2	TIMER7_CH2					USART5_CK				SDIO_D0	DCI_D2		EVENTOUT
PC9	CK_OUT1		TIMER2_CH3	TIMER7_CH3	I2C2_SDA	I2S_CKIN							SDIO_D1	DCI_D3		EVENTOUT
PC10							SPI2_SCK/I2S2_CK	USART2_TX	UART3_TX				SDIO_D2	DCI_D8		EVENTOUT
PC11						I2S2_ADD_SD	SPI2_MISO	USART2_RX	UART3_RX				SDIO_D3	DCI_D4		EVENTOUT
PC12					I2C1_SDA		SPI2_MOSI/I2S2_SD	USART2_CK	UART4_TX				SDIO_CK	DCI_D9		EVENTOUT
PC13																EVENTOUT
PC14																EVENTOUT
PC15																EVENTOUT

附表5　Port D复用功能总结

引脚名称	AF0	AF1	AF2	AF3	AF4	AF5	AF6	AF7	AF8	AF9	AF10	AF11	AF12	AF13	AF14	AF15
PD0							SPI2_MOSI/I2S2_SD			CAN0_RX			EXMC_D2			EVENTOUT
PD1								SPI1_NSS/I2S1_WS		CAN0_TX			EXMC_D3			EVENTOUT
PD2			TIMER2_ETI						UART4_RX				SDIO_CMD	DCI_D11		EVENTOUT
PD3	TRACED1					SPI1_SCK/I2S1_CK		USART1_CTS					EXMC_CLK	DCI_D5		EVENTOUT
PD4								USART1_RTS					EXMC_NOE			EVENTOUT
PD5								USART1_TX					EXMC_NWE			EVENTOUT
PD6						SPI2_MOSI/I2S2_SD		USART1_RX					EXMC_NWAIT	DCI_D10		EVENTOUT
PD7								USART1_CK					EXMC_NE0/EXMC_NCE1			EVENTOUT
PD8								USART2_TX					EXMC_D13			EVENTOUT
PD9								USART2_RX					EXMC_D14			EVENTOUT
PD10								USART2_CK					EXMC_D15			EVENTOUT
PD11								USART2_CTS					EXMC_A16			EVENTOUT
PD12			TIMER3_CH0					USART2_RTS					EXMC_A17			EVENTOUT
PD13			TIMER3_CH1										EXMC_A18			EVENTOUT
PD14			TIMER3_CH2										EXMC_D0			EVENTOUT
PD15	CTC_SYNC		TIMER3_CH3										EXMC_D1			EVENTOUT

嵌入式系统原理与实践——基于 STM32F4 和 GD32F4

附表6 Port E复用功能总结

引脚名称	AF0	AF1	AF2	AF3	AF4	AF5	AF6	AF7	AF8	AF9	AF10	AF11	AF12	AF13	AF14	AF15
PE0			TIMER3_ETI										EXMC_NBL0	DCI_D2		EVENTOUT
PE1		TIMER0_CH1_ON											EXMC_NBL1	DCI_D3		EVENTOUT
PE2	TRACECK											ENET_MII_TXD3	EXMC_A23			EVENTOUT
PE3	TRACED0												EXMC_A19			EVENTOUT
PE4	TRACED1												EXMC_A20	DCI_D4		EVENTOUT
PE5	TRACED2			TIMER8_CH0									EXMC_A21	DCI_D6		EVENTOUT
PE6	TRACED3			TIMER8_CH1									EXMC_A22	DCI_D7		EVENTOUT
PE7		TIMER0_ETI											EXMC_D4			EVENTOUT
PE8		TIMER0_CH0_ON											EXMC_D5			EVENTOUT
PE9		TIMER0_CH0											EXMC_D6			EVENTOUT
PE10		TIMER0_CH1_ON											EXMC_D7			EVENTOUT
PE11		TIMER0_CH1											EXMC_D8			EVENTOUT
PE12		TIMER0_CH2_ON											EXMC_D9			EVENTOUT
PE13		TIMER0_CH2											EXMC_D10			EVENTOUT
PE14		TIMER0_CH3											EXMC_D11			EVENTOUT
PE15		TIMER0_BRKIN											EXMC_D12			EVENTOUT

附表 7　Port F 复用功能总结

引脚名称	AF0	AF1	AF2	AF3	AF4	AF5	AF6	AF7	AF8	AF9	AF10	AF11	AF12	AF13	AF14	AF15
PF0	CTC_SYNC				I2C1_SDA								EXMC_A0			EVENTOUT
PF1					I2C1_SCL								EXMC_A1			EVENTOUT
PF2					I2C1_SMBA								EXMC_A2			EVENTOUT
PF3					I2C1_TXFRAME								EXMC_A3			EVENTOUT
PF4													EXMC_A4			EVENTOUT
PF5													EXMC_A5			EVENTOUT
PF6				TIMER9_CH0									EXMC_NIORD			EVENTOUT
PF7				TIMER10_CH0									EXMC_NREG			EVENTOUT
PF8										TIMER12_CH0			EXMC_NIOWR			EVENTOUT
PF9										TIMER13_CH0			EXMC_CD			EVENTOUT
PF10													EXMC_INTR	DCI_D11		EVENTOUT
PF11													EXMC_SDNRAS	DCI_D12		EVENTOUT
PF12													EXMC_A6			EVENTOUT
PF13													EXMC_A7			EVENTOUT
PF14													EXMC_A8			EVENTOUT
PF15													EXMC_A9			EVENTOUT

附表8 Port G复用功能总结

引脚名称	AF0	AF1	AF2	AF3	AF4	AF5	AF6	AF7	AF8	AF9	AF10	AF11	AF12	AF13	AF14	AF15
PG0													EXMC_A10			EVENTOUT
PG1													EXMC_A11			EVENTO UT
PG2													EXMC_A12			EVENTOUT
PG3													EXMC_A13			EVENTOUT
PG4													EXMC_A14			EVENTOUT
PG5													EXMC_A15			EVENTOUT
PG6													EXMC_INT1	DCI_D12		EVENTOUT
PG7									USART5_ CK				EXMC_INT2	DCI_D13		EVENTOUT
PG8									USART5_ RTS			ENET_PPS OUT	EXMC_SDCLK			EVENTOUT
PG9									USART5_ RX				EXMC_NE1/EXMC_NCE 2	DCI_VSYNC		EVENTOUT
PG10													EXMC_NCE 3_0/EXMC_ NE2	DCI_D2		EVENTOUT
PG11												ENET_MII_ TX_EN/ENE T_RMII_TX_ EN	EXMC_NCE 3_1	DCI_D3		EVENTOUT
PG 12									USART5_ RTS				EXMC_NE3			EVENTOUT
PG13	TRACED2								USART5_ CTS			ENET_MII_ TXD0/ENET _RMII_TXD 0	EXMC_A24			EVENTOUT
PG14	TRACED3								USART5_ TX			ENET_MII_ TXD1/ENET _RMII_TXD 1	EXMC_A25			EVENTOUT
PG15									USART5_ CTS				EXMC_SDN CAS	DCI_D1 3		EVENTOUT

附表9　Port H复用功能总结

引脚名称	AF0	AF1	AF2	AF3	AF4	AF5	AF6	AF7	AF8	AF9	AF10	AF11	AF12	AF13	AF14	AF15
PH0																EVENTOUT
PH1																EVENTOUT
PH2					I2C1_TXFRAME							ENET_MII_CRS	EXMC_SDCKE0			EVENTOUT
PH3					I2C1_SCL							ENET_MII_COL	EXMC_SDNE0			EVENTOUT
PH4					I2C1_SDA						USBHS_ULPI_NXT					EVENTOUT
PH5													EXMC_SDNWE			EVENTOUT
PH6					I2C1_SMBA					TIMER11_CH0		ENET_MII_RXD2	EXMC_SDNE1	DC1_D8		EVENTOUT
PH7					I2C2_SCL							ENET_MII_RXD3	EXMC_SDCKE1	DC1_D9		EVENTOUT
PH8					I2C2_SDA								EXMC_D16			EVENTOUT
PH9					I2C2_SMBA					TIMER11_CH1			EXMC_D17	DC1_HSYNC		EVENTOUT
PH10			TIMER4_CH0		I2C2_TXFRAME								EXMC_D18	DC1_D0		EVENTOUT
PH11			TIMER4_CH1										EXMC_D19	DC1_D1		EVENTOUT
PH12			TIMER4_CH2										EXMC_D20	DC1_D2		EVENTOUT
PH13				TIMER7_CH0_ON						CAN0_TX			EXMC_D21	DC1_D3		EVENTOUT
PH14				TIMER7_CH1_ON									EXMC_D22	DC1_D4		EVENTOUT
PH15				TIMER7_CH2_ON									EXMC_D23	DC1_D11		EVENTOUT

附表10　Port I复用功能总结

引脚名称	AF0	AF1	AF2	AF3	AF4	AF5	AF6	AF7	AF8	AF9	AF10	AF11	AF12	AF13	AF14	AF15
PI0			TIMER4_CH3			SPI1_NSS/I2S1_WS							EXMC_D24	DCI_D13		EVENTOUT
PI1						SPI1_SCK/I2S1_CK							EXMC_D25	DCI_D8		EVENTOUT
PI2				TIMER7_CH3		SPI1_MISO	I2S1_ADD_SD						EXMC_D26	DCI_D9		EVENTOUT
PI3				TIMER7_ETI		SPI1_MOSI/I2S1_SD							EXMC_D27	DCI_D10		EVENTOUT
PI4				TIMER7_BRKIN									EXMC_NBL2	DCI_D5		EVENTOUT
PI5				TIMER7_CH0									EXMC_NBL3	DCI_VSYNC		EVENTOUT
PI6				TIMER7_CH1									EXMC_D28	DCI_D6		EVENTOUT
PI7				TIMER7_CH2									EXMC_D29	DCI_D7		EVENTOUT
PI8																EVENTOUT
PI9										CAN0_RX			EXMC_D30			EVENTOUT
PI10												ENET_MII_RX_ER	EXMC_D31			EVENTOUT
PI11											USBHS_ULPI_DIR					EVENTOUT

附录3　STM32F407xx 引脚定义

附表 11　STM32F407xx 引脚定义

引脚号					引脚名(复位后默认功能)(1)	引脚类型	I/O结构	注释	复用功能	附加功能
LQFP64	LQFP100	LQFP144	UFBGA167	LQFP176						
	1	1	A2	1	PE2	I/O	FT		TRACECLK/ FSMC_A23/ ETH_MII_TXD3/ EVENTOUT	
	2	2	A1	2	PE3	I/O	FT		TRACED0/FSMC_A19/ EVENTOUT	
	3	3	B1	3	PE4	I/O	FT		TRACED1/FSMC_A20/ DCMI_D4/ EVENTOUT	
	4	4	B2	4	PE5	I/O	FT		TRACED2/FSMC_A21/ TIM9_CH1/DCMI_D6/ EVENTOUT	
	5	5	B3	5	PE6	I/O	FT		TRACED3/FSMC_A22/ TIM9_CH2/DCMI_D7/ EVENTOUT	
1	6	6	C1	6	VBAT	S				
			D2	7	PI8	I/O	FT	(2)(3)	EVENTOUT	RTC_AF2
2	7	7	D1	8	PC13	I/O	FT	(2)(3)	EVENTOUT	RTC_AF1
3	8	8	E1	9	PC14-OSC32_IN (PC14)	I/O	FT	(2)(3)	EVENTOUT	OSC32_IN(4)
4	9	9	F1	10	PC15- OSC32_OUT (PC15)	I/O	FT	(2)(3)	EVENTOUT	OSC32_OUT(4)
			D3	11	PI9	I/O	FT		CAN1_RX/EVENTOUT	
			E3	12	PI10	I/O	FT		ETH_MII_RX_ER/EVENTOUT	
			E4	13	PI11	I/O	FT		OTG_HS_ULPI_DIR/EVENTOUT	
			F2	14	VSS	S				
			F3	15	VDD	S				
		10	E2	16	PF0	I/O	FT		FSMC_A0/I2C2_SDA/EVENTOUT	
		11	H3	17	PF1	I/O	FT		FSMC_A1/I2C2_SCL/EVENTOUT	
		12	H2	18	PF2	I/O	FT		FSMC_A2/I2C2_SMBA/EVENTOUT	
		13	J2	19	PF3	I/O	FT	(4)	FSMC_A3/EVENTOUT	ADC3_IN9
		14	J3	20	PF4	I/O	FT	(4)	FSMC_A4/EVENTOUT	ADC3_IN14

引脚号				引脚名(复位后默认功能)(1)	引脚类型	I/O结构	注释	复用功能	附加功能
LQFP64	LQFP100	LQFP144	UFBGA167	LQFP176					
		15	K3	21	PF5	I/O	FT	(4)	FSMC_A5/EVENTOUT	ADC3_IN15
	10	16	G2	22	VSS	S				
	11	17	G3	23	VDD	S				
		18	K2	24	PF6	I/O	FT	(4)	TIM10_CH1/FSMC_NIORD/EVENTOUT	ADC3_IN4
		19	K1	25	PF7	I/O	FT	(4)	TIM11_CH1/FSMC_NREG/EVENTOUT	ADC3_IN5
		20	L3	26	PF8	I/O	FT	(4)	TIM13_CH1/FSMC_NIOWR/EVENTOUT	ADC3_IN6
		21	L2	27	PF9	I/O	FT	(4)	TIM14_CH1/FSMC_CD/EVENTOUT	ADC3_IN7
		22	L1	28	PF10	I/O	FT	(4)	FSMC_INTR/EVENTOUT	ADC3_IN8
5	12	23	G1	29	PH0-OSC_IN (PH0)	I/O	FT		EVENTOUT	OSC_IN(4)
6	13	24	H1	30	PH1-OSC_OUT (PH1)	I/O	FT		EVENTOUT	OSC_OUT(4)
7	14	25	J1	31	NRST	I/O	RST			
8	15	26	M2	32	PC0	I/O	FT	(4)	OTG_HS_ULPI_STP/EVENTOUT	ADC123_IN10
9	16	27	M3	33	PC1	I/O	FT	(4)	ETH_MDC/EVENTOUT	ADC123_IN11
10	17	28	M4	34	PC2	I/O	FT	(4)	SPI2_MISO/OTG_HS_ULPI_DIR/TH_MII_TXD2/I2S2ext_SD/EVENTOUT	ADC123_IN12
11	18	29	M5	35	PC3	I/O	FT	(4)	SPI2_MOSI/I2S2_SD/OTG_HS_ULPI_NXT/ETH_MII_TX_CLK/EVENTOUT	ADC123_IN13
	19	30	G3	36	VDD	S				
12	20	31	M1	37	VSSA	S				
			N1		VREF -	S				
	21	32	P1	38	VREF+	S				
13	22	33	R1	39	VDDA	S				
14	23	34	N3	40	PA0-WKUP(PA0)	I/O	FT	(5)	USART2_CTS/UART4_TX/ETH_MII_CRS/TIM2_CH1_ETR/TIM5_CH1/TIM8_ETR/EVENTOUT	ADC123_IN0/WKUP(4)

续附表 11

引脚号					引脚名（复位后默认功能）(1)	引脚类型	I/O结构	注释	复用功能	附加功能
LQFP64	LQFP100	LQFP144	UFBGA167	LQFP176						
15	24	35	N2	41	PA1	I/O	FT	(4)	USART2_RTS/UART4_RX/ ETH_RMII_REF_CLK/ ETH_MII_RX_CLK/TIM5_CH2/ TIMM2_CH2/EVENTOUT	ADC123_IN1
16	25	36	P2	42	PA2	I/O	FT	(4)	USART2_TX/TIM5_CH3/ TIM9_CH1/TIM2_CH3/ ETH_MDIO/EVENTOUT	ADC123_IN2
			F4	43	PH2	I/O	FT		ETH_MII_CRS/EVENTOUT	
			G4	44	PH3	I/O	FT		ETH_MII_COL/EVENTOUT	
			H4	45	PH4	I/O	FT		I2C2_SCL/OTG_HS_ULPI_NXT/ EVENTOUT	
			J4	46	PH5	I/O	FT		I2C2_SDA/EVENTOUT	
17	26	37	R2	47	PA3	I/O	FT	(4)	USART2_RX/TIM5_CH4/ TIM9_CH2/TIM2_CH4/ OTG_HS_ULPI_D0/ ETH_MII_COL/EVENTOUT	ADC123_IN3
18	27	38		48	VSS	S				
			L4		BYPASS_REG	I	FT			
19	28	39	K4	49	VDD	S				
20	29	40	N4	50	PA4	I/O	TTa	(4)	SPI1_NSS/SPI3_NSS/ USART2_CK/DCMI_HSYNC/ OTG_HS_SOF/I2S3_WS/ EVENTOUT	ADC12_IN4/ DAC1_OUT
21	30	41	P4	51	PA5	I/O	TTa	(4)	SPI1_SCK/OTG_HS_ULPI_CK/ TIM2_CH1_ETR/TIM8_CHIN/ EVENTOUT	ADC12_IN5/ DAC2_OUT
22	31	42	P3	52	PA6	I/O	FT	(4)	SPI1_MISO/TIM8_BKIN/ TIM13_CH1/DCMI_PIXCLK/ TIM3_CH1/TIM1_BKIN/ EVENTOUT	ADC12_IN6
23	32	43	R3	53	PA7	I/O	FT	(4)	SPI1_MOSI/TIM8_CH1N/ TIM14_CH1/TIM3_CH2/ ETH_MII_RX_DV/TIM1_CH1N/ RMII_CRS_DV/EVENTOUT	ADC12_IN7

续附表 11

引脚号					引脚名（复位后默认功能）(1)	引脚类型	I/O结构	注释	复用功能	附加功能
LQFP64	LQFP100	LQFP144	UFBGA167	LQFP176						
24	33	44	N5	54	PC4	I/O	FT	(4)	ETH_RMII_RX_D0/ETH_MII_RX_D0/EVENTOUT	ADC12_IN14
25	34	45	P5	55	PC5	I/O	FT	(4)	ETH_RMII_RX_D1/ETH_MII_RX_D1/EVENTOUT	ADC12_IN15
26	35	46	R5	56	PB0	I/O	FT	(4)	TIM3_CH3/TIM8_CH2N/OTG_HS_ULPI_D1/ETH_MII_RXD2/TIM1_CH2N/EVENTOUT	ADC12_IN8
27	36	47	R4	57	PB1	I/O	FT	(4)	TIM3_CH4/TIM8_CH3N/OTG_HS_ULPI_D2/ETH_MII_RXD3/OTG_HS_INTN/TIM1_CH3N/EVENTOUT	ADC12_IN9
28	37	48	M6	58	PB2-BOOT1 (PB2)	I/O	FT		EVENTOUT	
		49	R6	59	PF11	I/O	FT		DCMI_12/EVENTOUT	
		50	P6	60	PF12	I/O	FT		FSMC_A6/EVENTOUT	
		51	M8	61	VSS	S				
		52	N8	62	VDD	S				
		53	N6	63	PF13	I/O	FT		FSMC_A7/EVENTOUT	
		54	R7	64	PF14	I/O	FT		FSMC_A8/EVENTOUT	
		55	P7	65	PF15	I/O	FT		FSMC_A9/EVENTOUT	
		56	N7	66	PG0	I/O	FT		FSMC_A10/EVENTOUT	
		57	M7	67	PG1	I/O	FT		FSMC_A11/EVENTOUT	
	38	58	R8	68	PE7	I/O	FT		FSMC_D4/TIM1_ETR/EVENTOUT	
	39	59	P8	69	PE8	I/O	FT		FSMC_D5/TIM1_CH1N/EVENTOUT	
	40	60	P9	70	PE9	I/O	FT		FSMC_D6/TIM1_CH1/EVENTOUT	
		61	M9	71	VSS	S				
		62	N9	72	VDD	S				
	41	63	R9	73	PE10	I/O	FT		FSMC_D7/TIM1_CH2N/EVENTOUT	
	42	64	P10	74	PE11	I/O	FT		FSMC_D8/TIM1_CH2/EVENTOUT	
	43	65	R10	75	PE12	I/O	FT		FSMC_D9/TIM1_CH3N/EVENTOUT	
	44	66	N11	76	PE13	I/O	FT		FSMC_D10/TIM1_CH3/EVENTOUT	
	45	67	P11	77	PE14	I/O	FT		FSMC_D11/TIM1_CH4/EVENTOUT	
	46	68	R11	78	PE15	I/O	FT		FSMC_D12/TIM1_BKIN/EVENTOUT	

引脚号					引脚名(复位后默认功能)(1)	I/O类型	I/O结构	注释	复用功能	附加功能
LQFP64	LQFP100	LQFP144	UFBGA167	LQFP176						
29	47	69	R12	79	PB10	I/O	FT		SPI2_SCK/I2S2_CK/ I2C2_SCL/USART3_TX/ OTG_HS_ULPI_D3/ ETH_MII_RX_ER/ TIM2_CH3/EVENTOUT	
30	48	70	R13	80	PB11	I/O	FT		I2C2_SDA/USART3_RX/ OTG_HS_ULPI_D4/ ETH_RMII_TX_EN/ ETH_MII_TX_EN/TIM2_CH4/ EVENTOUT	
31	49	71	M10	81	VCAP_1	S				
32	50	72	N10	82	VDD	S				
			M11	83	PH6	I/O	FT		I2C2_SMBA/TIM12_CH1/ ETH_MII_RXD2/EVENTOUT	
			N12	84	PH7	I/O	FT		I2C3_SCL/ETH_MII_RXD3/ EVENTOUT	
			M12	85	PH8	I/O	FT		I2C3_SDA/DCMI_HSYNC/ EVENTOUT	
			M13	86	PH9	I/O	FT		I2C3_SMBA/TIM12_CH2/ DCMI_D0/EVENTOUT	
			L13	87	PH10	I/O	FT		TIM5_CH1/DCMI_D1/EVENTOUT	
			L12	88	PH11	I/O	FT		TIM5_CH2/DCMI_D2/EVENTOUT	
			K12	89	PH12	I/O	FT		TIM5_CH3/DCMI_D3/EVENTOUT	
			H12	90	VSS	S				
			J12	91	VDD	S				
33	51	73	P12	92	PB12	I/O	FT		SPI2_NSS/I2S2_WS/ I2C2_SMBA/USART3_CK/ TIM1_BKIN/CAN2_RX/ OTG_HS_ULPI_D5/ ETH_RMII_TXD0/ETH_MII_TXD0/ OTG_HS_ID/EVENTOUT	

引脚号					引脚名（复位后默认功能）(1)	引脚类型	I/O结构	注释	复用功能	附加功能
LQFP64	LQFP100	LQFP144	UFBGA167	LQFP176						
34	52	74	P13	93	PB13	I/O	FT		SPI2_SCK/I2S2_CK/USART3_CTS/TIM1_CH1N/CAN2_TX/OTG_HS_ULPI_D6/ETH_RMII_TXD1/ETH_MII_TXD1/EVENTOUT	OTG_HS_VBUS
35	53	75	R14	94	PB14	I/O	FT		SPI2_MISO/TIM1_CH2N/TIM12_CH1/OTG_HS_DM/USART3_RTS/TIM8_CH2N/I2S2ext_SD/EVENTOUT	
36	54	76	R15	95	PB15	I/O	FT		SPI2_MOSI/I2S2_SD/TIM1_CH3N/TIM8_CH3N/TIM12_CH2/OTG_HS_DP/EVENTOUT	
	55	77	P15	96	PD8	I/O	FT		FSMC_D13/USART3_TX/EVENTOUT	
	56	78	P14	97	PD9	I/O	FT		FSMC_D14/USART3_RX/EVENTOUT	
	57	79	N15	98	PD10	I/O	FT		FSMC_D15/USART3_CK/EVENTOUT	
	58	80	N14	99	PD11	I/O	FT		FSMC_CLE/FSMC_A16/USART3_CTS/EVENTOUT	
	59	81	N13	100	PD12	I/O	FT		FSMC_ALE/FSMC_A17/TIM4_CH1/USART3_RTS/EVENTOUT	
	60	82	M15	101	PD13	I/O	FT		FSMC_A18/TIM4_CH2/EVENTOUT	
		83		102	VSS	S				
		84	J13	103	VDD	S				
	61	85	M14	104	PD14	I/O	FT		FSMC_D0/TIM4_CH3/EVENTOUT/EVENTOUT	
	62	86	L14	105	PD15	I/O	FT		FSMC_D1/TIM4_CH4/EVENTOUT	
		87	L15	106	PG2	I/O	FT		FSMC_A12/EVENTOUT	
		88	K15	107	PG3	I/O	FT		FSMC_A13/EVENTOUT	
		89	K14	108	PG4	I/O	FT		FSMC_A14/EVENTOUT	
		90	K13	109	PG5	I/O	FT		FSMC_A15/EVENTOUT	
		91	J15	110	PG6	I/O	FT		FSMC_INT2/EVENTOUT	

续附表 11

引脚号					引脚名(复位后默认功能)(1)	引脚类型	I/O结构	注释	复用功能	附加功能
LQFP64	LQFP100	LQFP144	UFBGA167	LQFP176						
		92	J14	111	PG7	I/O	FT		FSMC_INT3/USART6_CK/ EVENTOUT	
		93	H14	112	PG8	I/O	FT		USART6_RTS/ ETH_PPS_OUT/EVENTOUT	
		94	G12	113	VSS	S				
		95	H13	114	VDD	S				
37	63	96	H15	115	PC6	I/O	FT		I2S2_MCK/TIM8_CH1/SDIO_D6/ USART6_TX/DCMI_D0/ TIM3_CH1/EVENTOUT	
38	64	97	G15	116	PC7	I/O	FT		I2S3_MCK/TIM8_CH2/ SDIO_D7/USART6_RX/DCMI_D1/ TIM3_CH2/EVENTOUT	
39	65	98	G14	117	PC8	I/O	FT		TIM8_CH3/SDIO_D0/ TIM3_CH3/USART6_CK/ DCMI_D2/EVENTOUT	
40	66	99	F14	118	PC9	I/O	FT		I2S_CKIN/MCO2/ TIM8_CH4/SDIO_D1// I2C3_SDA/DCMI_D3/ TIM3_CH4/EVENTOUT	
41	67	100	F15	119	PA8	I/O	FT		MCO1/USART1_CK/ TIM1_CH1/I2C3_SCL/ OTG_FS_SOF/EVENTOUT	
42	68	101	E15	120	PA9	I/O	FT		USART1_TX/TIM1_CH2/ I2C3_SMBA/DCMI_D0/ EVENTOUT	OTG_FS_VBUS
43	69	102	D15	121	PA10	I/O	FT		USART1_RX/TIM1_CH3/ OTG_FS_ID/DCMI_D1/ EVENTOUT	
44	70	103	C15	122	PA11	I/O	FT		USART1_CTS/CAN1_RX/ TIM1_CH4/OTG_FS_DM/ EVENTOUT	
45	71	104	B15	123	PA12	I/O	FT		USART1_RTS/CAN1_TX/ TIM1_ETR/OTG_FS_DP/ EVENTOUT	

引脚号					引脚名(复位后默认功能)(1)	引脚类型	I/O结构	注释	复用功能	附加功能
LQFP64	LQFP100	LQFP144	UFBGA167	LQFP176						
46	72	105	A15	124	PA1(JTMS-SWDIO)	I/O	FT		JTMS-SWDIO/EVENTOUT	
47	73	106	F13	125	VCAP_2	S				
	74	107	F12	126	VSS	S				
48	75	108	G13	127	VDD	S				
			E12	128	PH13	I/O	FT		TIM8_CH1N/CAN1_TX/EVENTOUT	
			E13	129	PH14	I/O	FT		TIM8_CH2N/DCMI_D4/EVENTOUT	
			D13	130	PH15	I/O	FT		TIM8_CH3N/DCMI_D11/EVENTOUT	
			E14	131	PI0	I/O	FT		TIM5_CH4/SPI2_NSS/I2S2_WS/DCMI_D13/EVENTOUT	
			D14	132	PI1	I/O	FT		SPI2_SCK/I2S2_CK/DCMI_D8/EVENTOUT	
			C14	133	PI2	I/O	FT		TIM8_CH4/SPI2_MISO/DCMI_D9/I2S2ext_SD/EVENTOUT	
			C13	134	PI3	I/O	FT		TIM8_ETR/SPI2_MOSI/I2S2_SD/DCMI_D10/EVENTOUT	
			D9	135	VSS	S				
			C9	136	VDD	S				
49	76	109	A14	137	PA14(JTCK-SWCLK)	I/O	FT		JTCK-SWCLK/EVENTOUT	
50	77	110	A13	138	PA15(JTDI)	I/O	FT		JTDI/SPI3_NSS/I2S3_WS/TIM2_CH1_ETR/SPI1_NSS/EVENTOUT	
51	78	111	B14	139	PC10	I/O	FT		SPI3_SCK/I2S3_CK/UART4_TX/SDIO_D2/DCMI_D8/USART3_TX/EVENTOUT	
52	79	112	B13	140	PC11	I/O	FT		UART4_RX/SPI3_MISO/SDIO_D3/DCMI_D4/USART3_RX/I2S3ext_SD/EVENTOUT	
53	80	113	A12	141	PC12	I/O	FT		UART5_TX/SDIO_CK/DCMI_D9/SPI3_MOSI/I2S3_SD/USART3_CK/EVENTOUT	
	81	114	B12	142	PD0	I/O	FT		FSMC_D2/CAN1_RX/EVENTOUT	
	82	115	C12	143	PD1	I/O	FT		FSMC_D3/CAN1_TX/EVENTOUT	

引脚号					引脚名（复位后默认功能）(1)	引脚类型	I/O 结构	注释	复用功能	附加功能
LQFP64	LQFP100	LQFP144	UFBGA167	LQFP176						
54	83	116	D12	144	PD2	I/O	FT		TIM3_ETR/UART5_RX/ SDIO_CMD/DCMI_D11/ EVENTOUT	
	84	117	D11	145	PD3	I/O	FT		FSMC_CLK/USART2_CTS/ EVENTOUT	
	85	118	D10	146	PD4	I/O	FT		FSMC_NOE/USART2_RTS/ EVENTOUT	
	86	119	C11	147	PD5	I/O	FT		FSMC_NWE/USART2_TX/ EVENTOUT	
		120	D8	148	VSS	S				
		121	C8	149	VDD	S				
	87	122	B11	150	PD6	I/O	FT		FSMC_NWAIT/USART2_RX/ EVENTOUT	
	88	123	A11	151	PD7	I/O	FT		USART2_CK/FSMC_NE1/ FSMC_NCE2/EVENTOUT	
		124	C10	152	PG9	I/O	FT		USART6_RX/FSMC_NE2/ FSMC_NCE3/EVENTOUT	
		125	B10	153	PG10	I/O	FT		FSMC_NCE4_1/FSMC_NE3/ EVENTOUT	
		126	B9	154	PG11	I/O	FT		FSMC_NCE4_2/ ETH_MII_TX_EN/ ETH_RMII_TX_EN/ EVENTOUT	
		127	B8	155	PG12	I/O	FT		FSMC_NE4/USART6_RTS/ EVENTOUT	
		128	A8	156	PG13	I/O	FT		FSMC_A24/USART6_CTS/ ETH_MII_TXD0/ ETH_RMII_TXD0/ EVENTOUT	
		129	A7	157	PG14	I/O	FT		FSMC_A25/USART6_TX/ ETH_MII_TXD1/ ETH_RMII_TXD1/ EVENTOUT	
		130	D7	158	VSS	S				
		131	C7	159	VDD	S				

引脚号					引脚名(复位后默认功能)(1)	引脚类型	I/O结构	注释	复用功能	附加功能
LQFP64	LQFP100	LQFP144	UFBGA167	LQFP176						
		132	B7	160	PG15	I/O	FT		USART6_CTS/DCMI_D13/ EVENTOUT	
55	89	133	A10	161	PB3(JTDO/ TRACESWO)	I/O	FT		JTDO/TRACESWO/ SPI3_SCK/I2S3_CK/TIM2_CH2/ SPI1_SCK/EVENTOUT	
56	90	134	A9	162	PB4(NJTRST)	I/O	FT		NJTRST/SPI3_MISO/ TIM3_CH1/SPI1_MISO/ I2S3ext_SD/EVENTOUT	
57	91	135	A6	163	PB5	I/O	FT		I2C1_SMBA/CAN2_RX/ OTG_HS_ULPI_D7/ ETH_PPS_OUT/ TIM3_CH 2/SPI1_MOSI/ SPI3_MOSI/DCMI_D10/ I2S3_SD/EVENTOUT	
58	92	136	B6	164	PB6	I/O	FT		I2C1_SCL/TIM4_CH1/ CAN2_TX/DCMI_D5/ USART1_TX/ EVENTOUT	
59	93	137	B5	165	PB7	I/O	FT		I2C1_SDA/FSMC_NL/ DCMI_VSYNC/USART1_RX/ TIM4_CH2/EVENTOUT	
60	94	138	D6	166	BOOT0	I	B			VPP
61	95	139	A5	167	PB8	I/O	FT		TIM4_CH3/SDIO_D4/ TIM10_CH1/DCMI_D6/ ETH_MII_TXD3/I2C1_SCL/ CAN1_RX/EVENTOUT	
62	96	140	B4	168	PB9	I/O	FT		SPI2_NSS/I2S2_WS/ TIM4_CH4/TIM11_CH1/ SDIO_D5/DCMI_D7/I2C1_SDA/ CAN1_TX/EVENTOUT	
	97	141	A4	169	PE0	I/O	FT		TIM4_ETR/FSMC_NBL0/ DCMI_D2/EVENTOUT	
	98	142	A3	170	PE1	I/O	FT		FSMC_NBL1/DCMI_D3/ EVENTOUT	

续附表 11

引脚号					引脚名（复位后默认功能）(1)	引脚类型	I/O结构	注释	复用功能	附加功能
LQFP64	LQFP100	LQFP144	UFBGA167	LQFP176						
63	99		D5		VSS	S				
		143	C6	171	PDR_ON	I	FT			
64	100	144	C5	172	VDD	S				
			D4	173	PI4	I/O	FT		TIM8_BKIN/DCMI_D5/EVENTOUT	
			C4	174	PI5	I/O	FT		TIM8_CH1/DCMI_VSYNC/EVENTOUT	
			C3	175	PI6	I/O	FT		TIM8_CH2/DCMI_D6/EVENTOUT	
			C2	176	PI7	I/O	FT		TIM8_CH3/DCMI_D7/EVENTOUT	

注：(1) 功能可用性取决于所选设备。

(2) PC13、PC14、PC15 和 PI8 通过电源开关供电。由于开关仅吸收有限的电流（3 mA），因此在输出模式下使用 GPIO PC13 至 PC15 和 PI8 受到限制：- 速度不应超过 2 MHz，最大负载为 30 pF。- 这些 I/O 不得用作电流源（例如驱动 LED）。

(3) 主要功能：首次备份域上电后。之后，即使在复位后，它也取决于 RTC 寄存器的内容（因为这些寄存器不会被主复位复位）。有关如何管理这些 I/O 的详细信息，请参阅 STM32F4xx 参考手册中的 RTC 寄存器描述部分，该手册可从 STMicroelectronics 网站获得。

(4) FT＝5 V 容限，模拟模式或振荡器模式除外（PC14、PC15、PH0 和 PH1）。

(5) 如果器件以 UFBGA176 形式交付，并且 BYPASS_REG 引脚设置为 VDD（稳压器关闭/内部复位导通模式），则 PA0 用作内部复位（低电平有效）

附录4 STM32F407xx引脚复用功能映射表

附表12 Port A复用功能总结

端口	AF0 SYS	AF1 TIM1/2	AF2 TIM3/4/5	AF3 TIM8/9/10/11	AF4 I2C1/2/3	AF5 SPI1/SPI2/I2S2/I2S2ext	AF6 SPI3/I2S2ext/I2S3	AF7 USART1/2/3/I2S3ext	AF8 UART4/5/USART6	AF9 CAN1/CAN2/TIM12/13/14	AF10 OTG_FS/OTG_HS	AF11 ETH	AF12 FSMC/SDIO/OTG_FS	AF13 DCMI	AF14	AF15 EVENTOUT
PA0		TIM2_CH1 TIM2_ETR	TIM5_CH1	TIM8_ETR				USART2_CTS	UART4_TX			ETH_MII_CRS				EVENTOUT
PA1		TIM2_CH2	TIM5_CH2					USART2_RTS	UART4_RX			ETH_MII_RX_CLK ETH_RMII_REF_CLK				EVENTOUT
PA2		TIM2_CH3	TIM5_CH3	TIM9_CH1				USART2_TX				ETH_MDIO				EVENTOUT
PA3		TIM2_CH4	TIM5_CH4	TIM9_CH2				USART2_RX			OTG_HS_ULPI_D0	ETH_MII_COL				EVENTOUT
PA4						SPI1_NSS	SPI3_NSS/I2S3_WS	USART2_CK					OTG_HS_SOF	DCMI_HSYNC		EVENTOUT
PA5		TIM2_CH1 TIM2_ETR		TIM8_CH1N		SPI1_SCK					OTG_HS_ULPI_CK					EVENTOUT
PA6		TIM1_BKIN	TIM3_CH1	TIM8_BKIN		SPI1_MISO				TIM13_CH1				DCMI_PIXCK		EVENTOUT
PA7		TIM1_CH1N	TIM3_CH2	TIM8_CH1N		SPI1_MOSI				TIM14_CH1		ETH_MII_RX_DV ETH_RMII_CRS_DV				EVENTOUT
PA8	MCO1	TIM1_CH1			I2C3_SCL			USART1_CK			OTG_FS_SOF					EVENTOUT
PA9		TIM1_CH2			I2C3_SMBA			USART1_TX						DCMI_D0		EVENTOUT
PA10		TIM1_CH3						USART1_RX			OTG_FS_ID			DCMI_D1		EVENTOUT
PA11		TIM1_CH4						USART1_CTS		CAN1_RX	OTG_FS_DM					EVENTOUT
PA12		TIM1_ETR						USART1_RTS		CAN1_TX	OTG_FS_DP					EVENTOUT
PA13	JTMS-SWDIO															
PA14	JTCK-SWCLK															
PA15	JTDI	TIM2_CH1 TIM2_ETR				SPI1_NSS	SPI3_NSS/I2S3_WS									EVENTOUT
PB0		TIM1_CH2N	TIM3_CH3	TIM8_CH2N							OTG_HS_ULPI_D1	ETH_MII_RXD2				EVENTOUT
PB1		TIM1_CH3N	TIM3_CH4	TIM8_CH3N							OTG_HS_ULPI_D2	ETH_MII_RXD3				EVENTOUT
PB2																EVENTOUT
PB3	JTDO/TRACESWO	TIM2_CH2				SPI1_SCK	SPI3_SCK/I2S3_CK						OTG_HS_INTN			EVENTOUT
PB4	JTRST		TIM3_CH1			SPI1_MISO	SPI3_MISO	I2S3ext_SD								EVENTOUT
PB5			TIM3_CH2		I2C1_SMBA	SPI1_MOSI	SPI3_MOSI/I2S3_SD			CAN2_RX	OTG_HS_ULPI_D7	ETH_PPS_OUT		DCMI_D10		EVENTOUT
PB6			TIM4_CH1		I2C1_SCL	I2S2_WS		USART1_TX		CAN2_TX				DCMI_D5		EVENTOUT

续附表12

端口	AF0	AF1	AF2	AF3	AF4	AF5	AF6	AF7	AF8	AF9	AF10	AF11	AF12	AF13	AF14	AF15
	SYS	TIM1/2	TIM3/4/5	TIM8/9/10/11	I2C1/2/3	SPI1/SPI2/I2S2/I2S2ext	SPI3/I2S2ext/I2S3	USART1/2/3/I2S3ext	UART4/5/USART6	CAN1/CAN2/TIM12/13/14	OTG_FS/OTG_HS	ETH	FSMC/SDIO/OTG FS	DCMI		EVENTOUT
PB7			TIM4_CH2		I2C1_SDA			USART1_RX					FSMC_NL	DCMI_VSYNC		EVENTOUT
PB8			TIM4_CH3	TIM10_CH1	I2C1_SCL					CAN1_RX		ETH_MII_TXD3	SDIO_D4	DCMI_D6	EVENTOUT	EVENTOUT
PB9			TIM4_CH4	TIM11_CH1	I2C1_SDA	SPI2_NSS/I2S2_WS				CAN1_TX			SDIO_D5	DCMI_D7		EVENTOUT
PB10		TIM2_CH3			I2C2_SCL	SPI2_SCK/I2S2_CK		USART3_TX			OTG_HS_ULPI_D3	ETH_MII_RX_ER			EVENTOUT	EVENTOUT
PB14		TIM1_CH2N		TIM8_CH2N		SPI2_MISO	I2S2ext_SD			TIM12_CH1			OTG_HS_DM		EVENTOUT	EVENTOUT
PC2						SPI2_MISO	I2S2ext_SD				OTG_HS_ULPI_DIR	ETH_MII_TXD2			EVENTOUT	EVENTOUT
PC3						SPI2_MOSI/I2S2_SD					OTG_HS_ULPI_NXT	ETH_MII_TX_CLK/RMII_TX_CLK				EVENTOUT
PC4												ETH_MII_RXD0/ETH_RMII_RXD0			EVENTOUT	EVENTOUT
PC5												ETH_MII_RXD1/ETH_RMII_RXD1			EVENTOUT	EVENTOUT
PC6			TIM3_CH1	TIM8_CH1		I2S2_MCK			USART6_TX				SDIO_D6	DCMI_D0	EVENTOUT	EVENTOUT
PC7			TIM3_CH2	TIM8_CH2			I2S3_MCK		USART6_RX				SDIO_D7	DCMI_D1	EVENTOUT	EVENTOUT
PC8			TIM3_CH3	TIM8_CH3					USART6_CK				SDIO_D0	DCMI_D2	EVENTOUT	EVENTOUT
PC9	MCO2		TIM3_CH4	TIM8_CH4	I2C3_SDA	I2S_CKIN							SDIO_D1	DCMI_D3	EVENTOUT	EVENTOUT
PC10							SPI3_SCK/I2S3_CK	USART3_TX	UART4_TX				SDIO_D2	DCMI_D8	EVENTOUT	EVENTOUT
PC11						I2S3ext_SD	SPI3_MISO	USART3_RX	UART4_RX				SDIO_D3	DCMI_D4	EVENTOUT	EVENTOUT
PC12							SPI3_MOSI/I2S3_SD	USART3_CK	UART5_TX				SDIO_CK	DCMI_D9	EVENTOUT	EVENTOUT
PC13																EVENTOUT
PC14																EVENTOUT
PC15																EVENTOUT
PD0										CAN1_RX			FSMC_D2		EVENTOUT	EVENTOUT
PD1										CAN1_TX			FSMC_D3		EVENTOUT	EVENTOUT
PD2			TIM3_ETR						UART5_RX				SDIO_CMD	DCMI_D11	EVENTOUT	EVENTOUT
PD3								USART2_CTS					FSMC_CLK		EVENTOUT	EVENTOUT
PD4								USART2_RTS					FSMC_NOE		EVENTOUT	EVENTOUT
PD5								USART2_TX					FSMC_NWE		EVENTOUT	EVENTOUT
PD6								USART2_RX					FSMC_NWAIT		EVENTOUT	EVENTOUT
PD7								USART2_CK					FSMC_NE1/FSMC_NCE2		EVENTOUT	EVENTOUT
PD8								USART3_TX					FSMC_D13		EVENTOUT	EVENTOUT
PD9								USART3_RX					FSMC_D14		EVENTOUT	EVENTOUT
PD10								USART3_CK					FSMC_D15		EVENTOUT	EVENTOUT
PD11								USART3_CTS					FSMC_A16		EVENTOUT	EVENTOUT
PD12			TIM4_CH1					USART3_RTS					FSMC_A17		EVENTOUT	EVENTOUT
PD13			TIM4_CH2										FSMC_A18		EVENTOUT	EVENTOUT
PD14			TIM4_CH3										FSMC_D0		EVENTOUT	EVENTOUT

续附表12

端口	AF0 SYS	AF1 TIM1/2	AF2 TIM3/4/5	AF3 TIM8/9/10/11	AF4 I2C1/2/3	AF5 SPI1/SPI2/I2S2/I2S2ext	AF6 SPI3/I2S3ext/I2S3	AF7 USART1/2/3/I2S3ext	AF8 UART4/5/USART6	AF9 CAN1/CAN2/TIM12/13/14	AF10 OTG FS/OTG HS	AF11 ETH	AF12 FSMC/SDIO/OTG FS	AF13 DCMI	AF14	AF15 EVENTOUT
PD15			TIM4_CH4										FSMC_D1			EVENTOUT
PE0			TIM4_ETR										FSMC_NBL0	DCMI_D2		EVENTOUT
PE1													FSMC_BLN1	DCMI_D3		EVENTOUT
PE2	TRACECLK											ETH MII_TXD3	FSMC_A23			EVENTOUT
PE3	TRACED0												FSMC_A19			EVENTOUT
PE4	TRACED1												FSMC_A20	DCMI_D4		EVENTOUT
PE5	TRACED2			TIM9_CH1									FSMC_A21	DCMI_D6		EVENTOUT
PE6	TRACED3			TIM9_CH2									FSMC_A22	DCMI_D7		EVENTOUT
PE7		TIM1_ETR											FSMC_D4			EVENTOUT
PE8		TIM1_CH1N											FSMC_D5			EVENTOUT
PE9		TIM1_CH1											FSMC_D6			EVENTOUT
PE10		TIM1_CH2N											FSMC_D7			EVENTOUT
PE11		TIM1_CH2											FSMC_D8			EVENTOUT
PE12		TIM1_CH3N											FSMC_D9			EVENTOUT
PE13		TIM1_CH3											FSMC_D10			EVENTOUT
E14		TIM1_CH4											FSMC_D11			EVENTOUT
PE15		TIM1_BKIN											FSMC_D12			EVENTOUT
PF0					I2C2_SDA								FSMC_A0			EVENTOUT
PF1					I2C2_SCL								FSMC_A1			EVENTOUT
PF2					I2C2_SMBA								FSMC_A2			EVENTOUT
PF3													FSMC_A3			EVENTOUT
PF4													FSMC_A4			EVENTOUT
PF5													FSMC_A5			EVENTOUT
PF6				TIM10_CH1									FSMC_NIORD			EVENTOUT
PF7				TIM11_CH1									FSMC_NREG			EVENTOUT
PF8										TIM13_CH1			FSMC_NIOWR			EVENTOUT
PF9										TIM14_CH1			FSMC_CD			EVENTOUT
PF10													FSMC_INTR	DCMI_D12		EVENTOUT
PF11																EVENTOUT
PF12													FSMC_A6			EVENTOUT
PF13													FSMC_A7			EVENTOUT
PF14													FSMC_A8			EVENTOUT
PF15													FSMC_A9			EVENTOUT

续附表12

端口	AF0	AF1	AF2	AF3	AF4	AF5	AF6	AF7	AF8	AF9	AF10	AF11	AF12	AF13	AF14	AF15
	SYS	TIM1/2	TIM3/4/5	TIM8/9/10/11	I2C1/2/3	SPI1/SPI2/ I2S2/I2S2ext	SPI3/I2S2ext/ I2S3	USART1/2/3/ I2S3ext	UART4/5/ USART6	CAN1/CAN2/ TIM12/13/14	OTG_FS/OTG_HS	ETH	FSMC/SDIO/ OTG_FS	DCMI		EVENTOUT
PG0													FSMC_A10			EVENTOUT
PG1													FSMC_A11			EVENTOUT
PG2													FSMC_A12			EVENTOUT
PG3													FSMC_A13			EVENTOUT
PG4													FSMC_A14			EVENTOUT
PG5													FSMC_A15			EVENTOUT
PG6													FSMC_INT2			EVENTOUT
PG7									USART6_CK				FSMC_INT3			EVENTOUT
PG8									USART6_RTS			ETH_PPS_OUT				EVENTOUT
PG9									USART6_RX				FSMC_NE2/ FSMC_NCE3			EVENTOUT
PG10													FSMC_NCE4_1/ FSMC_NE3			EVENTOUT
PG11												ETH_MII_TX_EN / ETH_RMII_TX_EN	FSMC_NCE4_2			EVENTOUT
PG12									USART6_RTS				FSMC_NE4			EVENTOUT
PG13									USART6_CTS			ETH_MII_TXD0 / ETH_RMII_TXD0	FSMC_A24			EVENTOUT
PG14									USART6_TX			ETH_MII_TXD1 / ETH_RMII_TXD1	FSMC_A25			EVENTOUT
PG15									USART6_CTS					DCMI_D13		EVENTOUT
PH0																
PH1																
PH2												ETH_MII_CRS				EVENTOUT
PH3												ETH_MII_COL				EVENTOUT
PH4					I2C2_SCL						OTG_HS_ULPI_NXT					EVENTOUT
PH5					I2C2_SDA											EVENTOUT
PH6					I2C2_SMBA					TIM12_CH1		ETH_MII_RXD2				EVENTOUT
PH7					I2C3_SCL							ETH_MII_RXD3				EVENTOUT
PH8					I2C3_SDA									DCMI_HSYNC		EVENTOUT
PH9					I2C3_SMBA					TIM12_CH2				DCMI_D0		EVENTOUT
PH10			TIM5_CH1											DCMI_D1		EVENTOUT
PH11			TIM5_CH2											DCMI_D2		EVENTOUT
PH12			TIM5_CH3											DCMI_D3		EVENTOUT
PH13				TIM8_CH1N						CAN1_TX						EVENTOUT
PH14				TIM8_CH2N										DCMI_D4		EVENTOUT

续附表12

端口	AF0 SYS	AF1 TIM1/2	AF2 TIM3/4/5	AF3 TIM8/9/10/11	AF4 I2C1/2/3	AF5 SPI1/SPI2/I2S2/I2S2ext	AF6 SPI3/I2S3ext/I2S3	AF7 USART1/2/3/I2S3ext	AF8 UART4/5/USART6	AF9 CAN1/CAN2/TIM12/13/14	AF10 OTG_FS/OTG_HS	AF11 ETH	AF12 FSMC/SDIO/OTG_FS	AF13 DCMI	AF14	AF15
PH15				TIM8_CH3N												EVENTOUT
PI0			TIM5_CH4			SPI2_NSS I2S2_WS								DCMI_D13		EVENTOUT
PI1						SPI2_SCK I2S2_CK								DCMI_D8		EVENTOUT
PI2				TIM8_CH4		SPI2_MISO	I2S2ext_SD							DCMI_D9		EVENTOUT
PI3				TIM8_ETR		SPI2_MOSI I2S2_SD								DCMI_D10		EVENTOUT
PI4				TIM8_BKIN										DCMI_D5		EVENTOUT
PI5				TIM8_CH1										DCMI_VSYNC		EVENTOUT
PI6				TIM8_CH2										DCMI_D6		EVENTOUT
PI7				TIM8_CH3										DCMI_D7		EVENTOUT
PI8																
PI9										CAN1_RX						EVENTOUT
PI10												ETH_MII_RX_ER				EVENTOUT
PI11											OTG_HS_ULPI_DIR					EVENTOUT

参考文献

[1] ST Microelectronics Corporation，STM32F405xx STM32F407xx Datasheet [EB/OL]. https://www. st. com/resource/en/datasheet/stm32f407zg. pdf，2020-08-14

[2] GigaDevice Semiconductor Inc，GD32F407xx Datasheet [EB/OL]. https:// www. gd32mcu. com/data/documents/datasheet/GD32F407xx _ Datasheet _ Rev2. 7. pdf，2023-07-08

[3] 奚海蛟，童强，林庆峰. ARM Cortex-M4 体系结构与外设接口实战开发[M]. 北京：电子工业出版社，2014.

[4] 钱晓捷，程楠. 嵌入式系统导论[M]. 北京：电子工业出版社，2017.

[5] 马洪连，吴振宇. 电子系统设计——面向嵌入式硬件电路[M]. 北京：电子工业出版社，2018.

[6] 罗蕾. 嵌入式系统及应用[M]. 北京：电子工业出版社，2016.

[7] 刘火良，杨森. STM32F 库开发实战指南——基于 STM32F4[M]. 北京：机械工业出版社，2018.

[8] Joseph Yiu，吴常玉，曹孟娟，等. ARM Cortex-M3 与 Cortex-M4 权威指南 [M]. 3 版. 北京：清华大学出版社，2015.

[9] 卢有亮. 基于 STM32 的嵌入式系统原理与设计[M]. 北京：机械工业出版社，2013.

[10] 何兴高. ARM 嵌入式处理器及应用[M]. 北京：人民邮电出版社，2021.

[11] 刘军，精通 STM32F4（寄存器版）[M]. 北京：北京航空航天大学出版社，2019.

[12] 张洋，刘军，严汉字，等. 精通 STM32F4（库函数版）[M]. 北京：北京航空航天大学出版社，2015.

[13] 杜春雷. ARM 体系结构与编程[M]. 北京：清华大学出版社，2016.

[14] 张洋. 原子教你玩 STM32（库函数版）[M]. 北京：北京航空航天大学出版社，2010.